U0148662

信息检索教程

主 编／陈兰杰　李　英

副主编／范乔真　单世侠　刘净净

天津大学出版社
TIANJIN UNIVERSITY PRESS

图书在版编目（CIP）数据

信息检索教程/陈兰杰,李英主编.—天津:天津
大学出版社,2010.2
国家级示范性高等院校精品规划教材
ISBN 978-7-5618-3368-1

Ⅰ.①信…　Ⅱ.①陈…②李…　Ⅲ.①情报检索－高
等学校－教材　Ⅳ.①G252.7

中国版本图书馆 CIP 数据核字(2010)第 013990 号

出版发行	天津大学出版社
出 版 人	杨欢
地　　址	天津市卫津路 92 号天津大学内(邮编:300072)
网　　址	www.tjup.com
电　　话	发行部:022-27403647　邮购部:022-27402742
印　　刷	昌黎太阳红彩色印刷有限责任公司
经　　销	全国各地新华书店
开　　本	185mm×260mm
印　　张	17.75
字　　数	443 千
版　　次	2010 年 2 月第 1 版
印　　次	2010 年 2 月第 1 次
印　　数	1－3 000
定　　价	29.00 元

前　言

　　现代信息技术的发展和普遍应用,使人类的信息环境发生了深刻的变化,信息资源成为推动人类社会进步和科技发展的三大基础性资源之一。而信息环境的变化和特点,要求人们必须具备人类的第三种能力——搜商。搜商(SQ)是一种与智商、情商并列的人类智力因素,是人类通过某种手段获取新知识的能力,又被称为搜索智力,其本质特征就是搜索。重视搜商是培养具有创新意识和创新能力的高素质人才的基础,搜商与创新能力成正比。由此,本书以培养学生良好的创新能力和实际操作能力为基本出发点,是在结合作者近些年的理论研究和教学实践经验,同时积极汲取学界同行的许多宝贵意见和建议的基础上编写而成的。

　　本书由陈兰杰和李英起草编写大纲和各章节主要内容,由多所学校的老师共同编写完成,具体分工如下。

　　第一章、第五章由陈兰杰(河北大学)编写;第二章由侯茹(北京物资学院)编写;第三章由锅艳玲(河北大学)编写;第四章由刘燕(河北大学)编写;第七章由张鑫(河北大学)编写;第八章由于会萍(华北电力大学)编写;第九章由李英(河北北方学院)编写;第十章由范乔真(广东药学院)编写;第十一章由单世侠(北京物资学院)编写;第六章、第十二章由刘净净(北京服装学院)编写。全书由陈兰杰、李英统稿,范乔真、单世侠、刘净净校对。

　　随着信息技术的蓬勃发展和信息资源的与日俱增,信息检索理论和方法也在不断发展和完善,本书仅仅是对当前信息检索理论教学和实践经验的一个阶段性总结。限于编者水平,书中难免有疏漏、不妥之处,敬请各位专家学者和广大读者批评指正。另外,本书在编写过程中参考了国内外许多学者的学术著作和论文,在此谨向这些作者表示由衷的感谢。

陈兰杰

前　言

目　　录

第一章 绪 论

【内容提要】

本章作为绪论,主要介绍当今我们所处的信息环境及其特点。信息环境的变化使人们不得不对信息资源价值进行重新评估,同时也改变了人们查找、利用信息资源的方式,从而需要人类具备第三种能力——搜商。本章将详细介绍搜商的含义、搜商与创新能力的关系,最后提出培养大学生搜商能力的建议。

第一节　信息环境的改变

信息检索源于文摘索引工作和参考咨询工作。文摘索引工作的历史可以追溯到远古时代。根据文摘历史专家弗西斯·威蒂(Francis J. Witty)的研究,一种用途类似于文摘的东西首先出现在公元前 2000 年封装美索不达米亚人用楔形文字写成的文献的陶制封套上。我国最早带有内容摘要的图书目录是西汉刘向、刘歆父子整理编撰的《别录》和《七略》。

20 世纪 90 年代中期以前,人类查找信息的主要方式是手工检索,即通过手翻、眼看、大脑判断,从书刊里找到自己需要的知识。这种检索方式利用的信息资源有限,查找效率普遍不高。

1948 年, 穆尔斯（C. N. Mooers）在其硕士论文中第一次创造性地使用了"Information Retrieval"这个术语。随着计算机技术的发展,1951 年世界上出现了最早的计算机系统,这是信息检索发展史上的一个里程碑。

随着计算机技术和网络技术的不断进步,在 20 世纪 90 年代后期,互联网(Internet)开始进入社会生活的各个领域,计算机检索也逐步由脱机检索、联机检索发展到如今互联网环境下的网络检索。网络检索以其低廉的费用、迅速的存取等多种功能对传统检索形成了强烈的冲击, 与此同时, 网络信息的发展也给信息检索带来了无尽的烦恼。人们经常使用

"information rich , knowledge poor"（信息丰富，知识匮乏）来形容当今的网络信息环境。

一个叫做《教育的未来》(Did You Know)的小短片说：

你知道吗？

我们生在一个十倍速爆炸成长的时代。

每个月 Google 必须处理 27 亿次搜索……在 B.G(Google 诞生前)的年代，人们到底向谁问这些问题？

……

我们每天传输的手机短信数量已经超过了全世界的人口总数。

根据估计，今年（2003 年）全世界会制造出 1.5×10^{18} 字节的全新资讯，这比人类在过去 5000 年所制造出来的资讯还要多。

……

新的科技知识大约每两年就会增长一倍。

对正在就读大学的学生来说，他们前两年所学的知识，在三年级就全部过时了。

根据估计，在 2010 年，每 72 小时资讯就会增加一倍。

……

网络信息资源的无序、无限、优劣混杂、缺乏统一组织与控制等特点给人们查找、利用信息带来很多不便。而网络信息环境形成的网络阅读与查找方式逐步深入人们的生活，并改变着人们的生活，成为人们接受教育，发展智力，获取知识、信息的主要途径，从网络中有效地获取知识、信息正在成为人们生活与工作必需的技能。

第二节　搜商与创新能力培养

一、人类的第三种能力——搜商

在信息化的知识经济时代，信息和知识已成为当今社会非常重要的战略资源，对信息和知识的获取、分析、利用和创新成为影响未来竞争成败的关键因素。因此，查找和搜索信息几乎是人类每天都在进行的活动，信息技术的大发展为我们在海量信息中查找自己需要的知识提供了极大便利，善用搜索技术已成为网络时代人人应该具备的一种重要技能。搜商的概念应运而生。搜商一词是由"中国搜索"搜索引擎的创始人陈沛在 2006 年出版的《搜商：人类的第三种能力》一书中率先提出的。陈沛认为，搜商是人类继智商、情商之后的第三种能力。

1990 年，美国心理学家洛维和梅耶提出了情绪智力的概念，即情商。他们认为，人在情绪、情感、意志、耐挫折等方面的品质，对其能否取得成功有着重大的影响，有时甚至会超过智力因素的作用。人类情商虽有较大的差异，但情绪和意志力等能力很难精确量化。人类进入信息时代之后，智商和情商共同决定人生成败的观念越来越受到冲击，人们意识到还有一些更重要的因素在决定着他们的生活、工作、事业的成败，这就是一个全新的人类智力因素——搜商。

搜商（Search Quotient，SQ）全称为"搜索商数"，是一种与智商、情商并列的人类智力因素，是人类通过某种手段获取新知识的能力，又被称为"搜索智力"，本质特征是搜索。用公式可表达为

$$SQ=K/T(C)$$

式中　K——Knowledge（获得的知识）；

　　　T——时间（花费的时间）；

　　　C——搜商指数（社会平均知识获取能力）。

从搜商的公式中可以看出，该理论强调的是知识与时间的比值，也就是说搜商解决的问题是智商和情商悬而未决的遗留问题——效率，即搜商是对智商和情商理论的有益补充。

搜索不同于人们的思维或情绪，它是一种行为，一种具有操作性的行为。搜索作为操作行为，它总有一个或长或短的过程。这个过程可以是一次性的，即一次性搜索，成功或者不成功，都不再搜索了；搜索也可以是两次，甚至多次，直到成功或者放弃。搜索具有工具性，这表现为搜索作为一种行为，必须使用相应的工具。搜索对于搜索结果来说，是至关重要的工具。这里所说的搜索的工具性有两层含义，即搜索的物质性和非物质性。物质性搜索工具包括搜索引擎、图书资料等，非物质性搜索工具则包括知识、经验、素养等。

搜商这一理论的提出，为人们在知识爆炸时代从海量的信息中快速地搜索出自己所需要的知识提供了新的思维角度。

二、创新的本质

创新是人类不断进步的基础，也是一个人或者一个组织具有持续竞争力的关键因素。英特尔公司总裁兼 CEO 欧德宁曾经指出："创新的本质，在于提出能够解决问题的好想法。"

创新的本质就是打破固有思维定势，兼收并蓄，形成新的思维发展观。创新能力，包括不断学习新知识、善于捕捉新信息，并恰当地将这些新知识、信息用于新的实践，开创新的知识、信息、方法、技术、理论等方面的能力。

王中霞等认为创新能力具有以下几个方面的特点：一是具有独立思考的能力和锐意进取的精神，面对困难和旧的传统观念敢于提出自己的看法；二是具有多维思考的习性，对于一个问题能够从多个角度或采用多种方法进行分析，寻求多种解决问题的理论和方法；三是具有举一反三的思维能力，善于思考，注重事物之间的内在联系；四是具备归纳的能力，能够触类旁通，寻求事物发展的内在规律，为今后的工作打下基础。

三、搜商与创新能力培养的关系

以知识和智力为主要资源和生产要素的知识经济的灵魂是创新。创新要求人们具有广

博的知识,也就是说,要对各类知识广收博采、触类旁通,既熟悉各学科的基础知识,又了解最新的前沿知识。只有这样,才能在创新中有所借鉴、有所参考,才能少走弯路。因此,拥有了较强的搜商就等于拥有了创新的催化剂,搜商是培养具有创新意识、创新能力的高素质人才的基础,搜商与创新能力成正比。

(一)搜商是培养终身学习能力的基础

创新能力的培养离不开终身学习。在当今知识总量急剧增大、更新速度日益加快的时代,必须牢固树立终身学习的观念,才能在复杂的工作实践中通过采集信息、处理信息和独立思考,创造新的知识、解决新的问题。那些"学会了如何学习的人,知道知识是如何组织的,知道如何找到所需要的信息,知道如何利用这些信息",能够更好地自我导向。具备终身学习的能力,才能成为创新型人才。

(二)搜商的提高与创新能力的提高成正比

创新能力是指人们发现问题、分析问题和解决问题,并提出新设想、创造新事物、开拓新生活的能力。它是多种能力的综合,包括信息获取能力、信息处理能力、信息技术利用能力、信息整合能力和信息传播能力等。而信息获取能力、信息处理能力、信息技术利用能力、信息整合能力和信息传播能力则是搜商的重要组成部分。因此,搜商的提高与创新能力的提高成正比。

(三)搜商在培养创新人才过程中起着推进器的作用

搜商可以培养学生独立自主的学习能力。具备良好信息素养的人也是善于自主学习的人,而独立自主学习正是创新人才所必需的基本素质。信息社会要求人们不断地应付和处理各种新的挑战与危机,信息量的增加要求人们必须学会对信息进行选择和判断,以掌握新的知识。

在科学技术迅速发展和信息资源急剧扩张的情况下,知识老化周期缩短,一个大学生无论他所学的专业知识多么现代化,若干年后,都会碰到相对应用领域而言专业知识过时的问题。据美国工程教育协会统计,美国大学毕业的科技人员所具有的知识,只有12.5%是在大学期间获得的,其余87.5%则全部来自工作实践。随着信息技术的广泛应用,学生不应被动地接受知识,而应主动地获取知识。网络环境下的自主学习更需要主动地、独立地、个性化地获取信息,所以要求学生在信息时代的新型学习模式中,必须注意培养和提高自己独立学习的能力,从"学会"转向"会学",即成为具有较强搜商能力的人。

四、如何培养大学生的搜商

我国对搜商能力的培养起步较晚,真正把大学生搜商的提高(也可以看做是信息素质教育)作为问题来研究和看待始于20世纪90年代后期,比西方国家晚了近10年。在很多高校,对作为培养搜商能力重要课程之一的"文献检索"课程的重视程度也很不够,还存在着很多问题,主要表现在:选课学生人数偏少,课程安排缺乏连续性,课程的投入与实验设施不能满足课程发展的需求,教材内容滞后等。还有些高校甚至根本就没有开设"文献检索"课程。

另外,由于受到总学分数与其他专业、基础课程冲突的影响,许多学生虽然对"文献检索"课程的重要性有所认识,但最终仍放弃了学习的机会。由此可见,我国大学生搜商能力的培养现状不容乐观。

当然,大学生搜商的高低绝不仅仅是大学生一个群体的问题,也不是一朝一夕的事情,大学生搜商的培养和提高有赖于整个信息社会。"人类社会信息化进程的整体推进和信息文明建设需要一个高素质的人类群体的形成。目前,人类社会群体的整体素质状况远不能适应信息文明建设的历史需要。要适应这一历史需要,必须首先实现人类社会整体素质的飞跃,这将是一个漫长的历史过程。"

基于此现状,如要提高大学生的搜商,须做到以下几点。

(一)领导重视

有关教育主管部门和高校领导应充分认识到提高大学生搜商的重要性,给予政策和人、财、物方面的支持,营造良好的学习气氛,制定相应的激励机制和保障措施,引导大学生将搜商能力培养作为其终身学习的一项重要内容。

(二)制定有据可依的搜商能力培养政策,修订培养方案

现今对于大学生教育的监控主要依据大学生培养方案。大学生培养方案是各学校根据教育部1997年颁布的文件制定的,当时对于搜商能力培养尚没有提出明确要求。为了适应社会对人才的需要,教育部应尽快将搜商培养纳入正规的大学生教育体系,制定有关的搜商能力培养教育政策,确定培养方向、培养目标,并对课程设置、规模等作出明确的规定。

(三)多种教育方式相结合加强搜商培养

各高等院校要根据教育部的要求,积极创造必要的搜商能力培养条件,在开设专门的大学生信息素质教育课的同时,还应采取集体培训和个别辅导相结合的方式对大学生进行信息能力方面的培训,逐步使广大大学生尽快掌握利用电子信息资源的方法和技能。

(四)整合校内资源,营造搜商培养的整体环境

将搜商能力培养融合到大学生专业学习与科研活动中,实现学科导师、信息素质教师和图书馆专业人员的合作。高校教师本身要不断提高自身的搜商,从而指导并带动大学生提高自身搜商。高校教师要在课堂教学中营造出基于资源学习、问题解决学习的信息素质环境,将通用的信息技能和专业的课程内容进行有效整合,使大学生在专业知识学习与信息知识学习中,提高信息素质和信息检索技能。高校图书馆也应成为大学生信息素质教育的主体,加强对大学生信息素质的指导,提高信息服务质量,增强用户体验,从而进一步激发大学生的信息意识和信息需求。

本章关键术语:

信息环境;信息价值;搜商;创新;创新能力;信息素质

本章思考题：

1. 人类的信息环境经历了几次大的变迁？当前的网络信息环境对人们获取知识最大的影响是什么？

2. 创新的本质是什么？

3. 什么是搜商，搜商与人类的创新能力有什么关系？

4. 如何培养、提高大学生的搜商？

第二章 信息资源概述

【内容提要】

信息及信息资源是信息检索的对象。本章将从信息的概念入手,分析信息与其相关概念知识、文献、情报的关系,随后阐述信息资源的含义、特点及分类,最后从不同分类角度对信息检索的主要对象——文献信息资源进行深入讨论。

第一节 信息及其相关概念

一、信息

(一)信息的概念

从古到今,国内外对信息的定义不下百余种,比较有代表意义的有"信息是事物之间的差异"、"信息是物质的普遍属性"、"信息是事物相互作用的表现形式"等。

在我国国家标准《情报与文献工作词汇基本术语》(GB/T 4894—1985)中,信息被定义为:"物质存在的一种方式、形态或运动状态,也是事物的一种普遍属性。信息既不是物质,也不是能量,它在物质运动过程中所起的作用是表述它所属的物质系统,在同其他任何物质系统全面相互作用(联系)的过程中,以质、能波动的形式所呈现的结构、状态和历史。"这是最广义的信息概念,在这个概念下,一切反映事物内部或外部互动状态或关系的东西都是信息。

(二)信息的基本特征

信息的特征是指信息区别于其他事物的本质属性的外部表现和标志。一般来说,信息有以下基本特征。

1.普遍性

信息广泛存在于自然界、人类社会及思维领域中,人与人之间、机器与机器之间、人机之间、动物之间、植物之间及细胞之间都存在着信息的交换。

2.客观性

信息的客观性源于客观存在的物质运动。信息本身尽管看不见、摸不着,但它并不是虚无缥缈的东西,在人类存在之前,信息就已经存在。主观信息也有其客观的实际背景,并且一旦与载体相结合就成为不受主体局限的客观存在。

3.依附性

信息是抽象的,必须依附于物质载体而存在。信息的载体是多种多样的,如语言、文字、图像、声波、光波、电磁波、纸张、磁盘等。正是借助于这些载体,信息才能被人们感知、接收、加工和存储。

4.可传递性

信息可以通过信道在信源和信宿之间进行传递,这种传递包括时间上和空间上的传递。信息具有可传递性,是因为它可以脱离源物质而独立存在。

5.时效性

信息的时效性是指信息的效用依赖于时间并有一定的期限,其价值的大小与提供信息的时间密切相关。实践证明,信息一旦形成,其所提供的速度越快、时间越早,其实现的价值就越大。

6.共享性

信息的共享性是指同一内容的信息可在同一时间为众多的使用者所使用,信息从一方传递到另一方,接收者获得信息,传递者并未失去其所拥有的信息,也不会因为使用次数的多少而损耗信息的内容。

二、与信息相关的概念

(一)知识

《中国大百科全书·教育》对知识的概念是这样表述的:"所谓知识,就它反映的内容而言,是客观事物的属性与联系的反映,是客观世界在人脑中的主观映象。就它的反映活动形式而言,有时表现为主体对事物的感性知觉或表象,属于感性知识,有时表现为关于事物的概念或规律,属于理性知识。"从这一定义我们可以看出,知识是主客体相互统一的产物。它来源于外部世界,所以知识是客观的;但是知识本身并不是客观现实,而是事物的特征与联系在人脑中的反映,是客观事物的一种主观表征。知识是在主客体相互作用的基础上,通过人脑的反映活动而产生的。

柏拉图认为:"知识是经过证实的正确的认识。"罗素认为:"知识是一个意义模糊的概念。"德鲁克认为:"知识是一种能够改变某些人或某些事物的信息,是经过人的思维整理过的信息、数据、形象、意象、价值标准及社会的其他符号化产物。"

我们可以这样定义知识:它建立在信息的基础之上,是人类通过信息对大自然及人类本身进行挖掘、发现、分析、综合而创造出来的新的信息,是通过实践活动和大脑的思维而总结出来的新的认识,是改造自然和人类本身必须有的信息活动。

知识主要有以下六个基本特征。

1.意识性

知识是一种观念形态的东西,只有人的大脑才能产生它、认识它、利用它,知识通常以概念、判断、推理、假说、预见等思维形式和范畴体系表现自身的存在。

2.信息性

信息是产生知识的原料,知识是被人们理解和认识并经大脑重新组织和系统化了的信息,信息提炼为知识的过程就是思维。

3.实践性

社会实践是一切知识产生的基础和检验知识的标准,科学知识对实践有重大指导作用。

4.规律性

5.继承性

每一次新知识产生,既是原有知识的深化与发展,又是更新的知识产生的基础和前提。

6.渗透性

随着知识门类的增多,各种知识可以相互渗透,形成许多新的知识门类。

(二)情报

情报是指被传递的知识或事实,是知识的激活,是运用一定的媒体(载体),越过空间和时间传递给特定用户,解决科研、生产中的具体问题所需要的特定的知识和信息。换种说法,情报就是知识通过传递并发生作用的部分,或者说是传递中有用的知识。

情报只是人类社会特有的现象,其具有三个基本属性。

1.是知识或信息

情报的本质就是知识,情报都包含有知识或信息,所以知识和信息是构成情报的原料,但并非所有的知识和信息都能构成情报,只有经过筛选、加工,为用户所需的新知识或新信息才能成为情报。

2.要经过传递

知识或信息转化为情报必须经过交流传递,并被用户接收及利用。

3.要经过用户使用产生效益

情报不仅取决于情报源,也取决于情报用户。传递情报的目的在于利用,在于提高效用性,效益是情报的结果。

由此,不妨把情报定义为:情报是人们搜集到的能为我们所用的新知识或新信息。

(三)文献

文献是信息所依附的主要载体和主要来源,人类社会活动产生了知识,就要用物质载体将知识记录下来,从而产生了文献。我国国家标准《文献著录总则》(GB/T 3792.1—1983)中对文献是这样定义的:"文献是记录有知识的一切载体(供记录信息符号的物质材料)。"这就是说,所谓文献是指用文字、图形、符号、声频、视频等作为记录手段,将信息记录或描述在一定的物质载体上,并能起到存储、传播信息情报和知识作用的载体。

构成文献的四要素是知识内容、信息符号、载体材料和记录方式。知识信息性是文献的本质属性,任何文献都记录或传递有一定的知识信息。离开知识信息,文献便不复存在,传递信息、记录知识是文献的基本功能。文献所表达的知识信息内容必须借助一定的信息符号、依附一定的物质载体,才能长时间保存和传递。信息符号有语言文字、图形、声频、视频、编码等。文献的载体材料主要有固态和动态两种:可见的物质,如纸、布、磁片等为固态载体;不可见的物质,如光波、声波、电磁波等则为动态载体。文献所蕴涵的知识信息是通过人们用各种方式将其记录在载体上的,而不是天然依附于物质实体上的。记录方式经历了刻画、手写、机械印刷、拍摄、磁录、计算机自动输入的存储方式等阶段。

三、信息、知识、情报和文献的相互关系

通过上述对信息、知识、情报与文献的分析,我们可以看出,信息、知识、情报和文献之间存在着一种必然的内在联系,是同一系统的不同层次。信息是起源、是基础,它包含了知识和情报,是联系它们共同本质的纽带。文献则是信息、知识、情报的存储载体和重要的传播工具,是重要的知识源、情报源,是信息、知识、情报存储的重要方式。信息可以成为情报,但是一般要经过选择、综合、研究、分析等加工过程,也就是要经过由此及彼、由表及里的提炼过程。信息是知识的重要组成部分,但不是全部,只有经过提高、深化、系统化的信息才能称做知识。在信息或知识的海洋里,变化、流动、最活跃、被激活了的那一部分就是情报。信息、知识、情报的主要部分被包含在文献之中。当然,文献上所记录的信息、知识不全是情报,信息、知识、情报也不全以文献形式记录。可见,它们之间然虽然有十分密切的联系,但也有明显的区别。

第二节　信息资源及其类型

一、信息资源的概念

信息资源的定义与信息的定义一样,目前仍是众说纷纭。国内外较具代表性的观点是把信息资源从狭义与广义两个角度来理解。

狭义的观点把信息资源等同于知识、资料和消息,即只是指信息本身的集合,无论信息资源是以声音、图形、图像等形式表达出来的,还是以文献、实物、数据库等载体记录下来的,其信息内容都是一样的,都是要经过加工处理的、对决策者有用的数据。确切地说,狭义的信息资源仅指信息内容,是信息本身或信息的集合。

广义的观点则认为信息资源是一个贯穿于人类社会信息活动中从事信息生产、分配、交换、流通、消费全过程的多要素集合,包括信息劳动的对象——信息(数据);信息劳动的设

备——计算机等工具;信息劳动的技术——网络、通信和计算机技术等信息技术手段;信息劳动者——信息专业人员,如信息生产人员、信息管理人员、信息服务人员、信息传递人员等。

相比较而言,狭义的观点忽视了系统观,但却突出了信息本身这一信息资源的核心和实质。信息资源之所以是一种经济资源,主要是因为其中蕴涵着的信息具有十分重要的经济功能,而信息生产者、信息技术与设备等信息活动要素只不过是开发利用信息这种资源的必要条件。没有信息要素的存在,其他信息活动要素就没有存在的意义。

广义的观点把信息活动的各种要素都纳入信息资源的范畴,相对来说更有利于全面、系统地把握信息资源的内涵。信息是构成信息资源的根本要素,人们开发、利用信息资源就是为了充分发挥信息的效用,实现信息的价值。但信息并不等同于信息资源,而只是其中的一个要素。这是因为信息效用的发挥和信息价值的实现都是有条件的。信息的收集、处理、存储、传递和应用等都必须采用特定的技术手段,即信息技术才能得以实施,信息的有效运动过程必须有特定的专业人员,即信息人员才能对其加以控制和协调。信息、信息技术与设备、信息人员共同构成了完整的信息资源概念体系。

二、信息资源的类型

信息资源的范围十分广泛,人类社会经济活动中的各类信息,诸如科学技术知识,科技开发和应用信息,经济管理的理论、技术和经验,统计数据,金融信息,市场趋势,经济动态,商品信息,生产工艺和操作技能等,共同构成了信息资源。信息资源的类型繁多,可以从多个角度来考察。

（一）按信息资源所描述的对象划分

从这一角度来考察,信息资源包括自然信息资源、机器信息资源和社会信息资源。

1.自然信息资源

自然信息资源是指自然界存在的天然信息,是非人为的信息。在没有人为因素的影响下,物质世界按照自身的规律不断运动,在运动过程中,信息不断地产生和交流着。无机界与有机界的信息发生与交流,有机界与有机界的信息发生与交流,这些信息都以其初级形态而存在。作为信息资源的自然信息则是指以人脑和智能机为信宿的信息,而非自然信息的全部。

2.机器信息资源

机器信息资源是指反映和描述机器(体系)本身运动状态及变化特征的信息。机器是人类劳动的成果,是人类生产出来并为人类的生产与生活服务的工具,它的作用在于对人力的替代与延伸。随着科学技术的发展,机器性能在不断进步,种类也在不断增多,出现了模仿人类思维和延伸人类智力的机器,如计算机、机器人等。机器的进步,使机器信息不断增多,机器信息的交流也成为信息传递的一种形式。机器与机器之间、机器与人类之间的信息交流广泛存在着,无论它是以机器还是以人脑为信宿。由于机器是人类劳动的成果,而且直接服务于人类的生产与生活,因此,全部机器信息都属于信息资源。

3.社会信息资源

社会信息资源是人类生产与生活中不断产生和交流的信息的总和,是信息资源的重要组成部分。就某一具体的社会信息而言,它可能没有价值,不能用来创造财富,但在交流的过程中,它会与其他信息融合在一起,从而形成新的有价值的信息。就某一具体的生产过程而言,有些信息可能是"垃圾",不能用于生产过程或创造出社会财富,但它们可能是另一生产过程最需要的资源。因此,对信息资源的认识不能局限于某一时点,必须从动态的角度去认识。信息资源的重大意义在于它的社会性。对信息资源的认识也不能局限于某一区域,而必须从全人类的角度去认识。从这个意义上来看,全部社会信息都是信息资源。

(二)按信息资源的载体和存储方式划分

从这一角度来考察,信息资源包括天然型信息资源、智力型信息资源、实物型信息资源和文献型信息资源。

1.天然型信息资源

它是以自然物质为载体的信息资源,是信息的初始形态,是没有经过人类发掘的自然信息资源。

2.智力型信息资源

它是以人脑为载体的信息资源,包括人们掌握的诀窍、技能和经验,又称"隐性知识"。人的大脑具有记忆和思维功能,因此人脑既是信息资源的载体,也是信息资源的"加工厂"。信息资源的开发与利用,最终是为了帮助和指导人们的生产与生活。从这个意义上说,人脑是信息的终极信宿。然而,由于人脑的记忆容易产生遗漏和失真,交流会受到时空的限制,因此人们为避免信息的遗漏和失真,也为了便于信息的传播和交流,往往将存储于人脑的信息转换成文献信息,即智力型信息资源。

3.实物型信息资源

它是以实物为载体的信息资源。这里的实物是指经过人类加工、改造的实物,如物质产品、样品和模型等。许多技术信息是通过实物本身来传递和保存的,在技术引进、技术开发和产品开发中发挥重要作用,是反求工程的基础。例如,通过对实物材质、造型、规格、色彩、传动原理、运动规律等方面的分析研究,利用反求工程,人们可以猜度出研制者、加工者原先的构思和加工制作方法,达到仿制或在其基础上进一步改进的目的。这类信息资源有时候不能直接加以利用,某些情况下要先将它转换成记录型信息资源,才能更好地被人们所利用。

4.文献型信息资源

它包括由传统介质(纸张、竹、帛等)和各种现代介质(磁盘、光盘、胶卷等)记录和存储的信息资源,如各种书籍、期刊、数据库、网络等。信息活动中所称的具有固定形式和较稳定的传播渠道的一次信息、二次信息和三次信息均为这类信息资源。文献型信息资源能使信息交流跨越时空界限。与古人"倚案而谈",犹如"古人曰已远,青史字不泯",这是传统文献型介质的纵向信息传播与交流的作用；与千里之遥的朋友共享信息资源，如处一室之中，用现代信息技术和计算机通信技术构建的信息网络作为新介质，存储、传递、交流信息，这是现代介质的横向信息传播与交流的作用。文献型信息资源的这种特殊性决定了它是信息资源存在的主要形式。

由于信息交流总是在不断进行，因此信息的存储方式也在不断变化，实物形态的信息通过交流可存储在人脑中，也可以进一步转换，存储在文献中。信息资源形态的转换，一般都是先通过人的大脑然后转换成文献形态，转换的次数往往反映信息的加工频率和深度。

（三）按信息资源的内容划分

从这一角度来考察，信息资源包括政治信息资源、法律信息资源、经济信息资源、军事信息资源、文化信息资源、管理信息资源、教育与人才信息资源、科技信息资源。

政治信息资源主要由政治制度、国内外政治态势、国家方针政策信息等构成。法律信息资源主要由法律制度、法律体系、立法、司法和各种法规信息构成。由于政治、法律同属于社会的上层建筑部分，是由一定的经济基础决定的，又是为经济基础服务的，因此，政治法律信息资源是一类重要的信息资源。经济信息资源是指经济活动中形成的信息的总和，它随着经济活动而产生、发展，内容繁多，包括国家经济政策信息、社会生产力发展信息，国民经济水平、比例与结构信息，新技术开发与应用信息，生产信息，劳动人事信息，商业贸易信息，金融信息，经营信息，市场信息和需求信息等。管理信息资源是各行业、各层次管理与决策活动中形成并反映管理过程、效果等的信息。科技信息资源是与科学技术的研究、开发、推广应用等有关的信息。

（四）按信息资源的反映面划分

从这一角度来考察，信息资源包括宏观信息资源和微观信息资源。宏观信息资源反映的是一个地区或国家整体情况的信息，并以反映总体为主要特征；微观信息资源只反映企业或单位内部的部分特征，是关于生产、流通等环节的部分特征的描述。

（五）按信息资源的来源划分

从这一角度来考察，信息资源包括内部信息和外部信息，这里的内部和外部指的是组织的内部和外部。

（六）按信息资源的传递方向划分

从这一角度来考察，信息资源包括纵向信息、横向信息和网状信息。

信息资源除了以上六种划分方式外，还有许多其他划分方式，即使是同类信息资源，也还可以从另外的角度进行划分。划分的目的是为了认识信息资源的特征，以便对信息资源进行管理、开发和利用。无论从什么角度划分，不同种类的信息资源之间并没有绝对的界限，彼此之间都会有交叉重叠。例如，当一份政治信息或科技信息对一个国家或一个企业的海外市场开拓决策产生决定性影响时，它就是一份重要的经济信息。

信息资源的构成可以交叉复合，既可以按两种标准交叉复合，也可以按三种甚至更多种标准交叉复合,构成新的信息资源类型。例如,把信息的载体与存储标准和信息的内容标准相交叉,信息资源可进一步区分为文献型经济信息和实物型信息等。对信息资源的进一步区分是信息资源开发的结果。

三、文献信息资源的类型

文献信息资源是信息资源的主要组成部分,信息检索也主要是指文献信息检索,故下面将文献信息资源的类型专门加以阐述。

（一）按文献信息的载体形态和制作方式划分

1.刻写型文献信息

刻写型文献信息指在印刷术尚未发明之前的古代文献、当今尚未正式付印的手写记录和正式付印前的草稿,如古代的甲骨文、金石文、帛文、竹木文,以及现今的手稿、日记、信件、原始档案、碑刻等。

2.印刷型文献信息

印刷型文献信息是以纸质材料为载体,采用各种印刷术把文字或图像记录、存储在纸张上。它既是文献信息资源的传统形式,也是现代文献信息资源的主要形式之一。它的主要特点是便于阅读和流通,但因载体材料所存储的信息密度低、占据空间大,难以实现加工利用的自动化。

3.缩微型文献信息

缩微型文献信息以感光材料为存储介质,采用光学缩微技术将文字或图像记录、存储在感光材料上,有缩微平片、缩微胶卷和缩微卡片之分。它的主要特点是存储密度高、体积小、重量轻、便于收藏;生产迅速、成本低廉;需借助缩微阅读机才能阅读,且设备投资较大。

4.声像型文献信息

声像型文献信息又称直感型或视听型文献,主要以磁性和光学材料为载体,采用磁录技术和光录技术将声音和图像记录、存储在磁性或光学材料上,主要包括唱片、录音录像带、电影胶卷、幻灯片等。它的主要特点是存储信息密度高,用有声语言和图像传递信息,内容直观、表达力强、易被接受和理解,但需要专用设备才能阅读。

5.电子型文献信息

电子型文献信息按其载体材料、存储技术和传递方式,主要可分为联机型、光盘型和网络型文献信息。联机型文献信息以磁性材料为载体,采用计算机技术和磁性存储技术,把文字或图像信息记录在磁带、磁盘、磁鼓等载体上,并使用计算机及其通信网络,通过程序控制将存入的有关信息读取出来。光盘型文献信息以特殊光敏材料制成的光盘为载体,将文字、声音、图像等信息采用激光技术、计算机技术刻录在光盘上,并使用计算机和光盘驱动器,将有关的信息读取出来。网络型文献信息是利用国际互联网中的各种网络数据库读取有关信息。电子型文献信息具有存储信息密度高、读取速度快、网络化程度高、远距离传输快、易于网络化等特点,可使人类知识信息的共享得到最大限度的实现。

（二）按文献信息的出版形式划分

这是一种最常见的分类方法,包括图书、期刊、报纸、档案、标准、图谱、研究报告、会议资料、学位论文、专利说明书、产品说明书、政府出版物等。

1.图书（Book）

图书大多是对已发表的科学技术成果、生产技术知识和经验经过著者的选择、鉴别、核对、组织而成的,论述比较系统、全面、可靠,查阅方便（有目次表、索引）,但出版周期较长,知识的新颖性不够。图书一般属于三次文献,但有的专著往往包含著者的新观点,或使用新的方法、新的材料,所以也具有一次文献的意义。

图书种类较多,包括专著（Monograph）、丛书（Series of Monographs）、教科书（Textbook）、词典（Dictionary）、手册（Handbook）、百科全书（Encyclopedia）等各种阅读型图书和参考书。从中可以看出,所谓的图书可以分为两种:一种为普通书籍,一种为工具书。

2.期刊（Periodical）、报纸（Newspaper）

期刊又称杂志（Journal,Magazine）,一般是指具有固定题名,定期或不定期出版的连续出版物。其特点是出版周期短,报道文献速度快,内容新颖,发行及影响面广,能及时反映科学技术中的新成果、新水平、新动向。期刊发表的论文大多数是原始文献,许多新成果、新观点、新方法往往首先在期刊上刊登。科学技术研究人员应熟悉本专业有关的期刊,常常阅读期刊可以了解行业动态,掌握研究进展,开阔思路并吸收新的成果。期刊论文是文献的主要类型,是检索工具报道的主要对象。

报纸也是一种连续出版物。对社会科学特别是对广泛的社会研究和企业经营来说,报纸是非常重要的信息源。

3.报告（Report）

报告是研究人员或企业围绕某一专题从事研究取得成果以后撰写的正式报告,或者是研究过程中每一个阶段进展情况的实际记录。其特点是内容详尽、专深。报告的类型有技术报告（Technical Reports）、札记（Notes）、论文（Papers）、备忘录（Memorandum）、通报（Bulletin）、可行性报告（Feasibility Report）、市场预测报告（Market Prediction Report）等。报告一般单独成册,有具体的篇名、机构名称和统一的连续编号（报告号）。

报告一般划分为保密（Classified）、解密（Declassified）及非密（Unclassified）几种密级。保密的报告经过一定时间后往往会转为解密报告;非密资料中,又分为非密控制发行和非密公开发行。

4.会议文献（Conference Paper）

会议文献是指国际学术会议和各国国内重要学术会议上发表的论文和报告。此类文献一般都要经过学术机构的严格挑选,代表某学科领域的最新成就,反映该学科领域的最新水平和发展趋势。所以,会议文献是了解国际及各国科技水平、动态及发展趋势的重要情报来源。

会议的类型很多,归纳起来可分为国际会议、全国会议、地区性会议三种。会议文献大致可分为会前文献和会后文献两类。会前文献主要指论文预印本（Preprint）和论文摘要；会后文献主要指会议结束后出版的论文汇编——会议录（Proceedings）。

据统计，目前世界上每年要举办上万次学术会议，发表学术论文数十万篇。会议论文大都有新思想、新观点，是科学工作者极为重视的情报来源。

5.专利文献（Patents）

专利是发明人创造发明了某种新技术，经政府专利局审批后，即可获得一定年限的垄断权，专利权可以作为商品进行买卖。专利文献主要是指专利说明书，分发明专利和实用新型专利两种。这两种说明书是专利申请人向专利局递送的说明其发明创造的文件。在说明书中，发明人常常论述其发明解决了什么特殊问题、解决的方法、对旧有产品的改进及其他用途等。同时，专利文献也对企业引进技术和设备，以及保护企业自身利益的技术起着非常重要的作用。因此，专利文献已成为一个重要的情报来源。

6.学位论文（Thesis，Dissertation）

学位论文是高等学校、科研机构的学生为获得学位，在进行科学研究后撰写的学术论文。学位论文一般要有全面的文献调查，比较详细地总结前人的工作和当前的研究水平，作出选题论证，并作系统的实验研究及理论分析，最后提出自己的观点。学位论文探讨的问题往往比较专一，带有创造性的研究成果，是一种重要的文献来源。

7.技术标准（Technical Standards）

技术标准是一种规范性的技术文件，是在生产或科学研究活动中对产品、工程或其他技术项目的质量品种、检验方法及技术要求所作的统一规定，供人们遵守和使用。

技术标准按使用范围分国际标准、区域性标准、国家标准、专业标准和企业标准五大类型，每一种技术标准都有统一的代号和编号，独自构成一个体系。技术标准是生产技术活动中经常利用的一种情报信息源。

8.档案资料（Archives，Records，Files）

档案是指具体工程、项目、产品和商品，以及集团、企业等机构在技术和开发、运行、操作及活动过程中形成的文件、图纸、图片、方案、原始记录等资料。档案包括任务书、协议书、技术指标、审批文件，研究计划、方案、大纲和技术措施，还包括相关的调查材料（原始记录、分析报告等）、设计计算、试验项目、方案、记录、数据和报告等，以及设计图纸、工艺和其他相关材料。档案是企业生产建设和开发研究工作中用以积累经验、吸收教训和提高质量的重要文献，现在各单位都相当重视档案的立案和管理工作。

档案大多由各系统、各单位分散收藏，一般具有保密和仅供内部使用的特点。它是各种社会活动的实录，是真实可靠的历史信息情报，具有较高的参考价值。

9.政府出版物（Government Publication）

政府出版物是各国政府部门及其所属的专门机构发表、出版的文件，其内容广泛，从基础科学、应用科学到政治、经济等社会科学。就文献的性质来看，其内容可分为行政性文件

（政府法令、法规、方针政策、调查统计资料等）和科技文献（科技报告、科普资料、技术政策等）两大类。通过这类文献，可以了解一个国家的科学技术、经济政策、法令、规章制度等。这类资料具有极高的权威性，对企业活动具有重要的指导意义。

10.产品样本（Catalogue）

产品样本是国内外生产厂商或经销商为推销产品而印发的企业出版物，用来介绍产品的品种、特点、性能、结构、原理、用途和维修方法、价格等。查阅、分析产品样本，有助于了解产品的水平、现状和发展动向，获得有关设计、制造、使用中所需的数据和方法，对于产品的选购、设计、制造、使用等有着较大的参考价值。

由于产品样本是已经生产的产品说明，在技术上比较成熟，数据比较可靠，对产品的具体结构、使用方法、操作规程、产品规格等都有较具体的说明，并常常附有外观照片和结构图。专利产品还注有专利号（根据专利号可查找专利说明书），对于新产品的设计、试制都有较大的实际参考价值。

（三）按文献信息的加工深度划分

文献信息资源按其信息加工深度划分，可分为零次文献信息、一次文献信息、二次文献信息和三次文献信息。

1.零次文献信息

零次文献信息是指未以公开形式进入社会使用的实验记录、会议记录、内部档案、论文草稿、设计草稿等，具有内容新颖、不成熟、不定型的特点。由于这类文献信息不公开交流，故较难获取。

2.一次文献信息

一次文献信息是指以作者本人的研究工作或研制成果为依据撰写的、已公开发行并进入社会使用的专著、学术论文、专利说明书、科技报告等。因此，一次文献信息包含了新观点、新发明、新技术、新成果，提供了新的知识信息，是创造性劳动的结晶，具有创造性的特点，有直接参考、借鉴和使用的价值，是人们检索和利用的主要对象。

3.二次文献信息

二次文献信息是对一次文献信息进行整理、加工后得到的信息，即把大量的、分散的、无序的一次文献信息资源收集起来，按照一定的方法进行整理、加工，使之系统化而形成的各种目录、索引和文摘。因此，二次文献信息仅是对一次文献信息进行系统化的压缩，没有新的知识信息产生，具有汇集性、检索性的特点。它的重要性在于提供了一次文献信息的线索，是打开一次文献信息知识宝库的钥匙，可节省人们查找知识信息的时间。

4.三次文献信息

三次文献信息是根据一定的目的和需求，在大量利用一、二次文献信息的基础上，对有关知识信息进行综合、分析、提炼、重组而生成的再生信息资源，如各种教科书、技术书、参考工具书、综述等。三次文献信息具有综合性高、针对性强、系统性好、知识信息面广的特点，有较高的实际使用价值,能直接被参考和借鉴。

综上所述,从零次文献信息资源到一次、二次、三次文献信息资源,是一个从不成熟到成熟,由分散到集中,由无序到有序,由博而略,由略而深,对知识信息进行不同层次加工的过程。每一过程所含知识信息的质和量都不同,对人们利用知识信息所起的作用也不同。零次文献信息资源是最原始的信息资源,虽未公开交流,但却是生成一次文献信息资源的主要素材;一次文献信息源是最主要的信息资源,是人们检索和利用的主要对象;二次文献信息资源是一次文献信息资源的集中提炼和有序化,是检索文献信息资源的工具;三次文献信息资源是将集中分散的一、二次文献信息资源,按知识门类或专题重新组合、高度浓缩而成,是人们查考数据信息和事实信息的主要信息资源。

(四)根据出版形式和内容公开程度划分

文献信息资源按其出版形式和内容公开程度划分,可分为白色文献、灰色文献和黑色文献三种类型。

1.白色文献

白色文献是指一切正式出版并在社会成员中公开流通的文献,包括图书、报纸、期刊等。这类文献多通过出版社、书店、邮局等正规渠道发行,向社会所有成员公开,其蕴涵的信息大白于天下,人人均可利用。白色文献是当今社会利用率最高的文献。

2. 灰色文献

灰色文献指非公开发行的内部文献或限制流通的文献,因从正规渠道难以获得,故又被称为"非常见文献"或"特种文献"。其范围包括内部期刊、会议文献、专利文献、技术档案、学位论文、技术标准、政府出版物、科技报告、产品资料等。这类文献出版量小,发行渠道复杂,流通范围有一定限制,不易收集。

3.黑色文献

黑色文献分为两类:①人们未破译或未识别其中信息的文献,如考古发现的古老文字、未经分析厘定的文献;②处于保密状态或不愿公开其内容的文献,如未解密的档案、个人日记、私人信件等。这类文献除作者及特定人员外,一般社会成员极难获得和利用。

本章关键术语:

信息;知识;文献;情报;信息资源;文献信息资源;零次文献;一次文献;二次文献;三次文献

本章思考题:

1.信息、知识、文献有何关系?

2.简述口头和实物信息资源的价值。

3.按出版形式划分,文献信息资源可分为哪些类型?

4.何为灰色文献?它有哪些具体形式?

第三章　信息检索理论基础

【内容提要】

本章涉及信息检索的基本知识,是掌握现代信息检索技术的基础。本章将介绍信息检索的含义、原理,信息检索的种类划分,分类语言、主题语言,信息检索工具法,布尔逻辑检索等计算机检索技术的运用及信息检索的基本步骤。

第一节　信息检索的含义及类型

一、信息检索的含义

信息检索一词来源于英文 Information Retrieval,意为"将存储在检索工具或数据库中的信息取出来"。广义上的信息检索是指将信息按照一定的方式组织和存储起来,并根据用户的需求提供其所需信息的过程,包括存储和查找两个阶段;狭义上的信息检索特指信息查找阶段,即根据用户的需求,从已有的检索工具或数据库中查找所需信息的过程。

信息检索作为人类社会活动的必要组成部分,已经有了很长的历史。20 世纪中叶以前,纸是人类存储和传递信息的主要载体,信息检索活动主要是纸质文献的存储和查找,因此当时"文献检索"一词被广泛应用。20 世纪 50 年代以后,信息存储和查找的载体形式呈现出多样化的趋势,"情报检索"开始被使用(该词由美国最先提出并使用)。由于 Information 一词包括"情报"和"信息"的含义,加上中文中"信息"的含义比"情报"广泛,因此目前"信息检索"这一具有兼容性的概念逐渐被理论界和实践领域认可。

在信息社会中,随着计算机和网络技术的发展,信息检索这一领域的理论和实践有了进一步的突破,使信息检索从传统的手工作业向自动化、个性化、智能化的方向发展,并向知识检索迈进。

二、信息检索的类型

信息检索的类型是根据信息检索的属性特征,同其所同、异其所异的结果,划分标准不同,结果也会有所不同。

（一）按照信息检索方式划分

1.手工检索（Manual Retrieval）

在我国,手工检索自古至今都是一种重要的信息检索方式,即以手工操作的方式,利用书目、文摘、索引、百科全书、字典、词典等检索工具进行信息检索。由于受到检索工具的制约,其检索结果可能是文献线索,也可能是文献原文。该种检索方式优点是直观、灵活,方便调整检索策略,有利于查准信息;但缺点是查找速度慢,对检索人员的要求较高。

2.计算机检索（Computer-based Information Retrieval）

计算机检索是指利用计算机系统对已经数字化的信息,按照设计好的程序进行信息的查找和输出。这种检索方式是在人机协同作用下完成的,不仅提高了检索效率,还大大拓宽了信息检索的领域。按照计算机检索系统的工作方式,计算机检索可以分成以下四种类型。

（1）脱机检索（Off-line Retrieval）

这是最早的一种计算机检索,检索系统没有终端设备,是一种批处理的脱机检索,即用户只需将检索提问提交给专门的检索人员,而不必直接使用计算机,检索人员将一定量的检索提问按要求一次性输入计算机中,再将检索结果整理出来分发给用户。这种检索方式适用于检索量大但不要求立即回复的检索需求。随着计算机检索系统的不断优化和检索技术的不断发展,该种检索方式已经逐渐被其他方式所取代。

（2）联机检索（On-line Retrieval）

联机检索是计算机技术、网络技术、通信技术不断发展并广泛应用于信息检索领域的结果。联机检索是指用户利用计算机,通过网络与信息检索系统直接进行人机对话,从检索系统的数据库中查找用户所需信息的过程。数据库是联机检索的重要组成部分,由于其具有交互性强等优势,自 20 世纪 70 年代以来联机检索已发展成为较成熟、被广泛应用的检索方式。国外著名的联机检索系统有 Dialog 系统、OCLC 的 FirstSearch 系统等。与国外相比,我国的联机检索系统还不成熟,但有一些检索数据库及其检索平台也具有一定的规模,如万方数据资源系统等。

（3）光盘检索（CD-ROM Retrieval）

光盘检索是指用户直接使用带有光盘驱动器的计算机检索光盘上存储的信息的过程。20 世纪 80 年代后,光盘技术因其操作方便、不受网络的影响、存储量大、费用低等优点得到了充分的发展,已成为一种广泛使用的计算机检索系统。国内外光盘数据库产品各种各样,用户要根据自己的信息需求选择合适的光盘数据库。国外的数据库产品有美国《工程索引》光盘数据库（EI Compendex Plus）、《英国科学文摘》（INSPEC OnDisk）等;国内的光盘数据库有《复印报刊资料全文数据光盘》、《全国报刊索引数据库》等。

（4）网络检索（Internet Retrieval）

网络技术的广泛应用和发展使世界范围内的信息交流和共享成为可能，网络检索成为信息检索领域的新宠。网络检索主要是指利用计算机对网络中广泛存在的信息资源进行检索的过程。网络检索在检索对象、作业方式、友好性、方便性方面有极大的优势，已成为当前信息检索的主流。

综上所述，手工检索是计算机检索的基础，计算机检索是当前信息检索的主要方式，但手工检索目前仍有一定的利用空间。可以说，在今后很长一段时期内，计算机检索与手工检索将互为补充、共同存在。

（二）按照检索对象的内容划分

1.文献检索

文献检索就是以文献为检索对象的信息检索，按照用户的信息需求，查找检索工具或数据库中存储的与用户需求相匹配的文献信息的过程。文献检索是一种相关性检索，而不是确定性检索，因为一般情况下通过这种检索并不能直接解决用户的问题，而是提供相关的文献或文献线索，由用户参考或取舍。文献检索一般通过书目、索引、文摘等检索工具来完成。

2.数据检索

数据检索是以数值或图表形式表示的数据为检索对象的信息检索，可以用来查询各类物质与材料的特性、参数、常数、价格、统计数据等数值。这里的"数据"不仅包括科学研究、工程计算和各类统计中的具体数值，而且还包括有关物理参数、化学分子式等数据，因此"数据"是一个较宽泛的概念。数据检索可以直接回答"长江长度是多少"、"2008年我国的国内生产总值是多少"等问题，所以它是一种确定性检索。

3.事实检索

事实检索是以关于某些客体（政府、企业、组织、人物）信息为检索对象的信息检索。这里的"事实"范围也比较广泛，不仅可以指事件、事实、机构、人物，还可以指名词术语、概念、定义等。其检索结果是关于某一客体的具体答案，因此，事实检索也是一种确定性检索。该种检索可直接回答如"五四运动"发生的时间、地点和经过这类问题。

（三）按照检索对象的组织方式划分

1.全文检索

全文检索是将信息以计算机可读的字符代码形式或扫描图像形式存储到全文数据库中，以便用户以任意字、词、句、段为检索点查找全文信息的检索方式。用这种方式可以解决如"在《信息检索》中，'数据库'一词在哪里出现过，共出现了多少次"这样的问题。和传统的信息检索方式相比，全文检索不是对文献特征的格式化描述，而是用自然语言深入揭示其知识单元，用户可直接用自然语言来检索未经标引的文献。

2.超文本检索

超文本检索是依据超文本数据库系统查找信息及信息联系的过程。超文本数据库是由诸多文本信息通过超链接联系并组织起来的,从本质上来看,它由节点和链构成,并将信息按层次和关系组成树状结构。与传统的检索方式不同,该检索方式强调节点与节点之间的语义联系,用户检索时不必进行关键词组配,不必按顺序查找信息,只需通过访问节点,根据层次或关系灵活地进行即可。

3.超媒体检索

超媒体检索是对超文本检索的补充,即依据超媒体数据库系统查找多媒体信息及信息联系的过程。超媒体数据库也是按照树状结构来存储、组织信息的,既可以处理静态的文本信息,也可以处理动态的多媒体信息。用户利用超媒体检索系统可以查找文本、图像、声音、动画等信息,信息检索的范围得以再次拓宽。

第二节　信息检索的基本原理

本章第一节已经明确指出,广义上的信息检索包括信息存储和信息查找两个阶段。信息存储是按照一定要求收集、选择、标引、组织信息,并使其有序化的过程;信息查找是从用户需求出发,利用一定的检索工具或系统从信息集合中查找用户所需信息的过程。其中存储是前提、是基础,查找是目的,两个阶段构成完整的信息检索过程。具体的检索原理如图 3-1 所示。

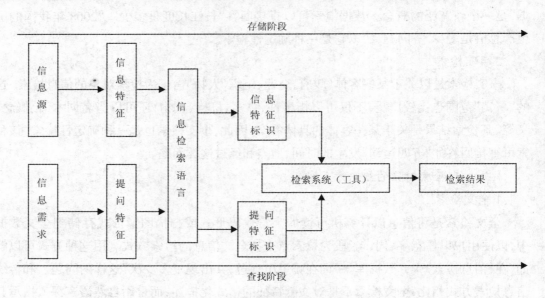

图 3-1　信息检索原理图

为了使信息充分交流和有效利用,首先,要从广泛、大量、分散、无序的信息源中采集信息。信息采集时要根据实际情况有针对、有选择、有重点地采集那些价值较大并且符合用户需要的信息,采集信息的质量是信息检索有效的基础。其次,要对采集到的信息进行再认识,也就是信息特征分析,主要是分析其形式特征和内容特征。形式特征主要指题名、责任者、出版社等;内容特征主要指信息所属的学科属性及其主题。再次,要将所分析出来的内容特征用既定的检索语言(当前主要是分类语言和主题语言)来表达,形成规范的信息特征标识,也就是进行标引。最后,将规范化的内容特征和形式特征按照一定的要求存储到检索工具(系统)中。至此,信息存储的任务才算完成。

查找是存储的逆过程。当用户提出信息需求时,信息工作人员要利用各种方法识别其需求(包括潜在的信息需求),并进行分析,提出检索提问特征,用来凝练地表达用户的信息需求。然后将分析得到的提问特征用同样的检索语言进行规范,形成提问特征标识,并将该标识与已经组织好的检索工具进行匹配运算,如有命中信息,则形成检索结果并输出。

从整个检索原理上来看,信息检索的过程是将提问特征标识与检索系统(工具)进行循环匹配的过程。其中检索语言起到沟通信息形成者、信息工作人员、信息用户思想的作用,是良好信息检索效果的桥梁。另外,信息检索并不是一次就能满足用户的需要,在整个检索过程中还需要不断地利用用户的反馈信息调整检索策略,逐渐取得令用户满意的检索结果。

第三节　信息检索语言

一、信息检索语言的概念

信息检索语言是用来描述信息特征和表达用户提问特征的一种人工语言,是信息检索系统的重要组成部分。从信息检索原理图(见图3-1)中可以看出,信息检索语言是连接存储和查找两个阶段、沟通用户和信息人员的桥梁,其作用具体表现为以下三点。

1)规范信息内容的表达。

2)规范信息内容和检索需求。

3)规范信息组织和程序。

二、信息检索语言的构成

各种分类法、主题词表、叙词表都属于信息检索语言的范畴。信息检索语言由词汇和语法构成,其中词汇是检索语言的主体,包括分类表、词表中的全部标识,一个标识(分类号、类名、主题词)就是一个词汇。语法则是检索语言的规则,它规定了词汇的使用方法及利用该检索语言进行信息标引时必须要遵循的规范。

三、信息检索语言的分类

信息检索语言种类多样,可以按照不同的标准对其进行分类。按照表述文献特征划分,有表述信息形式特征和表述信息内容特征的语言;按照组配方式划分,有先组式和后组式语言;按照构成原理划分,有分类语言、主题语言、分类主题一体化语言、代码语言。此处主要介绍以下两种分类。

(一)按照构成原理划分

1.分类语言

(1)分类语言的含义

分类语言是以学科体系为基础,用分类号和类名来表达信息内容主题概念的一种检索语言。它的主要特点是按学科、专业集中相关信息,从知识分类的角度揭示信息之间的区别和联系,从而实现从学科专业角度来检索信息。

(2)分类语言的类型

分类语言主要分为等级体系型分类语言和分面组配型分类语言。

1)等级体系型分类语言。

等级体系型分类语言是一种最传统、使用最普遍的分类语言,它将所有类目组织成一个等级系统,并且采用列举的方式编制,构成一个由总到分、由一般到特殊、由全部到局部的分类标识体系。这种分类法通常将类目体系组织成树状结构,按照划分的层次,逐级列出详尽的专指类目。显示时,以缩格表示类目的等级关系,如下面《中国图书馆分类法》(以下简称《中图法》)的片段显示。

F　　经济

　　F0　　经济学

　　F1　　世界各国经济概况、经济师、经济地理

　　F2　　经济计划与管理

　　　　F20　　国民经济管理

　　　　F21　　经济计划

　　　　F22　　经济计算、经济数学方法

　　　　F23　　会计

　　　　F24　　劳动经济

　　　　F25　　物资经济

　　　　　　F250　　物资经济理论

　　　　　　F251　　物资管理

由此可以看出,等级体系型分类语言的主要优点在于结构显示直观,类目体系完整、系统,标记简明,适用于实体的分类排架,已广泛应用于图书馆等文献机构的馆藏排架,并且也是网络检索工具普遍使用的检索语言。但是,该检索语言也存在一些不足,如揭示专门主题能力差,不能充分揭示细、小、专、深的主题,类表结构较固定,无法及时容纳新类,难以与科学发展保持同步,类表篇幅较大,管理难度较高等。

比较著名的等级体系型分类语言主要有美国的《杜威十进分类法》(Dewey Decimal

Classification, DDC, 简称《杜威法》)、《美国国会图书馆分类法》(Library Congress Classification, LCC, 简称《国会法》)及我国的《中国图书馆分类法》(简称《中图法》)等。

2)分面组配型分类语言。

分面组配型分类语言是一种依据分析兼综合的原则编制的分类语言。这种分类语言不是详尽列举类目体系,而是以简单概念组成复合类目的方式来表示各类。原因在于任何复合概念都可以分解成相应的基本概念,也就是可以通过基本概念的组合来表达。因此该分类语言只在列表中按照范畴列出基本概念,并分别配上相应的号码;使用时,通过相应概念的组配表达主题内容,并以这些类目标识的组合来表示该主题在分类体系中的次序。例如,在美术类中,根据美术作品涉及的特征,可将其分解成以下几个分面,如表3-1所示。

表 3-1　美术类文献特征分面

地区分面	体裁分面	时代分面	题材分面
E1 中国	D1 中国画	C1 古代	B1 人物
E2 朝鲜	D2 油画	C2 近代	B2 山水
E3 韩国	D3 水彩画	C3 现代	B3 花鸟
E4 日本	D4 素描	C4 当代	B4 静物
┆	┆	┆	┆

依照此分面组配类表样例,假设美术类的标记为"M","中国现代花鸟水彩画作品集"这一复合概念的标记为"ME1D3C3B3"。

由以上示例可以看出,分面组配型分类语言可以进行灵活的组配,弥补了等级体系型分类语言的不足,提高了分类语言的标引和检索能力。具有代表性的分面组配型分类语言有印度图书馆学家阮冈纳赞创制的《冒号分类法》(Colon Classification, CC)。然而,恰恰是由于其灵活的组配,很难在使用时保持一致,因此分面组配型分类语言在信息检索实践中使用的并不多。

(3)《中图法》

《中图法》的全称是《中国图书馆分类法》,是我国当代具有代表性的等级体系型分类语言,并被推荐为标准的图书分类法,广泛应用于图书馆等文献机构的信息组织活动中。

1)《中图法》的体系结构。

《中图法》按照学科之间的内在联系,从总到分、从一般到具体逐级展开,构成了一个纲目分明的体系,该体系主要由以下几个部分构成。

基本部类:这是分类法类目表中最先确定、最概括、最本质的类目。《中图法》共有五大部类,即马克思主义、列宁主义、毛泽东思想、邓小平理论,哲学,社会科学,自然科学,综合性图书。

基本大类:这是在基本部类的基础上展开形成的,《中图法》体系结构下共有 22 个大类,每个大类都被赋予一个英文字母作为标记,这是分类表中的第一级类目。

简表:这是分类法的基本类目表,由一级大类划分出的二、三级类目构成。

详表:这是整个分类法的正文,即主表,由各基本类目按该学科的实际情况划分成的类目构成。

2)《中图法》的标记符号与辅助符号。

《中图法》采用混合号码制,即由英文字母和阿拉伯数字结合成类号来标记类目。其中,一级类目用英文字母表示,其他类目用阿拉伯数字表示,但工业技术类除外。

《中图法》的辅助符号包括:分段标志".",总论复分号"—"、推荐符号"a"、组配复分号":"、交替类号"[ ]"、国家区分号"( )"、时代区分号"="和起止符号"\"。

3)《中图法》的编号制度。

《中图法》采用的编号制度基本为层累制。编号位数就等于分类层次,同位类再按照顺序配以号码。但当个别同位类数量较多时,为避免号码过长,采用八分法或双位制来解决。

4)《中图法》的复分表。

《中图法》将一些具有共性区分的类目按照使用范围编制了通用复分表和专用复分表。其中通用复分表共六个,分别是总论复分表、世界地区表、中国地区表、国际时代表、中国时代表和中国民族表。使用时,直接将复分号加在主表分类号之后即可。复分表的设置节省了主表篇幅,可以利用查找某些具有共性的类目,从而强化整个分类表的使用效果。

2.主题语言

(1)主题语言的含义

主题语言是用主题词来表达文献所论述的主题概念的一种检索语言。主题语言借助自然语言中的语词直接作为文献内容的标识和检索依据,而不管其学科属性如何,所以该语言按照特定的事物集中文献信息,具有较强的直接性。

该语言将自然语言中的名词术语经过一定的规范化处理后,形成主题词,用来表达文献和提问的内容;利用参照系统显示相关主题词的关系,将众多主题词联系起来,形成主题词体系;按照主题词的字顺序列,将主题词排列起来,形成一个完整的整体。

(2)主题语言的类型

1)标题语言。

标题语言是最早出现并广泛使用的一种主题语言,以标题词作为文献内容标识和检索依据。标题词是从文献正文或标题中抽选出来的,经过规范化处理且可直接表达文献主题内容的词和词组。标题语言以标题表为规范工具,如《美国国会标题表》(Library of Congress Subject Headings, LCSH)。该语言的特点是采用列举词表,形式直观、含义明确、结构稳定,符合手工信息检索时代的要求,但灵活性不足,标引和检索时工作量大,已经不适应当今时代的发展了。

2）元词语言。

元词就是最小的、字面上不能再分解的词。元词语言是以元词为主题标识，通过字面组配来表达主题概念的一种语言。这是为了克服标题语言的灵活性不足而发展起来的一种主题语言。该语言的特点是可以通过元词组配来表达任意专指概念和新概念，但由于只是字面组配，常常会出现错误组配的情况，现已被淘汰。但它为其他主题语言和计算机检索系统的发展奠定了基础，在检索语言的发展中具有里程碑式的意义。

3）叙词语言。

叙词语言是以表达文献主题内容的概念单元为基础，经过规范化处理，以便进行逻辑组配的一种主题语言。该语言是主题语言的高级形式，它吸收了标题语言、元词语言、分类语言的优势，既适用于手工检索，又适用于计算机检索，已成为主流的检索语言。

叙词表为叙词语言的规范工具，用来规范自然语言，提供用于标引和检索的语词，并显示其语义关系。叙词表便于对叙词进行规范化管理，其重要作用还在于作为选词依据，指引标引人员和检索人员用词一致，并以此组织信息、建立检索系统。叙词表通常由字顺表、范畴表、词族表和附表构成。《汉语主题词表》是世界大型叙词表之一。

叙词语言的特点主要有：①概念性强，叙词语言一般都选用那些能够有效表达文献信息基本概念的名词术语作为叙词；②规范性强，叙词语言对所选用的叙词进行了严格的规范化处理，保证一个叙词与一个概念相对应；③组配性强，叙词语言的组配采用的是概念组配，而非字面组配，经过概念的分析和综合，能够准确表达主题内容。

4）关键词语言。

关键词是指从文献的标题、摘要、正文中抽取出来的，对表达文献主题内容具有实质意义的词语。关键词语言是以关键词为文献内容标识和检索入口的一种主题语言。关键词语言同其他主题语言不同，这是一种自然语言，关键词不是事先选定的，不受词表控制，除少数禁用词（冠词、介词、连词、代词等不具有检索意义的词）外，其他词都可以作为关键词。

关键词表达主题较直观，专指，标引和检索速度快，能够保证较高的查准率，在计算机检索领域中有广泛的应用价值。但为了能在计算机自动抽词时排除无检索意义的词，一般需建立禁用词表。

（3）《汉语主题词表》

1）《汉语主题词表》简介。

《汉语主题词表》是我国第一部大型综合性汉语叙词表，1975 年由原中国科技情报研究所和原北京图书馆编制，1980 年出版。为了使《汉语主题词表》跟上时代的发展，后又经过了 2 次修订。《汉语主题词表》分 3 卷共 10 册。第 1 卷是社会科学部分，有 2 个分册；第 2 卷为自然科学部分，有 7 个分册；第 3 卷是附表部分，有 1 个分册。整个词表共收录主题词108 568 条，其中正式主题词 91 158 条，非正式主题词 17 410 条。

2)《汉语主题词表》的结构。

《汉语主题词表》由主表、附表、词族索引、范畴索引和英汉对照索引构成。

主表:《汉语主题词表》的主体部分，由全部叙词款目和相关语义关系按其字顺顺序构成。词表按社会科学和自然科学两大范畴分别组织,其中,社会科学部分包括哲学、政治、经济、文化等各学科的词汇,自然科学部分包括自然科学、技术科学门类的词汇和专有名称。《汉语主题词表》中每个叙词款目通常由款目叙词、汉语拼音、英文译名、范畴号、注释项及语义关系构成。

附表:是为了控制主表的词量、节省主表的篇幅,而将一些专有名词独立出来,并按字顺编排而成的。《汉语主题词表》共有四个附表,分别是世界各国行政区划名称表、自然地理区划名称表、组织机构表和人物表。

词族索引:将主表中具有属种关系的主题词,按其本质属性加以集中的一种索引系统。其作用在于揭示主题词之间的族系关系,便于在标引和检索时从词族的角度查词和选词。整个词族索引共收词族 3 707 个,其中,社会科学词族 886 个,自然科学词族 2 821 个。

范畴索引:将主表中全部款目主题词按学科范畴划类编排的词汇分类体系,以便从分类角度查找主题词索引系统,是主表的辅助工具。整个范畴索引共设 58 个大类,675 个二级类,1 080 个三级类。标记符号采用混合号码的形式,其中大类用两位阿拉伯数字表示,二、三级类目分别用一位英文字母表示。

英汉对照索引:是一种通过英文译名检索汉语主题词的工具,按英文字母顺序排列,在英文译名后列出汉语主题词。

3.分类主题一体化语言

(1)分类主题一体化语言含义

分类语言和主题语言是两种基本的信息检索语言,这两种检索语言各有特性。分类语言以学科聚类为主,系统性强,能满足族性检索的需要;主题语言以事物聚类为主,直观性强,能满足特性检索的需要。自 20 世纪 80 年代开始,我国开始研究分类语言和主题语言相结合的可能性,并提出了分类主题一体化语言。

所谓分类主题一体化语言就是将分类语言与主题语言整合,使其有机地融合为一个整体,实现了分类系统和主题系统的完全兼容,克服了分类语言单纯以学科聚类、主题语言单纯以事物聚类的局限性,使其发挥最佳的整体优势。该优势主要体现在标引人员可以同时完成分类标引和主题标引,用户在一个系统中可以同时进行分类和主题两种方式的检索,提高了检索效率。《中国分类主题词表》就是适应这种一体化需要产生的。

(2)《中国分类主题词表》简介

《中国分类主题词表》是在《中图法》类目与《汉语主题词表》主题词对应的基础上,将分类法与主题词融为一体的文献标引和检索工具。它由《中图法》编委会主编,于 1994 年出版,2005 年由北京图书馆出版社出版了第 2 版。《中国分类主题词表》包括《分类号—主题词对应表》和《主题词—分类号对应表》两部分,分 2 卷共 6 册,收录分类法类目 5 万余个,主题词及主题词串 21 万余条。

其中,《分类号—主题词对应表》以《中图法》为主体,依据一定的原则和方法,把《汉语主题词表》全部主题词纳入并对应于《中图法》的各级类目之下,从而形成一个新的体系。通过该表,可以概览某一学科的全貌,便于从学科分类的途径选择类目,查找主题词,如表 3-2 所示。

表 3-2 《分类号—主题词对应表》片段

F41	世界工业经济	工业经济—世界
F410	工业政策	工业政策—世界
F414	工业建设与发展	工业经济—经济建设—世界 工业经济—经济发展—世界 工业危机—世界
F415	国际工业经济关系	工业经济—国际经济关系

《主题词—分类号对应表》以《汉语主题词表》的主题词的字顺序列为主体,在主题词、主题词串下直接显示《中图法》的分类号,按主题词的汉语拼音音序排列。该表便于从主题词的检索角度来查找分类号。举例如下:

草地

S812.3

草地—病虫害

S812.6

4.代码语言

代码语言是用某种符号代码系统来标引、组织信息的语言。常见的符号代码有元素符号、化合物分子式、专利号、标准号、报告号、合同号、化合物登记号等。这些符号在相应的专业领域内有较大的检索价值,人们往往以它们为标识,编制出不同的专用索引,为特定领域的用户提供检索。

(二)按照规范化程度划分

1.受控语言

受控语言是一种人工语言,是人为地对标引词和检索词的词义进行控制和管理的语言。也就是说,它是一种由主题词表或分类表控制的检索语言,通过对词语的规范化处理,词和事物概念能够一一对应。因此,受控语言能够排除一词多义、多词一义、词义含糊的现象,方便用户扩检和缩检。但该语言标引负担重,易用性差,不能反映最新的学科发展动态。受控语言包括分类语言、标题语言、元词语言和叙词语言等。

2.自然语言

自然语言如关键词语言，是直接以从文献本身抽取出来的、未经规范化处理的词或语句为标引和检索用词的语言。这种检索语言具有词汇更新及时、选词灵活方便、专指性强、标引和检索速度快、用户友好性强等优点，广泛地应用于计算机标引和检索。但由于自然语言灵活多样，并且存在着大量的同义词、近义词、多义词现象，如果不加以规范化处理，会影响到查全率和查准率。

由以上分析可以看出，受控语言和自然语言各有优劣，恰成互补。当今时代网络信息资源大量涌现，检索系统单靠任何一种语言都无法达到令人满意的检索效果，因此，自然语言和受控语言相结合是信息检索语言的发展趋势。

第四节　信息检索的途径与方法

一、信息检索的途径

信息检索的途径就是利用信息的某种特征作为检索标识来查找相关信息的途径。一般要根据已知信息需求、已掌握的文献线索及检索工具的实际情况，有针对性地选择合适的检索途径。根据文献的特征，将检索途径分成内容特征检索途径和形式特征检索途径。

（一）内容特征检索途径

1.分类途径

分类途径是从学科分类体系的角度，利用分类目录和分类索引查找信息的途径。世界上99%的检索工具和检索系统都提供这种检索途径。检索时首先要分析主题概念，选择合适的分类类目，然后按照分类类目的类号或字顺顺序，从分类目录或分类索引中检索到所需信息。

分类途径尤其适用于族性检索，能够保证较高的查全率。如果需要查找的是某一学科领域或某一专题的文献，宜选用分类途径（但不适于查找交叉学科或新学科信息），但要求信息检索人员熟悉学科分类体系，能正确判断学科所属类目。

2.主题词（关键词）途径

这是按照表达主题内容的主题词或关键词为标识查找信息的途径。几乎所有的检索工具和检索系统都提供主题词（关键词）途径。主题目录、主题索引、关键词索引、叙词索引等是其检索依据。检索时首先要分析主题概念，选择相应的主题词或关键词，再按照字顺查找，进而得到所需信息。

主题词途径尤其适用于特性检索，能够保证查准率，所以对于一些检索主题新颖、复杂、专深、具体的检索课题宜选用这种检索途径。

（二）形式特征检索途径

1.题名途径

题名包括书名、刊名、篇名等。利用题名途径检索是指按照已知的文献题名来获取所需信息。检索时使用各种题名目录或索引，输入题名或题名的一部分，即可获得所有题名中包括该字、词的信息。利用题名途径既可以检索出一篇特定的文献，还可以集中一种著作的全部版本、译本等，因此被广泛地应用于图书、期刊、论文的检索。

2.责任者途径

责任者包括个人责任者、团体责任者和专利权人等。利用责任者途径检索是指按照已知责任者的名称来查找用户所需信息。检索时要以著者目录、著者索引等为依据。一般来讲，每个研究人员的研究方向相对较稳定，同一责任者名下往往会集中内容相近或相关的文献，可以在一定程度上实现族性检索，并且利用责任者途径，可以及时跟踪研究人员的研究方向，获得最新研究成果。因此，责任者途径也是常用的一种检索途径。

3.代码途径

有些文献具有独特的代码，如图书有国际标准书号（ISBN），专利有专利号，报告有报告号，标准有标准号等。利用代码途径检索信息就是通过已知文献的这些专用代码来查找信息。检索时要以各种代码索引为依据，如专利号索引、报告号索引等。在已知信息特定代码的前提下，利用代码途径检索信息非常简便、快捷、准确。

4.引文途径

引文途径就是根据引文即文章末尾所附参考文献来查找所需信息的途径。引文途径较特殊，使用引文途径检索信息时可以通过成套的检索工具（美国的《科学引文索引》、中国的《中国引文索引》等），或者直接利用文献结尾所附的参考文献，查找被引用文献。利用引文途径可追溯查找相关信息，并依据课题情况实现循环检索，同时也可作为评价信息价值的参考依据。

5.其他检索途径

其他检索途径包括出处途径、时间途径和任意词途径。随着检索技术和实践的不断发展，必然还会出现其他的检索途径。

综上所述，分类途径和主题途径是信息检索的主要途径，但任何检索途径都有其优缺点和适用范围，单靠一种检索途径难免会有所疏漏。检索时要根据实际情况灵活运用，并尽量将多种检索途径结合起来使用，以便达到最佳的检索效果。

二、信息检索的方法

信息检索的方法一般要根据检索课题的需要和检索系统（工具）的情况灵活选择。一般的检索方法主要有以下三种。

（一）直接法

直接法就是不利用检索系统（工具），直接通过原文或文献指引来获取相关信息的方法。

直接法包括浏览法和追溯法。

1.浏览法

浏览法是指直接通过浏览、查阅文献原文来获取所需信息的方法。该方法的优点是能够直接获取原文,并能够直接判断是否需要文献所包含的信息;缺点是由于受检索人员主观因素的影响,有一定的盲目性和偶然性,难以保证查全率,且费时费力,对检索人员的要求较高。

2.追溯法

追溯法又叫扩展法、追踪法,是利用已知文献的某种指引(如文献附的参考文献、注释、辅助索引、附录等)来获取所需信息的方法,这是一种最简捷的扩大信息来源的方法。根据已知文献指引,查找到一批相关文献,再根据相关文献的有关指引扩大并发现新的线索,进一步去查找。在检索工具不全的情况下,可选用此种方法,但由于这种方法也存在一定的偶然性,因此最好选用质量较高的述评和专著来进行文献追溯。

(二)工具法

工具法是一种最常用的方法,即利用各种检索系统(工具)来检索信息。根据具体的检索情况,工具法又可分为以下三种方法。

1.顺查法

顺查法是根据已确定的检索课题所涉及的起止年代,按照时间顺序由远及近地查找信息的方法。这种方法查全率高,但较费时费力,适用于普查性课题,利于掌握课题的来龙去脉、了解其历史和现状,并有助于预测其发展趋势。

2.倒查法

倒查法是按照时间顺序,由近及远地逐年查找,直到找到所需信息。利用该方法能够获取较新的信息,把握最新发展动态,因此较适用于检索新课题或有新内容的课题。

3.抽查法

一般来说,任何一个学科的发展都具有波浪式特点,在学科处于兴旺、发展期时,成果和文献较多。抽查法就是根据检索需求的特点和学科发展的实际情况,抽取这一段时间的文献进行检索。抽查法能够获得较多的信息,但要求检索人员必须熟悉该学科的发展情况。

(三)综合法

综合法是指综合利用上述各种检索方法来查找信息的方法。利用各种检索方法,使其互相配合、取长补短,进而得到较为理想的检索效果。

第五节　计算机信息检索技术

计算机检索的过程就是将检索提问标识与检索系统中的信息特征标识相匹配的过程，但在该过程中必须使用一些控制技术，才能让计算机完成更复杂的检索。本节主要介绍以下几种计算机检索技术。

一、布尔逻辑检索

布尔逻辑检索是利用布尔逻辑算符进行不同检索词或其他条件的逻辑组配的技术，是常用的计算机检索技术。基本的布尔逻辑算符有三种，分别是逻辑"或(or)"、逻辑"与(and)"和逻辑"非(not)"。

(一)逻辑"或"

逻辑"或"是一种用来组配具有并列关系概念的技术，可将具有并列关系的概念，如同义词、近义词、相关词进行组配，其组配符号为"or"或"+"。例如，要查找数据库中包含检索词 A 或检索词 B 或同时包含检索词 A 和 B 的文献，输入表达式"A+B"或"A or B"，即可获得所需文献。利用逻辑"或"，可放宽提问范围，增加检索结果，提高查全率。

(二)逻辑"与"

逻辑"与"是一种用来组配具有交叉关系概念的技术，其组配符号为"and"或"*"。例如，要查找数据库中既包含检索词 A 又包含检索词 B 的文献，输入表达式"A*B"或"A and B"，即可获得所需文献。利用逻辑"与"可缩小提问范围，提高查准率。

(三)逻辑"非"

逻辑"非"是一种用来组配具有排除关系概念的技术，其组配符号为"not"或"–"。例如，要查找数据库中包含检索词 A 但不包含检索词 B 的文献，输入表达式"A–B"或"A not B"，即可获得所需文献。利用逻辑"非"可缩小提问范围，排除无关文献，提高查准率。

二、截词检索

截词检索在西文检索系统中较常用，即检索者将检索词在他认为较合适的地方加上截词符断开，利用词的一个局部进行检索。截词符可用来屏蔽未输入字符，解决由于派生词列举不全而造成的漏检。根据截词的位置，截词检索可分为前截断、中截断和后截断三种。

(一)前截断

前截断即后方一致，就是将截词符放在检索词需截词的前边，表示前边截断了一些字符，只要检索和截词符后面一致的信息。例如，输入 "? ware"，就可以查找到"software"、"hardware"等词根为"ware"的信息。

（二）中截断

中截断即前后一致，也就是将截词符放在检索词需截词的中间，表示中间截断了一些字符，要求检索和截词符前后一致的信息。例如，输入"colo？r"，就可以查找到"colour"、"color"等信息。

（三）后截断

后截断即前方一致，就是将截词符放在检索词需截词的后边，表示后边截断了一些字符，只要检索和截词符前面一致的信息。例如，输入"com？"，就可以查找到"computer"、"computerized"等词开头为"com"的信息。

不同的检索系统对于截词符有不同的规定，有的用"？"，也有的用"*"、"!"、"#"、"$"等。

三、位置检索

位置检索即通过位置算符指明检索词在记录中的位置关系，限定检索词之间的间隔距离或前后关系，可以使检索结果更准确。常见的用位置算符来进行限制检索的情况主要有以下三种。

（一）（W）与（nW）

（W）算符表示在此算符两侧的检索词必须按输入时的前后顺序排列，且两词之间除了可以有一个空格、一个标点符号、一个连词符之外，不得有任何其他的单词或字母。（nW）由（W）引申而来，表示在两个检索词之间可以插入 n 个单元词，但两个检索词的位置关系不可颠倒。

例如，输入 "computer（1W）retrieval" 可检索到含有 "computer information retrieval"、"computer document retrieval"等的信息。

（二）（N）与（nN）

（N）算符表示在此算符两侧的检索词必须紧密相连，但词序可颠倒。（nN）由（N）引申而来，区别在于两个检索词之间可以插入 n 个单元词。

例如，输入 information（N）retrieval 可检索到含有 "retrieval information"、"information retrieval"等信息。

（三）（X）与（nX）

（X）算符表示在此算符两侧的检索词必须完全一致，且两词之间不得有任何其他的单词或字母。（nX）由（X）引申而来，表示在算符两侧的检索词必须一致，但中间可以插入 n 个单元词，常用来限定两个相同且必须相邻的词。

例如，输入"computer（1X）computer"可检索到含有"computer for computer"的信息。

四、字段限制检索

字段限制检索是指定检索词在记录中出现的字段，检索时计算机只在限定字段内进行匹配运算，可以提高检索速度。不同的检索系统设定的字段会有不同，常见的字段及代码如表 3-3 所示。

表3-3　计算机检索系统中常见的字段和代码

字段类别	字段名称	英文全称	代码
基本字段	题目	Title	TI
	文摘	Abstract	AB
	叙词	Descriptor	DE
	标题词	Identifier	ID
辅助字段	记录号	Document Number	DN
	作者	Author	AU
	作者单位	Corporate Source	CS
	期刊名称	Journal	JN
	出版年份	Publication Yearly	PY
	出版国	Country	CO
	文献类型	Document Type	DT
	语种	Language	LA

表3-3将常见字段分成基本字段和辅助字段,其中基本字段用来表达信息的内容特征,检索字段符用后缀方式,即/TI、/AB、/DE、/ID等。例如,"pattern/AB"表示要检索的是文摘中含有"pattern"的所有信息。辅助字段用来表达信息的形式特征,检索字段符用前缀方式,即AU=、CS=、JN=、LA=等。例如,"AU=Levis"表示要检索的是作者是"Levis"的所有信息。

五、词频检索

词频检索是系统中采用词频检索技术,限定检索词在数据库中相应字段或全文中出现的频次而采用的一种检索技术。该技术能够有效地提高查准率和检索的相关度。

六、计算机信息检索技术的发展

随着信息量的激增及计算机技术、网络技术、多媒体技术的出现和发展,人们在不断完善传统检索技术的同时,也在不断探索新的检索技术,如模式识别技术、全文检索技术、数据挖掘技术、基于内容的多媒体检索技术等。

(一)模式识别技术

1.模式识别技术的概念

模式识别(Pattern Recognization)技术是人类的一项基本智能活动,是指对表征事物或现象的各种形式的(数值的、文字的、逻辑关系的)信息进行处理和分析,以对事物或现象进行描述、辨认、分类和解释的技术,是信息科学和人工智能的重要组成部分。其作用在于面对某一事物时能将其正确地进行归类。当前,模式识别技术同关键词检索技术、语义分析技术、神经网络技术一起构成了人类信息检索技术的四个发展方向。

　　该技术以贝叶斯概率论和申农的信息论为理论基础,与其他检索技术相比,其最大的特点就是对信息的处理是基于语义理解的概念组配,更接近于人的大脑的逻辑思维,已成为当前比较先进的信息检索技术,被广泛地应用到文字识别、语音识别、指纹识别、遥感图像识别、医学诊断等领域中。

　　2.模式识别技术的原理分析

　　模式识别技术包括模式识别系统的设计和实现两个阶段,如图 3-2 所示。

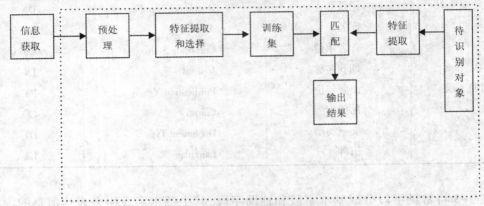

图 3-2　模式识别技术的原理分析

　　在整个过程中,信息获取是模式识别的前提,为了使计算机对各种现象能够分类识别,要将各种现象用计算机可识别并运算的符号来表示,并输入到系统中。通常的输入对象包括二维图像(如文字、指纹、地图、照片等)、一维波形(如脑电波、心电图、机械振动波形等)及物理参量和逻辑值四种。由于我们可以将多种形式的信息转换成计算机可理解并运算的符号,这就不免要受到外界干扰和噪声的影响,导致信息变形或失真。预处理的目的就是通过滤波、图像增强、图像复原等手段,去除外界干扰和噪声,加强有用信息,使存入的信息更清晰,以便进行特征的提取和选择。任何信息所包含的数据量都是相当大的,但这些数据对于反映同一信息并不是同等重要的。为了有效地进行模式识别,就要得到最能反映信息本质的特征,即特征的提取和选择。特征在此是指选定的一种量度,它对于一般的变形和失真可以保持不变,而且很少含有冗余信息,这样信息就可以用一组特征来表示。输入的每一个信息用一组特征表示后,这些特征组按照既定的原则和方法被组织后,就形成了训练集,也就是特征集合。至此模式识别系统的设计工作完成。

　　模式识别的实现是指当待识别对象出现后,通过设置关键参数的方法来提取该对象的特征,形成一组特征。将该组特征与已有的训练集进行匹配运算,并按相关度由高到低输出,实现了完整意义的模式识别。

　　(二)全文检索技术

　　全文检索是以全文本信息为主要检索对象,用户根据信息内容特征而不是外在形式特征来进行检索。全文检索技术作为网络搜索引擎的核心技术之一,越来越受到人们的支持和认可。在全文检索研究领域中,超文本和基于概念的信息检索最为活跃,并且已经取得了突破性的进展。全文检索技术在本章第一节已经介绍过,在此不再赘述。

（三）数据挖掘技术

1.数据挖掘的概念

数据挖掘又称"数据库中的知识发现（Knowledge Discovery in Database, KDD）",是从大型数据库中提取人们感兴趣的知识,这些知识是隐含的、人们事先不知道的,但又是非常有价值的,往往表现为概念、规则、规律、模式等形式。数据挖掘的对象包括数据库、数据仓库、数据集市等数据集合。

2.数据挖掘的过程分析

数据挖掘的过程如图 3-3 所示。首先是数据提取,即根据用户的要求从数据集合中按照一定的标准选择一组数据,形成数据集,作为知识挖掘的基础。其次是预处理,即将数据集中的数据进行预处理,将不必要或影响数据挖掘的干扰去除。再次是数据转换,即将经过预处理的数据转换成可用的、可引导的、规范的数据。然后是数据挖掘,即从数据集中抽取出信息的模式。最后是知识表示,即将知识以模式、规律、规则、概念等形式表示出来,用来支持决策。可见,在整个数据挖掘过程中,知识的获取涉及多个领域技术的综合运用。

图 3-3　数据挖掘的过程

（四）基于内容的多媒体检索技术

多媒体信息检索是指对图形、图像、声音、动画等多媒体信息进行检索的过程。由于多媒体信息丰富,很难用几个关键词描述充分,因而传统的信息检索技术在检索多媒体信息时具有一定的局限性。基于内容的多媒体检索技术融合了图像理解技术,利用多媒体信息的内容特征进行检索,可根据数据库中各被检索单元与检索要求的相关性提供检索结果,是一种相关性检索。

基于内容的多媒体信息检索技术有着广阔的应用前景,可应用于远程教学、远程医疗等方面。作为一项新技术,随着人们对它的研究进一步深入,必定会成为信息检索领域不可缺少的技术和工具。

第六节　信息检索的基本步骤

要想高效地完成信息检索,必须遵照一定的检索程序,如图3-4所示。图3-4中只是表现了信息检索的基本步骤,当然具体到实践中并非都要经过这些步骤,甚至有时会跨过某些步骤。

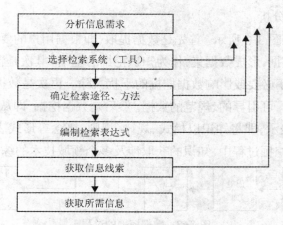

图 3-4　信息检索的基本步骤

一、分析信息需求

分析信息需求是信息检索的前提,信息需求分析得越准确,效果越好。分析信息需求,主要是根据用户的表达,明确本次信息检索的目的、主要内容、所涉及的学科范围及所需信息的文献类型、语种、地区、时间等方面的要求。

二、选择检索系统(工具)

任何一种检索系统(工具)都有其特定的特点、功用和适用范围。因此检索系统(工具)的选择要根据信息需求分析的结果,现有检索系统(工具)的质量、性质和检索人员的经验等方面,来选择合适的检索系统(工具)。一般来讲,查找比较专、深的信息最好选用专业性强的检索系统。另外,在有多种检索系统可选择的情况下,要选择最权威、最全面、最方便的检索系统。

三、确定检索途径、方法

要根据信息需求分析的结果和已选定的检索系统(工具)的情况,确定适当的检索途径。检索途径的确定在很大程度上受到检索系统(工具)的制约,但如果有多种检索途径可选择的话,一般来讲,如果信息需求的范围较广,最好使用分类途径;如果要求的信息较专、深,最好使用主题途径;如果事先已经掌握了信息的责任者、题名等信息,可选用相应的途径。为了提高信息检索效果,还要根据以上分析结果,确定适当的检索方法。

四、编制检索表达式

在计算机检索系统中,有时需要编制检索表达式,即用布尔逻辑算符、位置算符等计算机算符将两个或两个以上的检索词进行组配,以式子的形式来确定检索词之间的关系,准确地将信息需求提交给计算机。

五、获取信息线索

一些检索工具(目录、文摘等)在完成上述步骤后并不能直接提供所需信息,而只能提供信息线索。

六、获取所需信息

所需信息的获取有时需要按照信息线索的指引才能获得,有时可直接从检索系统(工具),如全文数据库、网络搜索引擎等中获得。

上述是信息检索的基本步骤,但在实际的检索实践中,在任何步骤都有可能要返回之前的某一步骤。因此在检索过程中,用户应随时调整检索策略,以达到更好的检索效果。

本章关键术语:

信息检索;文献检索;数据检索;事实检索;全文检索;超文本检索;超媒体检索;信息检索语言;分类语言;主题语言;叙词语言;关键词语言;分类主题一体化语言;自然语言;代码语言;分类途径;主题途径;追溯法;顺查法;倒查法;抽查法;布尔逻辑检索;截词检索;位置检索

本章思考题:

1. 如何理解信息检索的含义?

2. 信息检索有哪几种分类方法?

3. 按检索对象的内容划分,信息检索有哪几种类型?

4. 描述信息检索的原理。

5. 信息检索语言的地位和作用如何?

6. 比较分类语言和主题语言的异同。

7. 关键词语言的特点是什么?

8. 分类主题一体化语言的优点有哪些?

9. 如何确定检索途径?

10. 常用的检索方法有哪些?

11. 信息检索的基本步骤有哪些?

第四章　人文社科常用信息检索工具

【内容提要】

人文社科信息检索工具主要有书目、索引、年鉴、文摘、百科全书、类书、词典和表谱、图谱等。本章将详细介绍各类检索工具的发展历史、特点及功用,列举的各类检索工具均是人文社科检索中最为常用和最具代表性的部分。

第一节　书目

一、书目的历史

书目又称目录,是在文字和文献出现以后产生并发展起来的,文献的大量积累是书目产生的前提。"目"原有"一书篇目"的含义;"录"即一部书的叙录,原指简要记录一书内容、作者事迹、关于书的评价与校勘方面的文字,相当于提要。"目"、"录"合称,本指图书篇章名目和内容介绍的记录,如《文选·王康琚反招隐诗》注引刘向《别录》有《列子目录》;后来转指记录群书名目的清册,如《汉书·叙传》说:"刘向司籍,九流以别。爰著目录,略序洪烈,述《艺文志》第十。"

目录在古代就是书目。目录在我国历史上有不同的称谓,如称"录"(刘向《别录》)、称"略"(刘歆《七略》)、称"志"(王俭《七志》)、称"簿"(荀勖《晋中经簿》)、称"考"(朱彝尊《经义考》)、称"记"(钱曾《读书敏求记》)、称"书录"(毋煚《古今书录》)、称"书目"(李充《晋元帝四部书目》)、称"解题"(陈振孙《直斋书录解题》)、称"提要"(永瑢等《四库全书总目提要》)等。当然,也有直称"目"或"目录"的,如王尧臣、欧阳修等的《崇文总目》,刘孝标的《文德殿正御四部目录》等。

现代对于书目(目录)的解释是:一种著录一批相关文献(图书、报纸、期刊、胶片、录音带、录像带、幻灯片、影片、磁带、电子和数码视听资料等)的款目,并按照一定次序(代码分类或性质分类)编排组织而成的、用来提示和报道文献外形特征和内容概貌的检索工具(摘自《中国图书大辞典》)。

我国书目的历史十分悠久。"目录"一词最早见于《七略》:"《尚书》有青丝编目录。"这是指《尚书》一书的目录。最早的群书目录是西汉时杨仆编的《兵录》,刘向、刘歆等编制的《别录》、《七略》(两书均已亡佚)则是我国最早的分类目录。后班固将《七略》改写为《汉书·艺文志》,开创了史志书目的体例。《隋书·经籍志》中记载:"古者史官即司典籍,盖有目录以为纲纪",但"体制湮灭,不可复知"。清代纪昀等编制的《四库全书总目》是古代规模最大的一部官修书目,已成为古典书目的典范。在西方,书目的起源也很久远,英文 Bibliography(书目)一词源于希腊文 Biblion(书)和 Graphein(抄写)。公元 2 世纪希腊科学家加伦就已经编纂了专科书目。

毋煚是一位著名的目录学家,对书目的作用在《古今书录·序》中有精辟的论断。他认为,前人为我们留下宝贵丰富的典籍,如果不加以分类编目并揭示其渊源派别,那么,这些典籍再宝贵,也不易查找,就好像大海捞针,白头无成。有了书目,读者就能在书海中自由驰骋,知道某类有些什么书,某书内容如何,以此查到所需之书,加以钻研,掌握古人的精神实质,使文化传统代代相传。

二、书目的类型

书目可分为古典书目和现代书目两大系统。

(一)古典书目

古典书目包括官修书目、史志书目、私撰书目和版本书目等。

1.官修书目

官修书目是指封建王朝宫廷的藏书目录。此类书目由皇帝诏命大臣或知名学者专门修撰。公元前 26 年,汉成帝命陈农求遗书于天下的同时,诏刘向、刘歆等人整理典籍,经过 20 年的努力,编撰了中国最早的综合性官修书目——《别录》、《七略》。刘向把每种图书的叙录汇集在一起,编成《别录》,它不仅是中国第一部提要式书目,也是先秦至西汉末年图书的综合记录。汉哀帝时,刘向亡故,刘歆受命继承父业,进一步将整理的图书分类编目,最后编成《七略》。《七略》将所有图书分成六大类 38 种,形成了完整、科学的分类体系,第一次把学术分类的思想运用到书目分类,对中国历代的书目编撰产生了很大的影响。

清代乾隆四十六年(1781 年)编撰的《四库全书总目》共有 200 卷,是中国历史上规模最大、体例最完善的一部官修书目。《四库全书总目》著录《四库全书》里的古籍 3 461 种 79 309 卷,以及未收入《四库全书》的存目书 6 793 种 93 550 卷。书目以经、史、子、集四部著录典籍,下分 44 类,一些比较复杂的类目又细分成子目,共 67 目,每部有大序,每类有小序。它的分类体系集四部分类之大成,成为以后乃至今天编制古籍书目的范本;它的类序,剖析学术源流,成为了解学术发展的珍贵文献;它的提要记录典籍版本、考订文字异同,记述作者的事迹,阐明学术思想,成为后人阅读群籍的门径、探讨古代文化的渊薮。

图 4-1　民国 22 年版的《四库全书总目提要》

2.史志书目

　　史志书目主要指正史中的艺文志或经籍志,也包括其他史书及地方志里的艺文志,是中国古典书目的一种类型。东汉班固依据刘歆的《七略》为其《汉书》编了"艺文志",开创了根据官修书目编制正史艺文志的先例。循例编制的有《隋书·经籍志》、《旧唐书·经籍志》、《新唐书·艺文志》、《宋史·艺文志》、《明史·艺文志》及《清史稿·艺文志》,它们或记一代藏书,或记一代人的著述。清代为其他各代正史所缺书目进行了补编工作,把这些书目连贯起来,形成中国从古至清的图书总目。

　　据此,可考察历代图书文化的发展情况。受《汉书·艺文志》的影响,各史志书目在编撰上有共同的特点:一是多依前代官修书目改编而成;二是对所依据的书目在图书上有所增补;三是对所依据书目中图书的残亡给予注明;四是删去依据书目中的图书提要,加以简明的注语。清代学者补编的艺文志有 50 多种,往往一部史书就有数家补编。为了反映补志的成果,方便读者利用,开明书店印行的《二十五史补编》收录有 30 多种补编的艺文志。郭沫若指出,"历代史书多有'艺文志',虽仅具目录,但据此也可考察当时文化发展情况之一斑",揭示了史志书目的实质和价值所在。

图 4-2　开明书店印行的《二十五史补编》

3.私撰书目

私撰书目因著录基本上是私人藏书,亦称"私人撰修目录",是指由藏书家、学者私人撰修的书目,始于南朝宋王俭《七志》和梁阮孝绪《七录》。唐宋以后,雕版印书盛行,私撰书目大量出现。我国现存的古典书目,以私撰书目占多数。比较著名的有南宋晁公武《郡斋读书志》,陈振孙《直斋书录解题》,尤袤《遂初堂书目》;明高儒《百川书志》,祈承爜《澹生堂书目》,黄虞稷《千顷堂书目》;清钱曾《也是园藏书目》、《述古堂藏书目》、《读书敏求记》,毛扆《汲古阁珍藏秘本书目》,张金吾《爱日精庐藏书志》等。

南宋晁公武所撰的《郡斋读书志》共20卷,著录文献1 937部2.45万卷,分为经、史、子、集四部,共有45大类。每部有总论,即大序,每类有小序,于每书之下,或述作者略历,或论书中要旨,或明学派渊源,或列不同学说,并加详细考订,为后世了解宋代及宋以前的古籍文献提供了重要依据。因为《郡斋读书志》是我国第一部附有提要的私家目录,由此被誉称为"私家目录之璧"。私撰书目所涉及的文献范围虽有所限制,但采录标准较官修书目、史志书目宽泛。官修书目、史志书目不著录的图书,如传奇、话本、小说、杂剧等文学作品,往往为某些私家目录所收录,故可补官修、史志书目之未备。加之私撰书目所载内容绝大部分为撰者亲知亲见,其参考价值也就不容忽视。

4.版本书目

版本书目是专门记载古籍版本的目录,是我国古典书目的一种。它或将知见的各种版本详列于一书之下,以供查找选择(如《增订四库全书简明目录标注》),或将一书的版本特征详细记录,并加以考辨,以供鉴别研讨(如《中国善本书提要》)。

《遂初堂书目》又名《益斋书目》,是我国现存最早的版本书目,已略记版本,南宋尤袤(1127—1194)辑。尤袤字延之,自号遂初居士。后人曾为之续辑,共44类,计经部9类、史部18类、子部14类、集部3类。所收图书,一般仅录其名而不详卷数,亦不详作者姓名。对所收刻本书之各种版本则多予以说明,如正史类有川本《史记》、严州本《史记》;地理类有秘阁本《山海经》、池州本《山海经》等。所收版本主要有旧监本、秘阁本、京本、旧杭本、杭本、严州本、越本、吉州本、池州本及川本10种,对研究宋代图书的流传及印刷情况有一定的参考价值。

版本书目至清代始盛行。清初钱曾的《读书敏求记》是我国第一部研究版本目录的专书。乾隆年间于敏中编《天禄琳琅书目》,版本记录的内容已经较为完备。

(二)现代书目

关于现代书目的类型,国内外有多种不同的划分方法。一般来说按形式划分,可分为书本式和卡片式;按收录文献的类型划分,可分为图书目录、期刊目录、报纸目录、丛书目录等;按文献涉及的学科划分,可分为综合性书目和专科(专题)书目;按收录文献涉及的范围(主要是地域)划分,可分为国家书目、地方文献书目和个人著述书目;按反映文献的收藏情况划分,可分为联合目录、馆藏目录和私藏书目;按反映文献出版的时间和书目编制时间关系划分,可分为回溯性书目、现行书目和预告书目;按书目的编制目的和用途划分,可分为登记书目(其中最主要的是国家书目)、通报书目、推荐书目(导读书目)、专题书目和书目之书目等。

三、书目的作用

(一)指示读书的门径

书目根据文献学术性质的不同,将群书分类,有的还概述每一类书的渊源流派,评论其学术价值,又对每一类书的内容大要写出叙录、解题等。读者通过阅读书目不仅可以知道某类有什么书,某书属于某类,而且可以分清什么书应该先读,什么书应该后读,什么书应该精读,什么书应该泛读,从而使自己能够合理利用有限的时间读到更多有用的书。

18世纪晚期的史学家王鸣盛(1727—1797)在《十七史商榷》卷一中说:"目录之学,学中第一要紧,必从此问途,方能得其门而入。"在同书卷七里还说:"目录明,方可读书。不明,终是乱读。"清代另一位学者江藩(1761—1830)在《师郑堂集》里也说:"目录者,本以定其书之优劣,开后学之先路,使人人知某书当读,某书不当读,则易学而成功且速矣。吾故尝语人曰:'目录之学,读书入门之学也。'"

清朝同治十三年(1874年),张之洞就任四川学政时,诸生以"应读何书,书以何本为善"相问,他就根据当时的情况,从学生实用出发,经过反复考虑,挑选了2 200多种常见的重要古籍,分门别类编成了《书目答问》一书,用来指示诸生治学门径。

(二)从事科学研究工作的指南

书目能反映一定历史时期科学文化发展的概貌,是人们对浩如烟海的文献加以控制的有效手段,也是查阅和利用文献必不可少的工具。从事任何科研工作,从课题选择、资料搜集,以至研究活动的全过程,都必须借助书目。书目是揭示和报道一定历史时期的文献情况的工具,它为人们分门别类地提供资料,因此可以说书目是科研工作的指南。我国当代著名的历史学家陈垣先生说:"经常翻翻目录书,一来在历史书籍的领域中可以扩大视野;二来因为书目熟,用起来得心应手,非常方便,并可以较充分地掌握前人研究成果,对自己的教学和研究工作都会有帮助。"

(三)考辨古籍的依据

当代目录学家余嘉锡先生在《目录学发微》中总结了书目在考辨古籍上的六种功用。

1)以目录著录之有无,断书之真伪。

2)用目录书考古书篇目之分合。

3)以目录书著录之部次,定古书之性质。

4)因目录访求缺佚。

5)以目录考亡佚之书。

6)以目录书所载姓名卷数,考古书之真伪。

(四)查找图书资料的线索

列宁在他从事《俄国资本主义的发展》一书的写作过程中,为了通过书目查阅文献,他在监狱和流放途中给亲属写了89封书信,其中有29封提出要求为他搜集各种类型的书目。鲁迅先生在编撰《中国小说史略》的过程中,也查阅了大量的古代书目,从中查寻有关小说的文献记载。正因为书目有如此重要的作用,所以人们把书目比做打开知识宝库的金钥匙、游历书海的导航图和定向器是很有道理的。

四、常用书目举要

(一)四库全书总目

清代永瑢、纪昀等编,成书于1782年,总目完成后,在清乾隆五十四年(1789年)由武英殿刊印,是为殿本。乾隆六十年(1795年),杭州官府根据文澜阁所藏殿本重刻,是为浙本。同治七年(1868年),广东又以浙本为底本翻刻,是为粤本。三刻本中,以殿本最佳,以浙本流传最广。总目以经、史、子、集提纲,部下分类,全书200卷,共分四部、四十四类、六十七个子目,录收《四库全书》的著作3 461种79 307卷,又附录了未收入《四库全书》的著作6 793种93 551卷。各书之下编有内容提要:"先列作者之爵里,以论世知人;次考本书之得失,权众说之异同;以及文字增删、篇帙分合,皆详为定辨,巨细不遗;而人品学术之醇疵,国纪朝章之法戒,亦未尝不各昭彰瘅,用著惩戒。"详为考辨。

其检索途径分为:①分类途径,需熟悉其分类体系;②人名、书名途径,1981年影印本(中华书局)附按四角号码编排的书名、人名索引。

《四库全书总目》类目如下(括号内为小类)。

经部:易、书、诗、礼(周礼、仪礼、礼记、三礼总义、通礼、杂礼)、春秋、孝经、五经总义、四书、乐、小学(训诂、字书、韵书)。

史部:正史、编年、纪事本末、别史、杂史、诏令奏议(诏令、奏议)、传记(圣贤、名人、总录、杂录、别录)、史钞、载记、时令、地理(总志、都会郡县、河渠、边防、山川、古迹、杂记、游记、外纪)、职官(官制、官箴)、政书(通制、典礼、邦计、军政、法令、考工)、目录(经籍、金石)、史评。

子部:儒家、兵家、法家、农家、医家、天文算法(推步、算书)、术数(数学、占候、相宅、相墓、占卜、命书、相书、阴阳五行、杂技术)、艺术(书画、琴谱、篆刻、杂技)、谱录(器物、食谱、草木鸟兽虫鱼)、杂家(杂学、杂考、杂说、杂品、杂纂、杂编)、类书、小说家(杂事、异闻、琐语)、释家、道家。

集部:楚辞、别集(汉至五代、北宋建隆至靖康、南宋建炎至德祐、金至元、明洪武至崇祯、国朝〔清〕)、总集、诗文评、词曲(词集、词选、词话、词谱词韵、南北曲)。

《四库全书总目》对于查找现存古籍、了解古籍内容,十分有用。但因其成书较早,加之当时被禁毁或后来又被发现的古籍,从中无法查找,同时其内容也有不少错误,这就需要其他书籍予以补充,主要有《四库提要辩证》(余嘉锡撰,科学出版社,1958)、《四库全书提要补正》(胡玉缙、王欣夫辑,中华书局,1964)、《四库提要订误》(李裕民著,书目文献出版社,1990)。

(二)《民国时期总书目》

《民国时期总书目》由北京图书馆编,书目文献出版社于1986~1997年陆续出版。它以北京图书馆、上海图书馆、重庆图书馆的馆藏为基础编撰,收录了 1911~1949 年 9 月间在中国出版的中文图书124 000 余种,基本反映了民国时期出版的图书全貌。

它收录在中国出版的中文图书 10 万余种(未收录线装书和中小学教科书),全书按《中文普通图书统一著录条例》著录,按《中图法》分类编排,同类图书多数按出版年月排列,多卷本或同一著者著作尽量排在一起,少数以著者或书名拼音字顺排列。所收图书大部分撰写内容提要,所有图书都注有收藏馆代号,各分册附书名音序索引和笔画检索表。

《民国时期总书目》按学科分成 20 卷出版,这 20 卷及各卷所收图书总数如下。

《哲学 心理学》,收书 3 450 种;《宗教》,收书 4 617 种;《社会科学总类》,收书 3 526 种;《政治》,收书 14 697 种;《法律》,收书 4 368 种;《军事》,收书 5 563 种;《经济》,收书 16 034 种;《文化科学》,收书 1 585 种;《艺术》,收书 2 825 种;《教育 体育》,收书 10 269 种;《中小学教材》,收书 4 055 种;《语言文字》,收书 3 861 种;《中国文学》,收书 16 619 种;《世界文学》,收书4 404 种;《历史地理》,收书 11 029 种;《自然科学》,收书 3 865 种;《医药卫生》,收书 3 863 种;《农业科学》,收书 2 455 种;《工业技术 交通运输》,收书 3 480 种;《综合性图书》,收书 3 479 种。

(三)《全国总书目》

《全国总书目》是国内唯一的年鉴性编年总目,自 1949 年以来逐年编纂,收录全国当年出版的各类图书,是出版社、图书馆、情报资料和科研教学等部门必备的工具书。《全国总书目》由新闻出版总署信息中心、中国版本图书馆编,中华书局出版。

《全国总书目》由分类目录、专门目录和附录三部分组成。其中,专门目录包括"少数民族文字图书目录";"盲文书籍目录"、"外国文字图书目录"、"翻译出版外国图书目录";附录部分包括每一年度的报纸杂志目录、出版者一览表和书名索引。

第二节　索引

一、索引的历史

索引是将图书、报刊中的有关项目(篇目、字词、句子、主题、人名、地名、书名、事件及其他事物名称等)分别摘录出来,以此作为标目,注明出处,并按照一定的方法加以编排,供人查考的检索工具,一般附在一书之后,或以书、刊的形式单独编辑成册。其基本功能是揭示文献的内容,指引读者查找文献。

索引一词最早见于宋代文胜编的《大藏经随函索引》。其英语 Index 一词源于拉丁文Indecare,具有指示位置的意思。1905 年,日本坪井五正郎将 Index 译成"索引"。20 世纪 30 年代,中国哈佛—燕京学社引得编纂处曾将其音译为"引得",但未能通行。

我国旧有"备检"、"通检"、"韵编"、"玉键"、"串珠"等名称,是在字书、韵书、类书、书目等的基础上发展起来的。三国魏建安年间刘劭等编纂的类书《皇览》(222 年)就具有索引功能,被认为是中国古代索引的起源之一。宋代晁公武《郡斋读书志》中已录有《群书备检》的名目,明万历三年(1575 年)刊行的《洪武正韵玉键》就是严格意义上的索引了,但我国历代编制的索引并不是很多。

在早期的索引中,唐代林宝的《元和姓纂》(812 年),宋代黄邦先的《群史姓纂韵谱》、陈思的《小字录》等为姓名索引;宋代徐锴的《说文韵谱》,明代张士的《洪武正韵玉键》,明末傅山的《两汉书姓名韵》,清代章学诚的《明史列传人名韵编》、蔡烈先的《本草万方针线》等是专书索引。

在编纂检索工具的长期实践中,我国逐渐形成了自己的索引方法,如三国魏曹丕的"以类相从"的类序法、唐代颜真卿的"事系于字,字统于韵"和宋代阴时夫的"采摘事中紧切字为母,详载于平仄韵之下"的音韵法等。清代章学诚在《校雠通义》等书中也明确提出了一些索引理论和索引方法。

20 世纪初,西方现代索引技术传入中国。20 世纪三四十年代,中国兴起了一个编纂索引的高潮,如哈佛—燕京学社引得编纂处洪业等主持编纂了大批索引,叶圣陶编纂了《十三经索引》,王重民等编纂了《清代文集篇目索引》、开明书店编纂出版了《二十五史人名索引》等。20 世纪 30 年代初,我国出版了钱亚新的《索引与索引法》、洪业的《引得说》等索引研究专著。中华人民共和国成立后,出版了大批索引及索引研究著作,如肖自力等的《分类目录主题索引编制法》、潘树广的《古籍索引概论》等,并成立了中国索引学会。

西方出现最早的是《圣经》的索引,据说早在七八世纪就已编出,18 世纪开始盛行。早期较著名的索引有:15 世纪 60 年代德国 A.奥古斯丁纳斯的《布道的艺术》一书的主题索引、1830 年德国文摘刊物《药学总览》的索引、1848 年美国 W.F.普尔的《普尔期刊文献索引》、1851 年美国的《纽约时报索引》等。在索引工作的基础上,出现了一些关于目录索引编制理论与方法的著作,如 1856 年英国 A.克里斯塔多罗的《图书馆编目技术》等。1877 年,英国成立了世界上第一个索引学会。第二次世界大战后,随着计算机技术在索引工作中的应用,索引的载体、形式和编制技术方法都发生了重大的变革。除书本式和卡片式索引外,20 世纪 50 年代出现了穿孔卡片索引系统和缩微胶卷索引系统,60 年代以后又出现了计算机辅助编制的索引和自动标引。如今,除大量单行的索引外,学术著作均需附有索引。

二、索引的类型

索引的种类很多,国内外有不同的划分方法。按照涉及的学科,可分为综合性索引和专科(专题)索引;按索引所揭示的文献类型,可以分为图书索引、期刊索引、报纸索引等。较为常见的分类是按照检索的内容和项目分类,包括篇目索引、主题索引、字词索引、句子索引、专名索引(人名索引、地名索引、书名索引)等。

(一)篇目索引

篇目索引又称篇名索引,是将图书、报刊所含文章的题目摘出编成的索引。一般多附于本书之末,如中华书局1979年版《杜诗详注》和1986年版《苏轼文集》书后皆附编有篇目索引。若为卷帙浩繁的总集编制索引,通常还会采取以作者为纲,以篇目为纬的办法,将人名索引与篇目索引合为一体,如中华书局1966年影印本《文苑英华》。《文苑英华》第六册附作者姓名索引,在作者姓名下列所收作品篇题,按书中收录次序先后排列。篇目索引仅录篇名、作者、出处(刊名、卷期、页码等)。

图4-3　中华书局1966年影印本《文苑英华》

有时篇目索引也被称为"题录"、"论文索引"(有些论文索引包含专著书目,则合称"论著索引"或者"论著目录")、"报刊资料索引"。丛书、全集、文集、合传、期刊、报纸等,为了方便读者查找利用,都需要编制篇目索引。有为一书、一刊、一报编制索引的,如《太平广记索引》、《红旗杂志索引》、《人民日报索引》等;也有为群书、群刊编制索引的,如《清代文集篇目分类索引》、《全国报刊索引》等。更多的是专题文献的篇目索引,如《中国古典文学论文目录》、《中国史学论文索引》等。这类索引有时与书目合编在一起,如《隋唐五代史论著目录》、《中国心理学文献索引》等。篇目索引大都采用分类法编排,使用之前应先看目次,了解其分类方法。

(二)主题索引

主题索引是一种综合性索引,既不同于字句索引的有字必收,也不同于专名索引的只取专名,而是要把原书语言环境"中间的重要字眼"(洪业《引得说》第一篇)——标举出来,不但可能包括人名、地名、篇名、书名,而且可能包括典章制度、叙事梗概中的关键词语,然后将这些"重要字眼"混合编次,并设置必要的参照项目,即成为主题索引。按照洪业《引得说》(引得编纂处《特刊》之四)的定义,这些"重要字眼就是'目',目者头目之意也",主题索引就是依靠这些"目"提纲挈领,导引检索路径。

总而言之,主题索引就是把图书等文献中论及的内容用主题词标引出来,注明在文献中的出处,按字顺加以编排的索引。有为单一文献编制主题索引的,如《马克思恩格斯全集名目索引》把分散在不同著作和不同章节中同一主题的有关资料都按主题词集中到一起,便于查考作者对某一专题的论述;也有为分散在不同文献中的资料编制主题索引的,如美国出版的《报纸索引》(Newspaper Index)是9种报纸的主题索引,为读者提供查找同一主题文献的线索。为一部图书编制的主题索引往往附在书后,称为内容分析索引。《中国大百科全书》各学科卷均附有内容索引,就是以条目和从条目内容中分析出来的主题词(大约为条目数量的4倍)编成的主题索引。

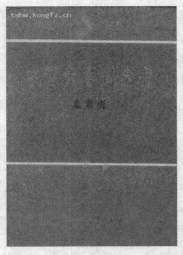

图 4-4　《中国大百科全书(1988)总索引》

（三）字词索引

字词索引是以特定文献中的字或词作为索取对象编制而成的索引，分周遍型和选择型两类。

1.周遍型索引

周遍型索引（逐字索引）是将文献中所有的字词都加以收录而编成的，是索引中最细密的一种,如顾颉刚编制的《尚书通检》和《李贺诗索引》（唐文、尤振中、马恩雯、刘翠霞编,齐鲁书社1984年版）。《李贺诗索引》以中华书局上海编辑所1960年版《三家评注李长吉歌诗》为底本,以每一条诗句为一个单元,以每条诗句中的逐个单字作为款目,再将各个单字按部首笔画顺序编排,各单字下罗列所在诗句及其出处（卷数、页码）。

2.选择型索引

选择型索引是从某种特定角度（如词汇学）有选择地将图书中的对于揭示文献内容有实质意义和检索意义的字词抽取出来立目编成的,如日本宫田一郎编制的《红楼梦语词索引》。《文选索引》（〔日〕斯波六郎主编,日本京都中文出版社1986年第3版）以上海扫叶山房影印清胡克家仿宋刻本为底本,以各篇章每一语句为单元,以字或词组分别立目,目字按笔画顺序,同笔画按《康熙字典》顺序先后排列。

字词索引一般除按照字顺编排,注明字（词）的出处、页码外,往往还注明字词的前后文、所处行序乃至字序等,以便查对。利用这种索引,可了解字词在书中使用的频率及语言环境,有助于对语言材料进行科学的整理和研究,也可作为查找古籍语句出处的一种工具。

（四）句子索引

句子索引是以句子为单位,将一部或多部著作中的句子逐一标引,注明出处,一般按句子的首字进行编排。使用句子索引必须根据索引的编排方式知道关键词语,如按首字编排的索引必须知道该句子的首字。

《十三经》是《诗经》、《论语》、《孟子》等儒家十三部经书的合称,是对中国文化影响较大的著作,常常被征引。《十三经索引》(叶绍钧编,中华书局,1983 年修订重排本)将这十三部经书中的所有文句按首字笔画编排,并注明所在的书名、篇名、章节,还标明在《十三经注疏》(中华书局 1980 年影印本)中的页、栏。通过该索引,可查找到《十三经》中的所有文句。重排本的《十三经索引》附有笔画检字和四角号码检字,另有篇名简称与全称对照表,供还原篇目全称用。

图 4-5 《十三经索引》样页

《万首唐人绝句索引》(武秀珍等编,书目文献出版社,1984)根据明代赵宦光等编的《万首唐人绝句》(书目文献出版社,1983 年点校出版)编制,收录唐人绝句 10 500 首,每句标明出处,可供查找唐人绝句用。此外,《唐宋名诗索引》(孙公望编,湖南人民出版社,1985)、《中国旧诗佳句韵编》(王芸孙编,岳麓书社,1984)等书也是句子索引类书籍。

(五)专名索引

专名索引是指以图书中的专名为索引对象,包括人名索引、地名索引和书名索引等。

1.人名索引

人名索引主要是指把一种书或几种书中的人名辑出,编成索引,注明原书的卷数或页数,以备检索。此种索引又分两种情况,一是单书的人名索引,如《史记人名索引》(钟华编,中华书局 1977 年版);一是群书的人名索引,如《唐五代人物传记资料综合索引》(傅璇琮、张忱石、许逸民编撰,中华书局 1982 年版)。这两种皆为典型的人名索引。

《史记人名索引》以中华书局 1959 年点校本《史记》为底本,以人物姓名或曾用称谓为主目,以字号、别称、谥封为参见条目,全书按四角号码编次。

2.地名索引

地名索引专以历史地理名称为检索对象,亦有单书索引与群书索引之别。

《三国志地名索引》为单书索引,按四角号码编制,除收录州、郡、县、乡等一般政区地名外,兼收山川、湖泊、关隘、宫观、道路等名称。凡地名有简称、异称者,以常用称谓做主目,括注其他称谓做参见条目。遇有同名而异类的地名时,分别立目,括注其类别。

《两种海道针经》(向达校注,中华书局 2000 年版)所附《两种海道针经地名索引》为群书索引。向达校注的《两种海道针经》皆属得自海外的明抄本,一为《顺风相送》,一为《指南正法》,所附地名索引按地名首字笔画编次,相关相近的地名尽可能排在一起,每条地名下有简单的解说,并注出今地名。

现在的地名索引是指供查阅地名的资料。一般装订在地图集的后面,也有的单独成册。把地图集中全部地名按一定顺序和方法排列成索引表,外国的地图按字母排列,中国的地图按拼音字母编排,并按笔画、部首等排列。地名索引的编写方法有经纬网格编号法、方格编号法、极坐标编号法与注出地理坐标法。中国常用经纬网格编号法,即行按 1、2、3……编号,列按 A、B、C……编号。在地名索引表中,每个地名后面注出地图的页码和网格编号,能很快在地图上查到该地名的位置。用注出地理坐标法制成的地名索引,在查找地名位置时,不受专用地图集的限制。

3.专名索引

专名索引中的书名索引也可分成两大类,一类是书目索引,一类是引书索引。

（1）书目索引

以《中国丛书综录》为例。《中国丛书综录》共分三册,第一册是所收 2 797 种丛书的《总目分类索引》;第二册是《子目分类目录》;第三册是第二册的索引,包括《子目书名索引》和《子目著者索引》两部分。

（2）引书索引

较为纯粹的书证可推《史记三家注引书索引》(段书安编,中华书局 1982 年版)。该索引以中华书局点校本为底本,收录三家注(南朝宋裴注《集解》、唐司马贞《索隐》、张守节《正义》)所引诸书,以较完整的书名立目,若原引只标篇名(如《汉书·地理志》只标《地理志》),则补足书名后立目(即按《汉书·地理志》立目)。

索引必须具备三个基本要素:一是明确的范围,如《武汉市志·索引》是局限于《武汉市志》;二是有特定的对象,如《嘉定县续志》的主题词索引,对象是主题词;三是有科学合理的编排方法,如《安徽省志·人物志》的人名索引是按姓氏笔画顺序排列的,《绍兴市志·索引》中每个索引词条注明了所在册、卷、页、栏别等。

三、索引的作用

（一）节省读者时间,提高文献的利用率

文献实质上是一种信息载体。索引是以特定的文献为对象,通过编码方式,对文献内容(信源)进行二次加工、改造、浓缩、抽象化,将所有信息均浓缩于一个信源编码上,并指出所在位置。例如,"李鸿章"这一人物词条的索引,使书籍中有关"李鸿章"的信息经过抽象化的处理、重新组合,把分散在书籍各卷、章的信息内容重新集中起来,形成新的信息系统,节省了读者逐个查找的时间,提高了文献的利用率。

（二）提供文献线索，帮助查找散见在书刊文献中的有关资料

索引能够帮助人们迅速、准确地检索到书刊中的资料，避免单纯依靠记忆的不可靠和局限性，节省翻检的时间和精力。索引可提供检索事物的出处，隐含在书刊字里行间的资料也能一一检出。胡适先生早在 1923 年就提出，对材料进行索引式的整理是解放学者精力的有效办法，并主张把一切大部分的书或不容易检查的书，一概编成索引，使人人能用。

（三）索引的分类组织方法多样而灵活，具有更强的针对性和实用性

不同类型的索引采用不同的编排方法，主要有字顺法、分类法和主题法。每一种索引都有特定的索取范围（索引的书、刊种类及数量，索引收录时限等），使用时应加注意。在书籍分类组织法的基础上，编制索引在信息的再组织、存储方面，显得更为自由、灵活，也更有实用性。

由此可见，索引的作用主要是便于迅速查找原文及注释。此外，它也可作为语言研究的辅助工具。

四、常用索引举要

（一）艺文志二十种综合引得

哈佛—燕京学社引得编纂处 1933 年编，中华书局 1960 年重印，共涉及正史艺文志、经籍志 7 种，补志 8 种，禁毁书目 4 种，征访书目 1 种，具体分列如下。

《汉书艺文志》，班固，八史经籍志本，一卷；

《后汉书艺文志》，姚振宗，适园丛书本，四卷；

《三国艺文志》，姚振宗，适园丛书本，四卷；

《补晋书艺文志》，文廷式，长沙铅印本，六卷；

《隋书经籍志》，长孙无忌等，八史经籍志本，四卷；

《旧唐书经籍志》，刘昫等，八史经籍志本，二卷；

《新唐书经籍志》，欧阳修，八史经籍志本，四卷；

《补五代史艺文志》，顾櫰三，广雅丛书本，一卷；

《宋史艺文志》，托克托等，八史经籍志本，八卷；

《宋史艺文志补》，卢文弨，八史经籍志本，一卷；

《补辽金元艺文志》，卢文弨，八史经籍志本，一卷；

《补三史艺文志》，金门诏，八史经籍志本，一卷；

《补元史艺文志》，钱大昕，八史经籍志本，四卷；

《明史艺文志》，张廷玉等，八史经籍志本，四卷；

《禁书总目》，抱经堂印本，一卷；

《全毁书目》，抱经堂印本，一卷；

《抽毁书目》，抱经堂印本，一卷；

《违碍书目》，抱经堂印本，一卷；

《征访明季遗书目》,刘世缓,铅印本,一卷;

《清史稿艺文志》,宋师辙,清史稿单传本,四卷。

该书把书名、著者名按中国字庋撷法编排,书前有笔画检字,从中可以了解到一部古籍曾在哪几部书目中著录过,以及某人写过哪些著作、在哪些书目中有著录,基本反映了我国从古代至清末的古籍概况,为查考古籍的流传提供了依据。

(二)《十通索引》

商务印书馆 1937 年编辑出版,浙江古籍出版社 1988 年重印。1935~1937 年,商务印书馆将有关我国历代典章制度的 10 部专著合为一部丛书影印出版,因为十部书的书名中都有一“通”字,故称为“十通”,收入《万有文库》第二集。这十部书是:唐杜佑《通典》,宋郑樵《通志》,元马端临《文献通考》,清乾隆时官修的《续通典》、《续通志》、《续文献通考》、《清朝通典》、《清朝通志》、《清朝文献通考》,刘锦藻《清朝续文献通考》。“十通”共计 2 700 多卷,卷帙浩繁,内容涉及上古至清代末年政治、经济、军事、文化等各方面的典制史实,查考颇为不易。《十通索引》分为四角号码索引和分类索引两部分。四角号码索引实际上是一种主题索引,是把这十部书中所载的制度名物和篇章节目,凡是能独立成为一个名词或一个条目的都按四角号码排列出来,注出初见处、论列最详处或兴废沿革必须参考之处的书名、页码。分类索引则是按三通典、三通志、四通考所分的门类再加较详细的分类,可以查考同类记述的出处。两种索引作用不同,但可互相配合、互相补充。但这部索引只能用于查检“十通”本。

(三)《全国报刊索引》

《全国报刊索引》的前身是 1951 年 4 月由山东省图书馆编印的《全国主要资料索引》,1955 年 3 月改由上海图书馆编辑出版,1956 年更名为《全国主要报刊资料索引》并在内容上开始增加了报纸的部分,1966 年 10 月至 1973 年 9 月停刊,1973 年 10 月复刊,并改为现名《全国报刊索引》。1980 年,《全国报刊索引》分为“哲学社会科学版”(ISSN1005-6696)与“自然科学技术版”(ISSN1005-670X)两种,分别按月出版。1981 年起增收该馆收藏的内部刊物,使之成为检索公开发行及一部分内部发行刊物所载论文资料的重要检索工具。

《全国报刊索引》正文采用分类编排,先后采用过《中国人民大学图书分类法》和自编的《报刊资料分类表》,1980 年起,仿《中图法》分 21 类编排,1992 年全面改用《中国图书资料分类法》(第三版)编排,2000 年开始用《中图法》(第四版)标引,计算机编排。

在著录上,《全国报刊索引》从 1991 年起采用国家标准——《检索期刊条目著录规则》进行著录,包括题名、著译者姓名、报刊名、版本、卷期标识、起止页码、附注等项。同时,其“哲学社会科学版”采用电脑编排,增加了著者索引、题中人名分析索引、引用报刊一览表,方便了读者的使用。

1993 年起,上海图书馆在《全国报刊索引(哲学社会科学版)》的基础上开发了中文社科报刊篇名数据库,供检索 1993 年以后的报刊资料出处。该数据库具有关键词、分类号、责任者、文献题名、文献出处、卷期标识、题中人名等多种检索途径,具有检索速度快、检索点多等优势,网址为 http://www.cnbksy.com,如图 4-6 所示。

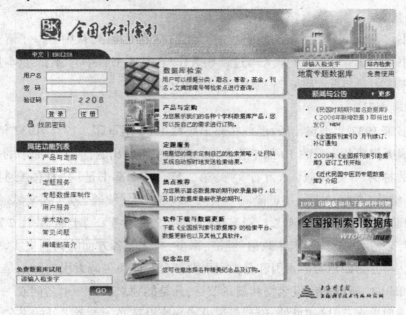

图 4-6 《全国报刊索引》首页

第三节 年鉴与文摘

一、年鉴

年鉴是指汇辑一年内事物进展新情况和统计资料,按年度连续出版的资料性工具书。年鉴属信息密集型工具书,具有资料翔实、反映及时、连续出版等特点,主要作用是向读者提供一年内全面、真实、系统的事实资料,便于读者了解事物现状和研究发展趋势。

(一)年鉴的历史

在西文各类年鉴中,冠以 Yearbook 的为数较多,一般既有文字叙述,也有统计资料,如《联合国年鉴》。Almanac 一词最初来源于中世纪的阿拉伯语,意思是"骆驼跪下休息的地方",随着时代的变迁,它的含义逐渐发生演变,在英语中被赋予日历、历书的含义。称 Almanac 的一般以统计资料见长,如《读者文摘年鉴》;称 Annual 的一般以文字叙述为主,没有统计资料,如《外科年鉴》。各类年鉴的编纂方式虽各有侧重,但称谓时有混用,区分并不严格。

到 18 世纪,百科全书的内容转为包含丰富知识的工具书,其中以 1732 年由美国文学家 B.富兰克林主编的《穷理查历书》比较著名。从中世纪到 18 世纪,历书经历了许多变化,其内容由天文、占星术、宗教转向医学和气候,最后才成为包含丰富知识的年鉴型工具书,为各种商业贸易、军事、宗教团体服务。现代综合性年鉴汇集了有关各国概况、人物、事件、详尽的数字和统计资料,是反映科学进步、文化发达的年度出版物。

年鉴的编纂始于欧洲。英国哲学家培根在其 1267 年出版的《大著作》中已使用外国年鉴中有关天体运动的材料,这说明至少在 13 世纪中叶欧洲已有类似年鉴的出版物。当时欧洲颇有影响的一部年鉴是由德国数学家、天文学家雷格蒙塔努斯(1436—1476)于 1457 年编纂出版的,主要记载时令节气、天文气象等。后来,德、英、法、意、美等国曾出版了数以千计的年鉴,著名的如《世界年鉴》、《咨询年鉴》、《惠特克年鉴》和《政治家年鉴》等。

在中国,成书于 14 世纪 40 年代的《宋史·艺文志》曾著录有刘玄所撰《年鉴》一卷,但原书早佚,内容无从查证。现代形式的年鉴是在辛亥革命后从西方传入的。1909 年由谢荫昌根据日本《世界年鉴》编译的《新译世界统计年鉴》是我国第一部具有现代意义的年鉴,也是我国第一部翻译年鉴。1913 年上海神州编译社出版的《世界年鉴》是我国最早的中文年鉴。1924 年由商务印书馆和申报印书馆分别出版的《中国年鉴》、《申报年鉴》则是最早由中国人编纂的年鉴。1979 年以后,随着中国经济、政治改革,科学、文化、教育事业随之发展,各类年鉴的出版量也逐年增长。据全国年鉴研究中心统计,年鉴出版种数已从 1980 年的 6 种发展到 1990 年底的 405 种。

(二)年鉴的类型

年鉴是一种高密度、高容量的知识结晶体,它有新闻性的特点,时代感极强。

根据收录的内容范围,年鉴可分为专门性年鉴和综合性年鉴两大类。

1.专门性年鉴

专门性年鉴所收录的内容是单门科学的专科年鉴,或一个行业的专业年鉴。它集中反映某一专门范围的年度进展情况及有关资料,多半围绕一定的学科、专业、专题、部门、行业收集和提供有关的资料和信息。其内容虽然不及综合性年鉴全面、广泛,但却比综合年鉴更具体、深入,如《世界经济年鉴》、《中国哲学年鉴》、《中国人物年鉴》、《中国煤炭工业年鉴》等。

2.综合性年鉴

综合性年鉴是以不同性质的学科、行业内容并列为主体的年鉴。它系统反映社会各方面进展情况、各学科研究信息、基本知识和相关资料,涉及的内容广泛、信息丰富,旨在从宏观上揭示各种事物,便于全面把握事物,不像专业性年鉴在微观上展开、记载得详细。《中国百科年鉴》即是重要的综合性年鉴,此外还有《世界知识年鉴》、《中国年鉴》等。

根据反映情况的区域范围,年鉴可分为世界性年鉴(如《世界哲学年鉴》)、国家性年鉴(如《中华人民共和国年鉴》)和地方性年鉴(如《广东年鉴》)三大类。

根据编纂形式,年鉴可分为记述性年鉴和统计年鉴(如

图 4-7 《中国百科年鉴(1981)》

《中国统计年鉴》),还有图谱性年鉴(如《中国摄影年鉴》等)。其中,统计年鉴主要是用数字说明事例。

(三)年鉴的编写

年鉴主要是由编纂单位根据选题计划组织众多作者撰写的,少量内容来源于当年的政府公报、其他重要文献和统计部门提供的数据。在选材上,它要求系统全面、客观正确和浓缩精练;在编纂结构上,它要求布局合理,基本框架稳定。其常设的栏目有文献(包括文件和法规)、概况、文选和文摘、大事记、论争集要、统计资料、人物志、机构简介、附录等。

年鉴的内容主要通过文字记述和统计资料表现出来。大小不等的条目组成栏目,各种栏目的组合构成年鉴的框架结构,一般包括概况、专题、文章、纪事、二次文献、统计资料和附录,专题部分通常采用分类编排。年鉴的条目主要是提供事实和资料,用标题加以揭示,若无法列出条目的细目,要通过栏目或利用内容索引检索。目前,编制有内容索引的年鉴还不多。年鉴封面所标年份一般与出版年一致,所记载的内容是上一年度的;部分年鉴所标年份与内容一致,不同于出版年,使用时要注意区分。

(四)年鉴的功能

1.提供综述及回溯性资料

年鉴具有资料广泛、反映及时、连续出版等特点。每一本年鉴提供的资料在横向上是范围广泛的,而逐年连续出版的年鉴系列则具有纵向的可比性,这一特点是其他工具书所不具备的。另外,各类年鉴的创刊号一般都收集一些历史性资料,因此,通过创刊号可以查找到有关回溯性的大事和数据,非常有参考价值。

2.提供各种知识信息

通过年鉴可以查找国际国内时事,各部门、行业的进展及各学科、专业的研究动态;可以查找政府颁布的重要法律、法规和逐年可比的统计数据;可以查找学术论著的线索及有关评价;还可查找有关机构、企业的简介及著名人物生平,以及一些实用性指南资料(如名录等)。

3.提供书刊论文的查找线索

提供文献线索是专业性年鉴的一项特殊功能。好的专业性年鉴通过"书目"、"索引"、"文摘"等栏目反映著作和论文,而这些著作和论文是有关专家认真、仔细筛选所得,是关于本学科年度研究的重要成果,能为用户的学习和科研提供丰富的资料线索。

二、文摘

文摘是指对原生文献所做的简略、准确的摘要,在原文基础上加工浓缩而成的派生文献。1976年,根据国际标准ISO214—1979(E)的规定,文摘是"一份文献内容的缩短的精确表达,而无须补充、解释或评论"。中国国家标准《检索期刊条目著录规则》(GB3793—1983)规定,文摘是"对文献内容作实质性描述的文献条目"。具体地说,文摘是简明、确切地记述原文献重要内容的语义连贯的短文。一系列文摘条目有序排列,即构成文摘杂志(见情报出版物),它是比目录式检索刊物更为有用的检索工具。

（一）文摘的历史

"文摘"一词来源于拉丁语"Refere"，系"通告"、"转达"、"报告"之意。根据中国史书记载，早在公元前1世纪，西汉著名学者刘向就进行过书籍提要的编纂工作。18世纪80年代，中国完成了最富盛名的经典文摘——《四库全书总目提要》。1830年，世界上第一本科技文摘杂志《药学总览》在德国问世。从此，各国相继出版文摘杂志，它目前已成为最常见的情报刊物之一。

文摘作为独立的文献形式，是和世界上最早的科学杂志一起问世的。法国科学院于1665年1月5日创办的《科学家周刊》是最早设有文摘专栏的杂志。中国的文摘始于南宋。当时，史籍已经呈现膨胀的趋势，如《史记》130卷，记事起于传说中的黄帝，迄于汉武帝太初年间，前后共历3 000年左右；而《资治通鉴》294卷，记事却只有1 362年。袁枢"苦其浩博"，便将通鉴中1 300多年间的大事归纳成239个专题，浓缩成42卷的《通鉴纪事本末》。此书取材全据《资治通鉴》，袁枢并未进行任何增补，无论从内容、形式还是袁枢的初衷看，都是开了文摘之先河。

（二）文摘的类型

文摘有多种类型，但最常用的有报道性文摘、指示性文摘和指示—报道性文摘。

1.报道性文摘

报道性文摘试图用尽可能精练的词句准确而毫不遗漏地反映文献的所有重要内容。它是原文的高度浓缩，往往能起到代替原文的作用。这种文摘最适宜于报道篇幅较短而学术性较强，以及具有实质性内容或包含有新观点、新发现、新成果的文献，如学术论文、研究报告等，是指明一次文献主题范围及内容梗概的简明文摘。它全面摘述文献中的观点、目的(研究、研制、调查等的前提、目的和任务、所涉及的主题范围)、研究方法(所用的原理、理论、条件、对象、材料、工艺、结构、手段、装备、程序)、结论(结果的分析、研究、比较、评价、应用、提出的问题、今后的课题、假设、启发、建议、预测)等，是原文献内容准确、精练的浓缩，科学价值比较高。在一般情况下，即使读者不阅读原文也能满足需要，可起到替代原文献的作用，文字长度一般为400字左右。它能客观、如实地反映一次文献的原貌，而且着重反映文献中的新观点、新数据及作者特别强调的内容，不摘录陈旧的人所共知的知识。所以，它具有传真性、浓缩性、情报性、筛选性、系统性、创造性等特点，是读者获取文献情报信息的重要工具。

2.指示性文摘

指示性文摘篇幅较短，是高度浓缩原始文献的主题及内容范围的文摘，仅指示文献所包括的内容，而不包括文献所提供的具体数据或论点。它和报道性文摘的区别在于，报道性文摘告诉读者文献怎么讲，而指示性文摘告诉读者文献讲了些什么。所以指示性文摘并不能起到代替原文的作用，而仅帮助读者确定文献的相关性。此类文摘适宜于篇幅大的或无中心论点的散乱文章，如专著、论文集、泛论等。

它一般不摘录原始文献中具体的数据、方法、设备等，只是定性地指出文献中所论及的范围、目的、方法和结论等主要内容，为读者判断文献的价值提供参考，而不能从文摘中直接获取一定量的事实情报。它的内容详简程度以不使读者对文献内容发生误解为宜，文字长度一般为 200 字左右。因为它从大量的文献中筛选出有价值的信息，并用简明的文字向读者作出报道，所以它不仅能帮助读者克服语言上的障碍，有利于读者掌握各学科的信息；而且能引导读者去查阅和利用原始文献，有时也能满足读者对原始文献的需求。

3.指示—报道性文摘

指示—报道性文摘是介乎指示性和报道性文摘之间的一种形式，包含有报道的特征，主要摘录事实，再现科研过程的重要细节，是一种用指示性与报道性文摘混合形式做出的文摘。它对文献的重要部分用报道性文摘形式，对次要部分则用指示性文摘形式。这种文摘类型往往适宜于较长的但包含有实质性内容的文献。

（三）文摘的功用

文摘条目通常由题录（题名、著者、期刊名称、出版年、卷、期、页码、语种）、文摘正文（表述文摘内容的短文，是文摘的主体部分）和补充项目（参考文献、插图、表格的数量，文摘员姓名等）组成。

文摘具有简洁性、准确性、客观性、新颖性和引导性五大特点。

文摘不但具有报道文献的作用，即能帮助读者确定文献的相关性或使读者避免阅读无关紧要的文献全文，还对于使用计算机进行的情报检索具有很大的意义。通过对文摘进行自由文检索，不仅能帮助读者查找出某些需要但无法用关键词标出的次要内容，而且对大多数为研究课题目的而进行的检索来说能有效地提高文献查全率。

文摘的作用主要表现为以下五点。

1）节约阅读时间，扩大阅读范围。

文摘是对原始文献的简要真实的表述，必须忠实于原文的本来面目，客观准确地摘录其内容要点。通过阅读文摘可以使读者快速掌握作者的思想，从而判断是否有必要继续深入阅读原始文献。

2）帮助查找原始文献，促进研究工作。

文摘不但具有报道文献的作用，即能帮助读者确定文献的相关性或使读者避免阅读无关紧要的文献全文。由于文摘具有引导性，当读者通过文摘判断原始文献对其学习研究有参考利用价值的时候，即可通过该文摘对原始文献出处的注明，掌握其来源和线索，并据此查找原始文献，促进学习、研究工作的顺利进行。

3）克服语言障碍，促进国际学术交流。

在目前出版的全部科学文献中，有一半文献是用科学家没有掌握的语言出版的，这便妨碍了国际间学术信息的传递、交流和利用。而用本国语言翻译的文摘，可以帮助读者克服语言障碍，从而了解国外有关领域的发展水平和趋势，获得因不懂外文而无法利用的文献信息。

4）提高文献标引效率，改善检索工具质量。

5）减轻并加速情报刊物的编辑与出版工作。

三、年鉴、文摘举要

(一)《中国百科年鉴》

本书编辑部编,中国大百科全书出版社 1980 年起连续出版,是我国最重要的大型综合性年鉴之一。1980 年创刊,每年出一册,逐年全面反映上一年国内外重大事件和各个学科和领域的新情况、新成果、新知识、新资料。全书由"概况"、"百科"和"附录"三大部分组成。

1.概况

"概况"主要包括中国概况和各国概况,概括地介绍基本情况。

2.百科

"百科"是全书的重点,原分为 16 类,陆续增加到 20 类。1989 年本调整为 18 个部类:国际、政治、军事、外交、法律、国土环境、经济、产业、能源、交通·通信、科学技术、社会科学、教育、卫生、体育、文化、文学艺术、社会·生活。大类下又细分 100 多个小类(栏目),小类下分列条目。《中国百科年鉴》原按部类分类编排,1989 本起改为所有栏目按拼音字母顺序排列。这两部分都以条目作为提供资料的基本形式。条目有标题,一条叙述一件事实或一个问题,内容充实、紧凑。许多条目后附有统计表格、名录、图片等资料性材料,有些具有连续性。

3.附录

"附录"主要刊载资料性表谱和名录,各年度本不同。如 1980 年创刊本附录有"建国 29 年大事年表(1949—1978)"、"辛亥革命以来大事录(1911—1949)"等 15 种。卷首还有"专文"和"特载",以及上一年大事志、诺贝尔奖金获得者、逝世人物、新闻人物等。"特载"收录年鉴付印前发生的重大事件(1989 年本起取消)。"专文"着重论述一个领域的形势。书后附录有按汉语拼音排列的内容分析索引。索引不仅收有全书所有条目,还包括文章内容中丰富的主题词,并且把同一主题的有关资料集中,读者可以一次检索到有关一个主题分散在年鉴多处的资料。内容交叉的条目用不同的主题词重复反映,读者可以从不同角度查找到同一事物。

《中国百科年鉴》出版的目的是为《中国大百科全书》的编写和修订积累、提供资料,因此内容全面系统,能够反映上一年度中国和世界各国所发生的重大社会事件和自然现象,以及人们的反应,其资料和观点都具有一定的权威性。

(二)《世界知识年鉴》

本书编委会编,世界知识出版社 1953 年起出版,原名《世界知识手册》,1958 年改为现名,1966 年停刊,1982 年起复刊,一般逐年出版,也有两年合刊本。本书是反映国际政治、经济、文化等各方面的概况,供读者阅读国际新闻、了解和研究世界各国和国际形势,查考有关资料的编年性工具书。

全书共分 5 个部分。

1.各国概况

这是年鉴的中心部分,包括 200 多个国家和地区的自然及历史概况、政治、经济、军事、文化教育、对外关系等方面的主要情况,材料逐年更新。

2.国际组织和国际会议

按联合国及政治、经济、社会、科技文化、工会、青年、妇女、宗教等类别分别介绍国际组织的成立经过、成员、组织机构、主要负责人及其新变化、总部及机关刊物、主要活动及与我国的关系。国际会议介绍召开经过、时间和地点、参加国、主要议题和结果等内容。

3.专题统计资料

汇集西方主要国家历年财政、经济基本情况和统计资料。

4.世界大事记

1982年本包括1965至1981年的大事记。

5.便览、汇集资料性内容

这类内容有些是连续性的,如各国(地区)首都、人口、面积、独立日、国庆日、与我国建交日一览表,以及我国参加的国际公约一览表等。全书分类编排,"各国概况"先按大洲顺序,洲内各国和地区按其名称的汉语拼音顺序排列。

(三)新华文摘

1979年1月,人民出版社在《新华月报》的基础上创办了《新华月报(文摘版)》——一个大型的综合性、学术性、资料性文摘月刊,于1981年正式更名为《新华文摘》。《新华文摘》创办以来,保持了统一的风格,它的封面设计一直沿用至今,形成了鲜明的个性和特色,让人过目难忘。它的内容也保持了高品位的文化追求,分别选取相应学科门类的优秀论文,为广大读者展示了政治、法学、哲学、经济、历史、文学艺术、人物与回忆、社会、文化、教育、科技、读书与出版、论点摘编等方面的新成果、新观点、新资料、新信息,以其思想性、权威性、学术性、资料性、可读性、检索性在期刊界独树一帜。

网址:http://www.xinhuawz.com,如图4-8所示。

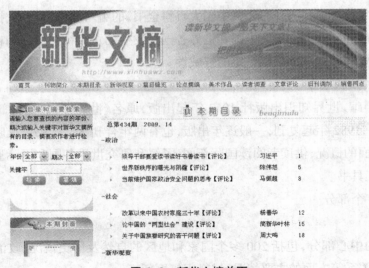

图4-8　新华文摘首页

第四节　百科全书

百科全书是荟萃人类一切门类知识或某一门类知识,按照辞典的形式分列条目,加以系统概述的完备的工具书,具有查考和教育的双重作用。百科全书系统、简明地阐述了人类长期积累的科学文化知识,重点反映了当代科学文化的最新成就。美国《图书馆学与情报学百科全书》说:"百科全书是人类最有用的知识的系统概述。"

一、百科全书的历史

百科全书的英文表达是 Encyclopaedia,来源于希腊文 Enkyklopaideia,"en"表示"在","kyklios"表示"圆圈"或"范围"(Circle),"paideia"表示"知识"或"教育",合起来的意思是"要学的全部知识都在这一范围里"(Circle of Learning)。日语称之为"百科事典",以区别于"辞典"。

中文"百科"一词可能是从日语借来,"全书"是我国传统叫法,如《四库全书》。明朝末年,一个名叫陈继儒的人编了一部类似家庭手册的参考书,称《万宝全书》。1906 年我国曾有人提出"百科类典",以突出百科教育作用这一特点,后又称"百科学典"。中国古代称汇辑各种知识的书籍为"大典"、"类聚",也有相似的意义。但现代意义上的百科全书是一种独立的参考工具书类型,与中国古代的类书不同。在古代,我国就有按分门别类的方式编辑传播知识的工具书的传统,可追溯至西周,一直到汉代,增补成书的《尔雅》(前 2 世纪)是按类编排,解释字、词含义的最早的一部词典,是百科全书的雏形。我国历代编写的类书,也是类似百科全书型的著作。

公元前 5 ~ 前 4 世纪已开始出现类似百科全书型的著作,德谟克利特(前 460 年—前 370 年)和亚里士多德(前 384 年—前 322 年)把当时掌握的各种科学知识,写进他们讲学用的著作之中。亚里士多德曾编写过全面讲述当时学问的讲义,被西方奉为"百科全书之父",可见最初百科全书类型的书都是为传播文化教育而编写的。古罗马的 M.T.瓦洛(前 116—前 27)编写的《学科要义》和老普里尼(23—79)编写的《自然史》,也是古代百科全书类型的著作。百科全书一词首次出现在一般文学作品的记录见于 1532 年法国作家弗朗索瓦·拉伯雷的《巨人传》,在英国最早见于 1644 年。

现代型的百科全书首先是在法国产生的。18 世纪法国启蒙运动时期,唯物主义思想家 D.狄德罗(1713—1784)等人首先倡仪编辑百科全书,其目的是宣传新思想,批判旧思想,介绍最新科技知识,促进社会发展。以他为代表的法国百科全书派在 1751~1772 年编辑出版了《百科全书——科学、艺术与手工艺大词典》,正篇 17 卷、图篇 11 卷。1780 年再版时,出版家布莱顿又补编了 7 卷,共 35 卷。这部书的广泛传播,为 1789 年的法国资产阶级大革命作了舆论准备。其后,各种各样、各门类、不同档次、不同读者对象的百科全书纷纷编辑出版,推动了资本主义出版业的迅速发展。随着百科全书的陆续出版,这个词的含义也有所变化和扩大,有"一切知识都包括在内"的意思。英国从 1768 年开始出版《不列颠百科全书》,多次修订,现已出到第 15 版。德国、意大利、西班牙、美国、俄国、日本等国也先后出版了各自的百科全书。世界著名百科全书 ABC 是指 A《不列颠百科全书》、B《美国百科全书》、C《科利尔百科全书》。

中国的百科全书是 20 世纪初由西方引进的书体。民国时的著名学者李煜瀛是最早进行西方百科全书研究的学者,他将这一书体介绍到中国并产生广泛影响。关于百科全书的名称,他在《世界学典书例答问》中说:"四十年前煜首译'Encyclopedia'为'百科类典',后中国因受《四库全书》命名的影响,改译为'百科全书'。近二世纪专科的 Encyclopedia 出版颇多,在中文有《中国文学百科全书》等。文学本百科中之一科,固然其中亦可析为多科,然于一科之名下,复系以'百科'二字,终觉不甚妥当。且'全书'二字,在中文易与'四库全书'之丛书式的全书相混,不足表示其为另一书体,故煜后又改译为'学典'。'学典',即拉丁文'Encyclopaedia'(英法文略同),有'所讲的学术环绕在内'之意。后凡包括一切学术在内一呈显知识世界且多系按辞典次序排列的书,每用此词以构成其书名,于是此词成为书体之一种。"我国在 1840 年以后,鉴于过去的类书不能适应时代发展的需要,有人试图编辑新型的百科全书,但都有其名而无其实,直到 1936 年《辞海》的出版。《辞海》是一本既解释语词又提供各门学科知识的百科全书类型的辞书。1978 年,国务院决定成立中国大百科全书总编辑委员会和中国大百科全书出版社,开始编纂《中国大百科全书》,这才是我国编辑出版的第一部现代型百科全书。从 1980 年起,这部书已按学科分类分卷出版。

百科全书能够不同程度地回答"何物"(What)、"何人"(Who)、"何地"(Where)、"何时"(When)、"为何"(Why)和"如何"(How)之类问题,具有各种类型工具书的功能,被称为"工具书之王";百科全书涉及各个领域,其内容之丰富、规模之宏大是任何其他著述所不及的,因而又被誉为"一所没有围墙的大学"。

二、百科全书的类型

(一)按内容范围宽狭分类

1.综合性百科全书

综合性百科全书是概述人类全部知识领域的大型百科全书。现在世界上出版大中型综合性百科全书的国家已达 40 多个,大中型综合性百科全书的数量不下 200 余种;至于小型的和专科性的百科全书则不计其数。综合性百科全书汇集一切门类知识,各国的大型百科全书都属于此类,如《不列颠百科全书》、《美国百科全书》、《苏联大百科全书》、《布洛克豪斯百科全书》、《拉鲁斯大百科全书》等。1980 年我国出版了第一部大型综合性百科全书——《中国大百科全书》。

2.专科性百科全书

专科性(专业性)百科全书是概述某一专门知识领域的中小型百科全书。选收专业内容,范围有宽有狭。如选收多种学科的美国《科学技术百科全书》、只收单一学科的《美学百科全书》。

(二)按部头大小分类

按部头大小,百科全书可以分为大百科全书(20卷以上)、小百科全书(10卷左右)和单卷本百科全书(百科词典)。

(三)按读者的年龄和文化程度分类

按读者的年龄和文化程度,百科全书还可分为高级成人百科全书、普及成人百科全书、中学生百科全书和少年儿童百科全书。

三、百科全书的体例

在古代,类似百科全书的著作可以由一个人全部编辑完成。但是到了现代,由于知识大爆炸,一个人或几个人已经不可能完成一部规模浩大的百科全书的编纂工作。这样就需要制定体例,确定编纂的准则,以解决众多编纂者之间的矛盾。

百科全书的体例包括许多方面,如条目名称设计、条目编写提纲、撰稿人书写格式、配图要求、外文书写和翻译规则、成书格式等。其中《苏联大百科全书》是现有百科全书中体例最为详尽的一部,其第3版的编写体例周详而细致,十分全面,折合汉字20万字左右。例如,医学大类下分疾病条目、病理学条目、治疗方法条目、药物类条目、药剂类条目、医疗器械条目、疗养地条目、医疗机械条目、医学职业条目等。

百科全书正文由众多条目组成,条目是百科全书的基本寻检单元,是一个知识主题或独立概念的系统表述,包括条头和释文两部分。条头通常是一个名词术语或词组,即知识单元的标题。条目采用词典的编排方式,一般按字顺(汉语拼音或笔画)编排,也有按分类或分类结合字顺编排的,查阅并不困难,但要注意利用索引(往往编为独立的一卷),这样才能够比较全面地检索到所需要的材料,可以说索引是利用百科全书的"钥匙"。条目之间靠"参见"互相联系,交叉而不重复,参见系统有助于扩大检索范围,把一个主题相关的知识沟通并系统化。完备的检索系统是百科全书的特色之一。百科全书往往编有多种索引,最重要的是内容分析索引,即对条目释文进行分析,把其中有名可查、有事可考和有数可据的知识信息选做主题,抽取关键词按字顺排列,注明卷次、页码,使读者能够深入检索条头未能反映出的知识内容。

百科全书的条目包括标题、正文内容和图表等。在百科全书的编纂中,条目的命名非常重要,好的命名应该便于检索。有学者认为条目应该都是独立的主题,应以方便读者的检索为准则。另外,条目的主题应该是客观形成的,而不是人为拟定的。例如,海湾战争是客观存在的事实,而狗的神话则是人为拟定的主题。条目的命名应该清晰明确,不能含糊不清。例如,新型武器很难界定"新型"的划分标准。

百科全书条目的选择有一些共通性的原则,具体如下。

（1）独立主体原则

主体应该是相对独立的，就像我们去一个公司办事，我们先想到的是公司的名称、地址，而不是其中的某个部门。

（2）客观形成原则

这个主题应该是人们在了解、改造世界的过程中客观形成，并为人所熟知的，而不是人为拟定的。例如，创世神话是一个客观存在的神话题材类型，但是狗的神话就是一个人为概括的主题，因此狗的神话缺少公认的规范性和确定性。

（3）单一主题原则

如时间和空间是两个主题，应该分设。

（4）准确性原则

条目的名称应该准确地表明条目的主题。

（5）通用性原则

应该使用规范的或约定俗成的名称。

（6）名词性原则

条目名称应该是名词性的、静止的，如"解放海南岛"应该改成"海南岛战役"。

（7）简要性原则

如使用"唐诗"，而不用"唐代诗歌"。

（8）非研究原则

百科全书不是研究论文。

（9）非应用原则

百科全书不是为了指导具体的应用。

四、百科全书的功用

（一）百科全书的基本特征

1.内容的全面系统性和客观概述性

百科全书必须详细、客观、全面、系统地介绍某一知识或问题，不加个人主观评价。

2.释文的全面性、复杂性和大条目主义

完整的条目通常由条头、释文和参考书目三部分组成。条目有大、中、小之分，大条目释文可达几十万字，设许多层次的小标题。

3.检索系统的完备性

百科全书通常有条目分类索引、内容分析索引（主题索引）、汉字笔画笔型索引、汉语拼音索引、偏旁部首索引、条目外文索引、外文与汉字对照索引等。

4.参见系统的完整性

一是有条目与条目之间的参见，二是有条目之外的参考书目参见。

5.修订制度的完善性

按照国际惯例,百科全书和大型辞书十年一个版次,十年之间的资料以年鉴的形式反映出来。百科年鉴是百科全书的补卷。

6.编纂队伍的稳定性

百科全书有固定的组织机构,如编纂委员会和固定的出版机构,有一支高水平的、阵容强大的编纂队伍。

(二)百科全书的功能

1.检索功能

百科全书内容全面系统,堪称"检索之王",建立起参见和索引系统,能使人们用最便捷的方式获取各种急需的基本知识和基本资料。

2.教育功能

百科全书被誉为"没有围墙的大学",传播新知识、新思想,以知识启迪愚昧之蒙。

3.阅读功能

读者可以将百科全书当做专业图书阅读,为系统自学提供了方便。

4.参考功能

现代百科全书都是由众多专家(多达数千至上万人)撰稿,经学识广博的编辑班子精心编纂而成,科学技术内容和实用知识大大增加,科研教学可以从中获取素材。

五、百科全书举要

(一)《中国大百科全书》

《中国大百科全书》是我国第一部大型综合性百科全书,由中国大百科全书出版社编辑部编,1980年开始由北京、上海中国大百科全书出版社出版。

全书按学科或知识门类分74卷出版,以条目形式全面、系统、概括地介绍科学知识和基本事实,内容包括哲学、社会科学、文学艺术、文化教育、自然科学、工程技术等66个学科和领域,共收77 859个条目,计12 568万字,并附有适量的随文黑白图、线条图和彩色插页,适于高中以上文化程度的广大读者使用。中国有两万余名专家、学者参加撰稿,各学科分卷的条目按汉语拼音顺序排列。在正文条目前,一般有一篇介绍该学科卷内容的概观性文章,并附有反映该学科体系的条目分类目录。在正文条目后有介绍对该学科发展有重大影响的事件的大事年表和供寻检的条目汉字笔画索引、条目外文索引和内容索引。卷内条目有完备的参见系统,部分条目附有参考书目。

网址:http://www.cndbk.com.cn,如图4-9所示。

图 4-9 中国大百科全书网页版

(二)不列颠百科全书

《不列颠百科全书》(Encyclopedia Britannica,EB),又称《大英百科全书》,被认为是当今世界上最知名也是最权威的百科全书,是世界三大百科全书之一。《不列颠百科全书》诞生于18 世纪苏格兰启蒙运动(Scottish Enlightenment)的氛围中。第一个版本的《不列颠百科全书》在 1768 年开始编撰,历时三年,于 1771 年完成,共三册。

1980 年,不列颠百科全书出版社与中国大百科全书出版社合作,于 1986 年出版了中文版的 10 卷本《简明不列颠百科全书》(Concise Encyclopedia Britannica),1990 年增补了第 11 卷。1994 年 4 月又推出了全新的《不列颠百科全书(国际中文版)》(Encyclopedia Britannica International Chinese Edition)共 20 卷,收入条目 81 600 条、图片 15 300 幅,共 4 350 余万字。

《不列颠百科全书》历经 200 多年修订、再版的发展与完善,已形成英文印刷版装订 32卷,电子版本和在线版本也已推出。1994 年正式发布的《大英百科全书(网络版)》(Encyclopedia Britannica Online)除包括印本内容外,还包括最新的修改和大量印本中没有的文章,可检索词条达到 98 000 个,收录了 322 幅手绘线条图、9 811 幅照片、193 幅国旗、337 幅地图、204 段动画影像、714 张表格等丰富内容。

网址:http://www.britannica.com,如图 4-10 所示。

图4-10　不列颠百科全书网络版

第五节　类书

一、类书的含义

类书主要辑录古书中的史实典故、名物制度、诗赋文章、丽辞骈语、自然知识等,按类即分门别类或按韵编排的,便于寻检,征引具有汇编性质的资料性工具书,类似近代的百科全书。类书可分为若干部(如天文、地理、帝王、职官、居处、服饰等),部下再分若干子目(如天部之下,一般分为天、日、月、星、云、雨、雾、雷等)。每一子目下将古书中的各种资料,依次罗列。

从总体上说,类书在内容方面是包罗万象的,具有百科全书的性质。从编排形式上看,它是各种材料的分类汇编,"只有搜集、选择和剪裁、排比之功,而无解说与考辨之责"(刘叶秋《类书常谈》)。因而它又具有资料汇编的特性。《四库全书总目提要》类书小序说:"类事之书,兼收四部,而非经、非史、非子、非集,四部之内,乃无类可归。"这段话正好说明类书内容的广泛性,说明类书汇集的是自然界和人类社会的一切知识。

值得注意的是,类书虽有百科全书的性质,但跟现代的百科全书是不一样的。类书是对古代文献客观地分类汇集和不避重复地分类罗列,而现代百科全书则着重收集近代现代的科学知识,编者用自己的语言系统地加以介绍。

二、类书的历史

类书之名始见于宋欧阳修所撰的《新唐书·艺文志》和宋王尧臣等作《崇文总目》,但类书的起源却远早于此。中国最早的正规类书,是三国时代魏文帝曹丕于延庆元年(220年)命刘勋、王象等人编的《皇览》,分 40 余部,每部有数十篇,共 800 余万字,可惜已经失传。

南北朝时编的类书有不少种,其中较著名的有梁徐勉等编的《华林遍略》700 卷、北齐祖珽等编的《修文殿御览》360 卷。隋代以前的古类书均已失传,虽有部分佚文,原书面目已难窥见。

现存最早且较完整的类书是唐代虞世南在隋代任秘书时所编的《北堂书钞》,原为 173 卷,分 80 部,801 类。唐代类书有相当发展,重要的有欧阳洵等编的《艺文类聚》100 卷、高士廉等编的《文思博要》1 200 卷、许敬宗等编的《乐殿新书》200 卷、张吕宗等编的《三教珠英》(后改名为《海内珠英》)1 300 卷、徐坚等编的《初字纪》30 卷等。上述类书现存世者仅有四种,即《北唐书钞》、《艺文类聚》、《初学记》和《白氏元帖》,其中以《艺文类聚》最为著名。

宋代类书编纂取材广泛、内容渊博,数量与种类均盛于唐代。其中最著名的有李昉等编的《太平广记》500 卷和《太平御览》1 000 卷,王钦若等编的《册府元龟》1 000 卷,均完成于宋代初年,为宋代官修的三大类书,在中国类书史上占有重要地位。除官修的大类书之外,宋代士大夫自编的类书也有很多,其中著名的有王应麟编的《玉部》,内容搜集宏富,多录有关典章制度的文献和吉祥的善事,标门分类和一般的类书不同。

明清两代的类书在前人编纂的基础上有了进一步的发展,种类繁多、规模宏伟,其中最著名的两部巨著是明成祖永乐年间命解缙、姚广孝等编的《永乐大典》和清代陈梦雷、蒋延锡先后编纂而成的《古今图书集成》。《永乐大典》共 22 877 卷,辑入图书七八千种,是中国古代最大的一部百科全书式类书;《古今图书集成》共一万卷,分 6 篇、32 典、6 109 部,是中国现存用处最广、体例最完善的一部大型类书。

类书自三国至清末,据历代艺文、经籍志著录,约有 600 余种,据 1935 年出版的《燕京大学图书馆目录初稿类书三部》的著录,当时该校所藏类书有 316 种。编纂类书原作供各封建帝王及贵族子弟临事检索、熟习典故之用,也有的专供文人学士诗文写作、科举考试之用。由于它保存了古代许多已失传的古籍,《四库全书总目》曾如此评价类书的作用:"古籍散之,十不存一,遗文旧事,往往托以保存。"据统计,《太平御览》所引古籍有 2 579 种之多,其中十之七八已失传。清人从《永乐大典》中辑出的佚书超过 500 种,可见类书对保存古代文化的重要作用。它对于今天的学术研究和古籍整理工作,以及检索资料、辑录佚书、校勘古籍方面,仍具有重要的参考价值。

有趣的是,官方组织学者编纂类书一般都是在开国之初。原来,新王朝的皇帝是想借此机会,将天下的学者文人网罗在自己周围,免得他们在山野林泉和自己唱"对台戏"。每逢改朝换代之际,总有一批前朝旧臣对新王朝耿耿于怀,儒家的"忠君"观念使得这些饱学之士远离庙堂,而这些人在社会上又有很大的影响,于是就笼络他们来编类书。类书是编纂性质的书,不表现思想,但又是可以传世的书,这对有"编书情结"的士大夫来说,具有很大的诱惑力。于是,组织编纂类书就成了新王朝安排前朝旧臣的"两全其美"的良策。据宋王明清《挥麈后录》载:"太平兴国年间,诸降王死,其旧臣或宣怨言,太宗尽收用之,置之馆阁,使修书……厚其禄赡给，以役其心，多卒老于文字之间云。"

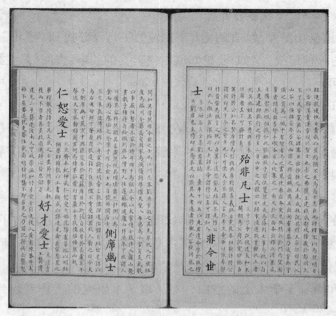

图 4-11　康乃尔大学图书馆馆藏《永乐大典》残存 400 卷中的 5 卷

三、类书的类型

类书按其内容和编排方式划分，有义系、形系和音系三类。

(一)义系类书

义系类书就是按材料的义类分部编排，如天文、地理、人事类。每系中又分若干小类，如天文分有日、月、星、时等；时又分春、夏、秋、冬等。古代类书大多属此类。其中，以取材范围分，有综合性和专科性两种。

(二)音系类书

音系类书是从古书中摘取二至四字的短语，按末一字的韵编入某韵，主要供编纂字、词典找资料出处所用。例如，元代的《韵府群玉》、清代的《佩文韵府》，而明代的《永乐大典》也是按《洪武正韵》的韵部编排的。

(三)形系类书

形系类书是字形编类，即将两个字组成的词语按其上一字归入同一字的类中，而举出包含这个词语的诗文篇目，如清代的《骈字类编》。其作用与音形类书略同。

四、类书的功用

类书是我国所特有的工具书，其特点之一是以类相从。类书通常按意义将有关文献分为若干部，每部之下再分若干细目。也有少数按韵、按部首编排的类书。其特点之二是以杂见称。其内容上自天文，下至地理，无论是人世间，还是自然界，无所不包。例如，唐代的《艺文类聚》，全书 100 卷，100 余万字，分"天、岁时、地"等 46 部，727 个细目，内容相当广泛。

具体来说,类书的功用有以下三方面。

(一)供人寻检、征引、查找各种资料

例如,要想知道泰山的掌故,查阅《太平御览》的"天部"找到"泰山"条,就可以看到古今诗文关于泰山的种种记载。又如,要想知道古代美女的故事,查阅《艺文类聚》的"人部",找到"美妇人"条即可。

(二)校勘、考证古籍

古书在传抄、翻刻的过程中,难免会出现错讹,而编纂较早的类书,如《艺文类聚》、《北堂书钞》、《太平御览》等,却可能保存了古书的原貌。因此,这些类书便成了后代文献整理专家比勘异文的重要根据。

(三)辑录佚书

清道光时期的黄奭和马国翰南北并峙,辑佚汉魏经说、古史和诸子,黄氏《汉学堂丛书》所辑佚书 270 种。小说方面,鲁迅辑有《古小说钩沉》;古地志方面,蒲圻张国淦有《古地方志考》。又如,现代通行的《旧五代史》就是清朝学者从《永乐大典》中辑佚出来的。这些辑佚作品大大丰富和填补了学术上的空白,对从事学术研究的工作者起到了指引门径和激励的作用。

五、类书与百科全书的异同

类书和百科全书虽然都包罗各种知识,但是性质并不完全相同。类书侧重于汇集前人著作,而且偏重文史方面,沿袭传统观念,采用辑录的方法编纂,对于辑录的资料既不加解释,也不作系统论述;百科全书采用条目的形式,对各类知识作全面系统的概述,注重新知识、新成果的介绍。类书在古代除供帝王阅览之外,主要供文人赋诗作文时采撷辞藻和典故。

类书的内容反映了封建伦理道德观念并带有神怪、迷信色彩,但其在编纂时多依据原始文献,很多珍贵的古文献赖以保存,至今仍有较高的参考价值。从类书中可以查考史实掌故、名物起源,查找辞藻典故、诗词文句,不仅可用于寻检参考资料,还可用以校勘古籍、辑录散失或残缺古书的佚文。类书通常按事物性质分类编排,但古人的分类概念、所用类目同今天的颇有不同;还有的类目是按韵部编排的,查检起来很不方便。所以,查检类书时应当尽量利用今人为之编制的现代索引。而百科全书则主要以检索便捷为特点。

六、类书举要

(一)《艺文类聚》

《艺文类聚》是中国唐代初期欧阳询、裴矩、陈叔达等人于唐武德七年(624 年)奉敕编纂的一部现存较早的类书,共 100 卷,100 万余字。全书分岁时、治政、产业等 46 部,共有 727 个子目,征引古籍 1 431 种,分门别类,摘录汇编。《艺文类聚》先引史实,后列诗文,使"文"与"事"契合互补,变更了以往"文"自为总集、"事"自为类书的常规体制。全书所引故事都注出书名,所引诗文都注出时代、作者和题目,并按不同的文体,用〔诗〕、〔赋〕、〔赞〕等字样标明类别。其所征引的古籍,大部分都已亡佚,自汉代至隋代的词章名篇多赖此得以流传,因此本书历来为辑佚、校勘工作所资鉴。清代严可均所辑《全上古三代秦汉三国六朝文》,其内容亦主要摘录自本书。世人也多用以查检唐代以前的诗文、典故、名目及历史人物事迹等。1982 年,上海古籍出版社出版汪绍楹校本,附有人名及书名、篇名索引。

（二）太平御览

《太平御览》是中国宋代一部著名的类书,为北宋李昉、李穆、徐铉等学者奉敕编纂,成书于太平兴国八年(983 年),采以群书类集之,凡分 55 部,550 门,而编为千卷,所以初名为《太平总类》。书成之后,宋太宗日览三卷,一岁而读周,所以又名《太平御览》。

全书以天、地、人、事、物为序,分成 55 部,"备天地万物之理,政教法度之原,理乱废兴之由,道德性命之奥",可谓包罗古今万象。书中共引用古书 1 000 多种,保存了大量宋以前的文献资料,而其中十之七八已经散佚,其中汉人传记百种,旧地方志二百种,这就使本书显得尤为珍贵,被称做辑佚工作的宝山。这次点校横排出版,采用简体字,选择最佳底本,合册编定目录,极大地方便了读者阅读和查检。

使用《太平御览》时要先了解它的类目,判断要查的事物与哪类有联系,然后按部、按目去查检。此书分类原则与编排方法大抵是以天、地、人、事、物为序,每类下面再按经、史、子、集顺序编排。为了查检方便,还可参考钱亚新编的《太平御览索引》和聂崇岐主编的《太平御览引得》。

第六节　词典

词典是汇集语言里的词语(包括文字、专名、术语、成语、典故等),并逐一解释其概念、意义和用法,或提供有关的信息,按一定方式编排以便查阅的工具书,通常也称做辞典。

一、词典的历史

汉语"词典"之名是由"字典"发展而来,中国古代称为字书。自清代《康熙字典》行世之后,字典之名开始通行,意为"典范"。但最早用"字典"作为辞书名的,至迟在唐代即已出现,唐释玄应、慧琳撰《一切经音义》即引用了"字典"的释文,原书已佚。

字典以标示汉字的形体、注出读音并解释字义为主;词典以解释词语的概念、意义和用法为主,是以收字为主,着重说明单字的写法、读音和意义的工具书。随着文字和语言的发展,字典也解释了一些词汇,如《新华字典》在"花"字条下,就附带解释了"棉花"、"天花"、"挂花"、"花销"等词。两者各有侧重,但并没有严格的界限,在西文中统称为 Dictionary。

西方最早出现的词典诞生于公元前 5 世纪的古希腊。当时以词汇表(Glossaire)的方式出现,主要为诗歌及荷马文章内艰深的词语作解释。公元 8 世纪,中东地区的 Al-Khalil 编写了第一部阿拉伯文词典。对英语民族来说,最早的词典却是双语词典。因为古代英语缺乏词汇,双语词典为他们提供拉丁文或法文中相当的英文字。

在中古世纪,拉丁文词典多为解释《圣经》而设,明显不能满足人们的需求。后来欧洲各地为了把拉丁文的《圣经》翻译成自己的语言,对双语词典的需求变得日益强烈。1612年,意大利佛罗伦萨学士院编出《词集》,是第一部欧洲民族语词典。

字典在我国古代称为字书。这种字书和今天的字典有些类似,但是编写的目的并不是专供人们查检的。中国古代的字书可以追溯到公元前8世纪的《史籀篇》(15篇),见于《汉书·艺文志》,现存最古的是史游的《急就篇》(前1世纪),是一种儿童识字课本。按意义编排的《尔雅》大约成书于公元前3世纪(战国晚期至西汉初期),是解释字义和分类编排事物名称的字书,也是最早的按词语义类编成的词典。杨雄的《方言》是中国第一部记录方言的书,成书于公元1世纪初。

东汉许慎的《说文解字》成书于公元100年,它将汉字分为540部,并按"六书"(指事、象形、形声、会意、转注、假借)分析汉字结构,解说字的本义,创立按部首排列汉字的方法,是我国第一部真正意义上的字典。《说文解字》开创了部首检字的先河,后世的字典大多采用这个方式。段玉裁称这部书为"此前古未有之书,许君之所独创"。历代都有许多学者研究《说文解字》,清朝时尤为兴盛,如段玉裁的《说文解字注》,朱骏声的《说文通训定声》,桂馥的《说文解字义证》,王筠的《说文释例》《说文句读》尤受推崇,四人也被尊称为"说文四大家"。从汉代以后,词典学分为如下四类:①没有注解的分类识字课本;②有注解,按意义编排的分类字典;③按部首编排并解释字的形、声、义的字典;④按意义排列的方言字汇。到了明代才出现《字汇》这种专门供人查检的书。

清代官修的《康熙字典》,依据明代梅膺祚《字汇》和张自烈《正字通》两书加以增订,对两书错误之处还下过一番"辨疑订讹"的工夫,成书于康熙五十五年(1716年),共收47 035个字,采用部首分类法,按笔画排列单字。字典全书分为十二集,以十二地支标识,每集又分为上、中、下三卷,并按韵母、声调及音节分类排列韵母表及其对应汉字。

《康熙字典》有如下三个优点:①收字相当丰富,在很长一个时期内是我国收字最多的一部字典。直到1915年《中华大字典》出版,达48 000余字,才超过了它。②它以214个部首分类,并注有反切注音、出处及参考等, 差不多把每一个字的不同音切和不同意义都列举出来,方便供使用者查阅。③除了僻字僻义以外,几乎在每字每义下都举了例子。这些例子又几乎全都是引用了"始见"的古书,是汉字研究的主要参考文献之一。

按部首编排近几十年出版的词典,通行最广的是《辞源》和《辞海》。此外,《汉语大词典》和《汉语大字典》从1986年起陆续出版,为人们的查阅检索提供了更多的便捷。

图4-12 《说文真本》

二、词典的类型

现代词典根据编制目的和选收词语的范围可分为语文词典、专科词典和综合性词典。

(一)语文词典

语文词典又称语言词典、语词词典,是词典的一种,包括字典在内,指主要收释普通词语的词典,与专科词典相对。与专科词典比较,二者主要有以下不同。

1.收词范围不同

语文词典主要收普通词语,有的也收少量的专科词语;专科词典只收专科术语。

2.释文内容不同

语文词典主要说明词语的形、音、义(词汇意义、色彩意义、语法意义)和用法;专科词典解释术语概念,提供有关的专业知识。

3.释义方法不同

语文词典主要用同义近义词语、反义词语解释说明词义,有时也采用下定义的方式;专科词典常用下定义的方式揭示概念所表示的事物的本质属性。

语文词典汇集通用词语并加以解释,如《汉语大词典》、《牛津英语大词典》等都是大型的综合性语文词典。由于收词或解释侧重的不同,语文词典中还可分出正音词典、词源词典、成语词典、外来语词典、方言词典、同义词词典、缩略语词典等专门性词典。

(二)专科词典

专科词典又称专门词典、知识词典,指汇释某一学科或一系列学科的专有词语的词典。它选收学科内专用的、常用的和重要的名词术语,以及有关的人物、研究成果、事件、机构等,反映学科发展的新的术语也要尽量选入,如《哲学大辞典》、《教育大词典》等。专科词典的释文一般包括词目的正名和异名、基本内容和特点、应用范围、发展方向等。释文要具有学术性、概括性和稳定性。专科词典按所含学科多少来分,有只包括一个学科的单科词典和包括一系列学科的百科词典。单科词典和百科词典通常都是相对的。

图4-13　《明清吴语词典》

专名词典实际上也是专科词典,主要收集人名、地名、书名等,介绍有关概况,提供事实和资料,如《中国人名大词典》、《中国名胜词典》、《心理学著作词典》等。

(三)综合性词典

综合性词典又称混合型词典,指兼有语文词典和专科词典双重性质的词典。这种词典既收普通词语,也收各学科的百科词语。对普通词语进行词汇性解释,对百科词语进行百科性解释。在编排上,有的将语文词条和百科词条分开编排,有的则统一编排。这种词典的服务对象,主要是非本学科的一般读者,但编写时也兼顾各学科的固有体系,我国的《辞海》和《辞源》都是典型的综合性词典。

词典还可以按语种分为单语词典和双语或多语词典。单语词典顾名思义就是用一种语言编写的词典;双语或多语词典是两种或多种语言之间对照翻译和解释的词典,如《藏汉大辞典》、《汉俄词典》等。

词典也有其他的划分标准,如按规模有大型、中型、小型之分,按作用有规范词典和描写词典等。外语词典都按字顺编排,查阅方便。汉语词典有多样编排方法,语文词典有的按字头排列,查阅方法与字典相同,有的则按笔画排列;知识性词典大多按笔画排列,但也有按分类或时序、地序排列的。

三、词典的排检方法

词典大多采用字顺排检法,大体可分为以下两种。

(一)形序排检法

形序排检法就是根据汉字的形体结构,找出它们的共同点加以编排,主要有部首法、笔画与笔顺法、号码法等。

1.部首法

部首就是汉字的偏旁,以部首的笔画多少为序。这种方法创始最早,使用也最广。东汉许慎在《说文解字》中将部首分为 540 个,同部首的字安排在一起。这种方法为明代的《字汇》、清代的《康熙字典》所采用,近代的《中华大字典》、《辞源》、《辞海》也都采用了这种检字法。这种检字法根据汉字的结构特点,区分出许多部首以安排字序,使用者比较容易掌握。使用部首法必须首先分析字形结构,熟悉部首的位置,查出部首,再按部首以外的笔画数查字。对其中较难确定部首的字,可查"部首目录"或"难查字表"。

2.笔画与笔顺法

笔画法又称笔数法,是按汉字笔画多少为排列顺序,笔画数少的在前,笔画数多的在后;笔画数相同的,再按每个汉字的笔形或部首排列。笔顺法是按笔形顺序确定汉字排列先后,或以点(、)、横(一)、竖(丨)、撇(丿)为序,或以横(一)、竖(丨)、点(、)、撇(丿)为序,或以横(一)、竖(丨)、撇(丿)、点(、)、折(一)为序等。笔画法与笔顺法一般结合使用,即先按笔画数排列,然后再按笔顺排列。

3.号码法

号码法即把汉字的各种笔形用号码表示,再按各个汉字代号的大小顺序编排,主要有四角号码法、中国字庋撷法、起笔笔形法、起笔末笔法。近年来又出现了三角号码法和五码检字法,其中四角号码法较为普遍。四角号码法是根据汉字方块形状的特点,以汉字字角的各种笔形配一个阿拉伯数字代号,其口诀为:"横 1、垂 2、3 点捺、叉 4、串 5、方框 6、角 7、八 8、小是 9、点下有横变 0 头"。代号按"左上角—右上角—左下角—右下角"的次序组合,然后按号码大小依次编排。

(二)音序排检法

音序排检法是按字音排检汉字的方法,主要有韵部顺序法、注音字母顺序法和汉语拼音字母顺序法等。

1.韵部顺序法

韵部顺序法是古代按音排列汉字的一种方法。汉字字音都是单音节,每个音节都由声、韵、调组成。把韵母相同的字集中排列在一起就构成一个韵部。韵部顺序大体可分为三种:①按汉字平、上、去、入四声分类,同一声调下再分韵部,韵部之内再按同声字分类编排,如《广韵》(宋陈彭年等修订)。现存韵书大都按这种方法编排,即"以声为纲,以韵目为经"分列韵部。②先分韵部,韵内分声调,声调内再按同声字分类编排,如《中原音韵》(元周德清著)。③先分韵部,韵内分同声字,同声字内再按四声分别编排,如《韵略易通》(明兰茂著)。

2.注音字母顺序法

注音字母是以北京语音为标准的一套字母。从 20 世纪 30 年代到《汉语拼音方案》(1958)公布之前,音序排检法大都按注音顺序排列。它的排列顺序是先声母,后韵母,韵母的丨、ㄨ、ㄩ依 1931 年公布的国音字母表,列于儿韵之后。声母为ㄅ(b)、ㄆ(p)、ㄇ(m)、ㄈ(f)、ㄉ(d)、ㄊ(t)、ㄋ(n)、ㄌ(l)、ㄍ(g)、ㄎ(k)、ㄏ(h)、ㄐ(j)、ㄑ(q)、ㄒ(x)、ㄓ(zh)、ㄔ(ch)、ㄕ(sh)、ㄖ(r)、ㄗ(z)、ㄘ(c)、ㄙ(s),韵母为ㄚ(a)、ㄛ(o)、ㄜ(e)、ㄞ(ai)、ㄟ(ei)、ㄠ(ao)、ㄡ(ou)、ㄢ(an)、ㄣ(en)、ㄤ(ang)、ㄥ(eng)、ㄦ(er)、丨(i)、ㄨ(u)、ㄩ(ü)。声母与韵母拼合注音时,按音序先后排列,如"八"(ㄅㄚ)"拨"(ㄅㄛ)、"爬"(ㄆㄚ)、"坡"(ㄆㄛ)。同声同韵的字母再按阴平、阳平、上声、去声四声排列,如哩(ㄌ ī)、离(ㄌ í)、李(ㄌ ǐ)、立(ㄌ ì)。

3.汉语拼音字母排列法

汉语拼音字母排列法即按 1958 年公布的《汉语拼音方案》字母表的顺序排列汉字。在 26 个字母中除 i、u、ü 三个字母外,共 23 个部。每个汉字排列时先以声母与韵母所拼写的音节为序,如啊(a)、哀(ai)、班(ban)、国(guo)、祖(zu)。字节相同、按声调的阴平(ˉ)、阳平(ˊ)、上声(ˇ)、去声(ˋ)顺次排列,如巴(bā)、拔(bá)、把(bǎ)、爸(bà)。字节声调都相同再按汉字的笔画笔形排列,如"拉、啦、邋"。汉语拼音字母排列法也可以用汉字所组成词语的音序进行排列,如 mianhua(棉花)、mianhuadi(棉花地)、mianhuai(棉槐)、mianhuajiagong(棉花加工)。《汉语主题词表》(1979)、《现代汉语词典》(1984)等工具书都采取这一排列法。

四、词典的功用

在使用字典时,首先要看字典的前言和凡例,弄清字典的出版年月、编写过程、使用范围和搜集材料起止时间等;并且要注意书后有无补遗、勘误、附录等,才能做到有的放矢、少走弯路,提高使用这种工具书的效率。

现代词典的结构组成一般包括凡例(编制说明)、目录、正文、索引和附录几个部分。人们在使用词典的时候经常会忽略凡例的阅读,凡例是使用词典的指南,告知用户该词典的选词范围、编纂体例和查阅方法,凡例的使用会使用户掌握词典的使用方法,节省用户的查阅时间。词典的正文由词条组成,按一种排检方法编排。索引则是为了方便查检,以其他一种或几种排检方法编成,以增加检索途径。附录是正文的补充,或者是与词典有关的参考资料,也应该注意充分利用。

词条是词典的基本结构单元,也是检索单元,包括词目和释文。语文词典一般以单字立目,下面列出同一字头的词语,也有直接以词语或词组立目。词目(字头、词头)是字、词的标准形式,也附列繁体字、异体字等。释文包括注音、释义(分条释义的,每条称为一个"义项")和例证(书证和用证)。

词典是一种高密度、大容量的知识载体,具有知识性、规范性、权威性和稳定性。词典不仅是提供语言文字知识和科学知识,为用户释疑解惑的工具书,而且还具有促进语言规范化的作用。语文词典通过提供有关字词形态、语音、语义、语法的信息,确立读、写和使用字、词的规范,帮助读者熟练掌握语言的表达方法,提高语文水平。专科词典能帮助用户理解专门术语,掌握专业知识。综合性词典则能扩展用户个人知识领域,开阔眼界视野。

五、词典举要

(一)《汉语大字典》

汉语大字典编辑委员会编纂,徐中舒主编,四川辞书出版社、湖北辞书出版社1986~1990年版,共8卷,是一部以解释汉字的形、音、义为主要任务的大型语文工具书,也是汉字楷书单字的汇编。

全书共计收单字 54 678 个,主要以历代字书为依据,并从古今著作中增收部分单字。在字形方面,以楷书单字立目,字下列出能反映形体演变关系的有代表性的甲骨文、金文、小篆和隶书形体,注明出处,并根据阐明形音义关系的需要酌附字形解说,简要说明其结构的演变。在字音方面尽可能注出现代读音(用汉语拼音标注)、中古音(《广韵》《集韵》反切,标明声调、韵部、声类)和上古音(只标韵部,以近人考订的三十部为准)。在字义方面,不仅注重收列常用字的常用义,而且注意考释常用字的生僻义和生僻字的义项。并且根据存字、存音、存源的原则,在单字下酌收了少数复词,对词素义也加以解释。多义字一般先列本义,然后依次列出引申义和通假义。引证选用不同时代的作品,以反映字义的运用情况,引证都标明详细出处。释文和现代例证用简化字,其余用繁体字。全书按 200 个部首排列,部首按笔画多少为序排列;每个部首的字也按笔画多少为序排列,同笔画的字按横、竖、撇、点、折的笔顺排列。每卷前有部首表及该卷检字表。第 8 卷为附录,包括上古音字表、中古音字表、通假字表、异体字表、历代部分字书收字情况简表、简化字总表、汉语拼音方案、现代汉语常用字表、普通话异读词审音表、国际音标表,共 10 个表,以及全书分卷部首表、笔画检字表及补遗。本书比较全面地、历史地反映了汉字形音义的发展,是义项最完备、书证最丰富、体例最严谨的大型汉语字典。

(二)《汉语大词典》

汉语大词典编辑委员会、汉语大词典编纂处编纂,罗竹风主编,上海辞书出版社 1986 年出版第 1 卷,第 2 卷起由汉语大词典出版社陆续出版,正文 12 卷,另有检索表及附录 1 卷。本书是大型的、历史性的汉语语文词典,遵循"古今兼收,源流并重"的编辑方针,着重从语词的历史演变过程中加以全面阐述。

全书收录词目约 37 万条,其中单字条目 2.2 万条,总字数约 5 000 万字,收词范围包括古今语词、熟语、成语、典故,以及已进入一般语词范围和比较常见的专科词语。专科词语中,对于古代专科词语选收较宽,现代专科词语选收从严,以习见常用的为主。所收条目分为单字条目和多字条目。单字条目以有文献例证者为限,没有例证的僻字、死字一般不收列。多字条目按"以字带词"的原则列于单字条目之下。单字按 200 个部首排列(与《汉语大字典》相同),同部首字按笔画多少顺序排列,笔画数相同的按起笔笔形横、竖、撇、点、折排列。多字条目在单字下按第二字的笔画数和起笔笔形排列。条目均用繁体字立目。多音多义字分别立字头,在字头右上角用阿拉伯数字标明;字头下的多字条目也用相应的阿拉伯数字在第一字右下角标明,以便区别不同的读音。单字下均注现代音和古音(以中古音为主),现代音用汉语拼音字母标注,古音用反切标注,在《广韵》、《集韵》的反切后列出声调、韵部和声类。释义方面义项齐备,古今义兼收,对词义的解释确切,概括与辨析清楚,词语的含义和使用范围解释细致、层次分明,在一定程度上反映了词义发展的历史进程。

在编纂过程中,从先秦至近代的 3 000 多种主要典籍及现代优秀作品中搜集了 700 多万张资料卡片,在此基础上精选其中的 200 多万条作为释义的依据和例证。引用例证极为丰富、准确可靠。书证按时代顺序排列,并详细注明出处。《汉语大词典》贯通古今、内容广泛,集历代书面和口语词汇之大成,是迄今规模最大的一部汉语词典。

（三）《辞源》

综合性语文辞书,初版于 1915 年由陆尔逵等几十人参与编纂,商务印书馆出版。1931 年出版续编,1939 年出版正续编合订本,1949 年出版简编本,1950 年又出版了修订本,统称"旧《辞源》"。旧《辞源》不仅收录当时的一般语文词汇,而且广泛收录近代自然科学、社会科学、应用技术及社会文化等各方面的百科词汇,因此,它是当时"古今皆收"的一部综合性辞书。新《辞源》从 1958 年开始修订,1979 年修订本的第 1 分册由商务印书馆正式出版,至 1983 年,修订本的 4 个分册全部出齐。这个修订本一般称为"新《辞源》"。新《辞源》删去了有关近现代自然科学、社会科学、应用技术等方面的词语,收词范围一般到鸦片战争时期(1840 年)为止。这样《辞源》(修订本)便成为检查阅读古籍时,有关词语、典故及有关的古代文物典章制度等知识性疑难问题的大型辞书,成为专门的古汉语词典。

《辞源》(修订本)基本继承了旧《辞源》的一些突出特点,主要是以词语为主,兼收百科;以常见为主,强调实用;结合书证,重在溯源。所收词汇以古汉语中的一般语文词汇为主,兼收人名、地名、书名、文物典章制度等古汉语中的"百科"词汇。所收词语,仍然强调常见、实用,避免收录非词或过分冷僻的词目。全书共收单字 12 890 个,词语 84 134 条。编排方法与解释字词的体例与《辞海》略同,如"以字带词",正文单字以部首归并集中;"分条释义",列举书证等。二者所不同的是,《辞源》的注音比《辞海》的复杂,不仅注出字的汉语拼音及注音字母,还注出了该字在《广韵》中的反切、声调、韵部和声纽,如《广韵》中不收此字,则采用《集韵》或其他韵书、字书中的反切。《辞源》(修订本)的检索途径也是比较完备的。每一分册前附有本册部首目录和难检字表,后面附有本册所收字词的四角号码索引,这样既可以从字的四角号码查找字词,也可以从部首查找字词。如部首不易确定,还可以从字的笔画入手利用难字查找该字的出处。另外,在每册前有1~4册部首总目录,在第四分册后还附有汉语拼音总索引可供使用。

(四)《辞海》

《辞海》是一部兼收语词和百科词语的大型综合性辞书,最初由舒新城等主编,中华书局1936年版,1981年重印,收单字1.3万个、复词10万余条。全书以字统词,单字按部首编排,复词依字数多少列于单字之下。本书出版于《辞源》之后,所收科技类名词术语较多,编写体例也有所改进。其与《辞源》都曾风行一时,而各具特色。1957年开始修订,1959年成立辞海编辑委员会负责进行,舒新城、陈望道、夏征农先后任主编。1965年出版"未定稿"(二卷本),采用新定250个部首,收单字13 587个,复词84 336条。后又重新修订,在出版按学科所编分册本的基础上,1979年由上海辞书出版社正式出版了《辞海》三卷本;1980年出版缩印合订本,略有补正。新版仍用250个部首,收单字14 872个,词目91 706条,包括成语、典故、人物、著作、古今地名、历史事件及各学科的名词术语。所收词目以提供一般读者在学习和工作中所需要的知识为主,释文力求简明扼要。

全书按部首编排,另有笔画查字表和汉语拼音索引(后又单行出版《辞海四角号码查字表》和《辞海百科词目分类索引》)。书后有14个附录,主要是有关历史和自然科学的数据、表格。1982年又出版了《语词增补本》和《百科增补本》,两书合编为《辞海·增补本》,补充了三卷本没有收录的语词15 730条,百科词语2 281条。1984年起进行第二次修订,陆续出版新二版各分册。1989年出版了新二版合订本(有三卷本和缩印一卷本),称为《辞海(1989年版)》,共收单字(含繁体、异体字)16 534个,词目计12万多条。这次修订主要是增新、补缺和改错,在内容上增加了许多新知识,力求反映出20世纪80年代的科学文化水平,修改由于政治原因而产生的一些不适当的提法,弥补缺漏、增补新词目、更新资料、订正错讹。因删去了一些词目,实际增加词目近4万条,内容更加充实适用,体例无变动。书前有辞海部首表、笔画检字表,书后有汉语拼音索引、四角号码索引及10多个附录,查检较易。《辞海》是我国最大的综合性辞书。

第七节　表谱、图录

一、表谱

表谱是按事物类别或系统编制的反映时间和历史概念的表册工具书,是年表、历表和其他历史表谱的总称。表谱简明扼要、提纲挈领、以简驭繁,将纷繁复杂的历史人物、事件、年代用简明的表格、谱系等形式表现出来,具有精要、便览、易查等特点。

中国早在周代就有史官记载帝王年代和事迹的"谍记",这是年表的雏型。谱之名起于周代。汉代司马迁著《史记》,仿效《周谱》旁行邪上法编制《十二诸侯年表》、《六国年表》等,创立历史年表体制。唐宋时,表谱有了新的发展,出现了反映历史纪元的唐封演《古今年号录》和宋吕祖谦的《大事记》等。清代制表风气颇盛,并注意补撰诸史阙表,表谱有了较大的进步,如万斯同的《历代史表》等。随着近现代科学的进步和中外关系的发展,出现了编制更为精密、内容包括中外年代、月份、日期和大事的表谱。

(一)年表

年表用于考查和对照不同纪年方法的年代,可分为以下三种。

1.历史纪元年表

历史纪元年表用以查考历史年代和历史纪元,如荣孟源编《中国历史纪年》,万国鼎编,万斯年、陈梦家补订的《中国历史纪年表》,方诗铭所编《中国历史纪年表》等。

2.大事年表

大事年表除反映纪元外,还记载历史事件的发生和演变过程,供检查历代大事之用,如翦伯赞主编,齐思和、刘启戈、聂崇歧等合编的《中外历史年表》。

3.专科年表

专科年表将有关一种学科或专题的事件按年为纲加以例举,如董作宾等编纂的《甲骨年表》等。

(二)历表

历表是用于查考和对照不同纪年方法和年月日的工具书。晋代杜预撰《春秋长历》,考订春秋时史日,推算朔闰,排列月日,是最早的历表。后代多有续作,最重要的有宋代司马光《资治通鉴》中所收刘羲叟《长历》和清代汪曰桢《历代长术辑要》。这类历表仅按中国古代历法排列年月日,并注明朝代和年号纪年。

现代历表始与西历(公历)和其他历法的年月日加以对照,便于换算。一般以一种历法为基准,或逐日与其他历法对照;或每月仅对照一日(朔日)或数日,其他日期据此推算。利用历表可以查考中历(夏历)的年号纪年、干支纪年、月份、闰月、日期和干支纪日,查考西历的年、月、日和星期,也可以查考回历和其他历法的年、月、日。较常用的历表有《中西回史日历》、《两千年阴阳历对照表》、《中国史历日和中西历日对照表》等。使用时先要了解历表的结构和各种数字、符号所代表的意义,掌握对照或换算的方法。

(三)专门性表谱

专门性表谱是为某学科、专题或人物编制的表谱,数量很多,主要有以下七种。

1.人物生卒年表

人物生卒年表用来查找历史人物在世的时间,如姜亮夫编、陶秋英校《历代人物年里碑传综表》等。

2.职官年表

职官年表以政府机构中重要的官制职称为目,按照时代或逐年记载任免这个官职的人物姓名;或系统记述历代职官的名称职掌和演变,如清黄本骥原编、中华书局上海编辑所编《历代官表》等。

3.地理沿革表

地理沿革表着重反映一个国家的行政区划情况和历史沿革,如清陈芳绩编《历代地理沿革表》、清段长基编《历代疆域表》等。

4.年谱

年谱以谱主为中心,以年月为经纬,比较全面细致地列出谱主一生的事迹,是研究历史人物生平、学术的重要参考资料,如杨殿编《中国历代年谱总录》。

5.讳谱

讳谱专门汇录历代帝王的避讳情况,如清陆费墀编《历代帝王庙谥年讳谱》、张惟骧编的《历代讳字谱》等。

6.谱系表

谱系表指家谱、族谱、世系表等,主要记载某一家族世系和重要人物事迹(家谱档案),用于查考史事。

7.综合性历史表谱

例如,沈炳震的《廿一史四谱》等。

表谱的形式和内容丰富多彩,一般按年代顺序编排,便于系统了解历史人物、事件发展演变情况,并有助于对中外历史进行横向比较研究。

二、图录

图录是主要通过图像提供知识或实际资料的工具书,也称为图谱。中国古代随着金石学的发展出现了古器物的图录。宋代吕大临编《考古图》(成于1092年)是现存最早而又有系统的图录,共著录古代铜器和玉器223件,摹绘图形,并有文字说明。明代编纂的类书《三才图会》和《图书编》汇辑诸书图谱,范围更广。

现代图录大体可分为以下四类。

(一)文物图录

文物图录收录文物图像(照片、线描图、拓片等),如《新中国出土文物》、《中国历代货币》、《中国古代度量衡图集》等。

(二)历史图录

历史图录收录有代表性的文物、人物图像,重大历史事件遗存实物、场景的照片、图画等,供学习和研究历史的参考,如《中国近代史参考图录》、《中国历史图说》(苏振申总编校,台湾新文化出版社1978年版)。

(三)人物图录

人物图录专门收录历史人物图像,如《中国历代名人图鉴》(苏州大学图书馆编,上海书画出版社1989年版)。

（四）艺术图录

艺术图录主要收录艺术品的照片，如《中国绘画史图录》。

三、表谱举要

（一）《中外历史年表》

《中外历史年表》是研究历史的资料性工具书，翦伯赞主编，齐思和、刘启戈、聂崇岐合编，1958 年三联书店出版，1962 年北京中华书局用三联书店旧型重印，1961 年北京中华书局新 1 版，1980 年改正了原书一些排印错误再次重印。

本年表的时间范围为公元前 4500 至公元 1918 年。书中运用历史唯物主义的观点方法，把几千年来中国和外国比较重要的历史事件，按照年代的顺序简明地加以编纂。选材范围包括：①生产工具和生产技术的改进；②经济制度、政治制度的改革和重要法令的颁行；③敌对阶级间的矛盾斗争和统治阶级内部的矛盾；④重要的科学技术的发明与发现；⑤国际间和民族间的相互关系；⑥著名历史人物的生卒年代。

编辑体例是以公元纪年为纲，下设两部分。

1.本国史部分

1)在公元纪年下，先列干支，次列各朝帝王年号。其分立时期的年号，如三国、南北朝，亦皆并列一格。

2)关于人民反抗运动，如确知其为起义的，就注明"起义"；不能确定的，就写做"起事"。

3)对洪水、大旱、虫害、大地震、人口数字等都有所记载。

4)对汉族以外的诸部族或种族的名称，原则上都用新改的，如瑶族、壮族等。

2.外国史部分

首先标出国名，排列次序是自东而西，如在同一年内有若干国家的纪事，首列朝鲜、次列日本、东南亚、南亚、中亚、西亚，然后是非洲、欧洲、美洲诸国。在同类历史年表中，收录详尽周密、水平较高、检索方便。

书中对于学术界尚无定论的一些问题，采用"诸说并存"的方法，对史学研究者有很大的参考价值。

（二）《近三百年人物年谱知见录》

这是一部专门收录明清之际和清代人物年谱的总录著述，其中包括生于清代而卒于辛亥年后的人物年谱。全书著录年谱 800 余种，均为著者逐一检读，并随读随写书录。书末还有附录一"知而未见录"、附录二"谱主索引"和"谱名索引"。

历史上有许多人没有年谱，或虽有年谱而生卒年不一或不详，这方面需要利用有关历史人物生卒年表的工具书。从清人钱大昕撰著《疑年录》考证自汉至清 363 人，编制生卒年表开始，其后不断有人进行续补。其中，近人张惟骧汇编各家疑年录加以补正，编成《疑年录汇编》（1925 年小双寂庵刻本），考订生卒年的人共 3 928 个；梁廷灿编《历代名人生卒年表》（1930 年上海商务印书馆出版），又在上书基础上增补编订，共收 4 000 多人；1937 年上海商务印书馆出版的姜亮夫编《历代名人年里碑传总表》,主要依据文集碑传材料,参考各家疑年录和杂史笔记,收录 12 000 多人,远胜前人。这些是比较详备的有关历史人物生卒年考订的旧著。

《中国历史人物生卒年表》(吴海林、李延沛编,黑龙江人民出版社 1981 年第 1 版)是近年出版的一部比较实用的历史人物生卒年表工具书,它吸收前人研究成果,对上起西周共和行政、下迄清末 2 800 年间的历史人物 6 600 多人,经过编者详尽考订、校雠和整理而成此书。

查考中国历史上佛教僧人的生卒年,另有陈垣撰著《释氏疑年录》(中华书局 1964 年重印出版)的专门工具书。本书引用佛教典籍、僧传、语录和诸家文集等材料,对从晋至清初有年可考的僧人 2 800 人的生卒年,考订其异同、纠正其讹误。书后附有《释氏疑年录通检》,以僧人名字的末字笔画排列,便于检读该书。

本章关键术语:

官修书目;史志书目;私撰书目;版本书目;篇目索引;主题索引;字词索引;句子索引;专名索引;报道性文摘;指示性文摘;指示—报道性文摘。百科全书;年鉴;类书;年表;历表;图录;形序排检法;音序排检法

《别录》;《七略》;《四库全书总目》;《汉书·艺文志》;《郡斋读书志》;《中国百科年鉴》;《永乐大典》;《古今图书集成》;《说文解字》;《康熙字典》;《辞海》;《中国大百科全书》

本章思考题:

1.简述我国古典书目的类型并举例说明。

2.通过实例说明索引的作用。

3.说明报道性文摘、指示性文摘和指示—报道性文摘的异同。

4.比较百科全书与类书的异同。

5.简述词典的排检方法。

第五章　国际四大印刷型科技信息检索工具

【内容提要】

本章将主要介绍国际四大印刷型科技信息检索工具——SCI(科学引文索引)、SSCI(社会科学引文索引)、EI(工程索引)、ISTP(科技会议录索引)的编排结构和使用方法。这四大检索工具是进行科学研究的重要信息源。通过本章的学习,学生要掌握这四大检索工具的编排结构和使用方法,并能根据课题完成相应的检索报告。

国际四大印刷型科技信息检索工具是指 SCI(Science Citation Index,科学引文索引)、SSCI(Social Science Citation Index,社会科学引文索引)、EI(Engineering Index,工程索引)、ISTP(Index to Scientific & Technical Proceedings,科技会议录索引)。其中工程索引 EI(电子版称为Compedex)是美国工程信息公司出版的著名工程技术类综合性检索工具,其余的均为美国科学信息研究所 ISI(Institute for Scientific Information)的产品。

第一节　科研成果评价工具——SCI、SSCI

一、关于引文索引

引文就是通常所说的参考文献。例如,A 作者发表了一篇论文(简称 A 文),后来被B、C 等人写文章时所引用,B、C 二人分别发表了 B 文和 C 文。则称 A 文为 B 文的"参考文献"或"被引文献",简称"引文"(Citation);称 B 文、C 文为"引用文献"或"来源文献"(Source Document);称 B 作者、C 作者为"引用作者"或"来源作者";因 B 文和 C 文都引用了 A 文,故称 B 文和 C 文为"相关文献"或"相关记录"(Related Records),称 A 文为 B 文和 C 文的"共享参考文献"(Shared Reference)。如果两篇文章的"共享参考文献"越多,说明这两篇文献的相关性越强。

引文索引将某篇文献的参考文献、相关文献、共享参考文献一一显示出来,通过引文检索,可以了解文献之间的内在联系。通过某篇文章参考文献之间的链接关系找到与检索课题相关的早期/最近的文献,形成一个相关文献关系网,有利于跨越时间、学科的限制对某一主题的文献进行全面检索。

二、科学引文索引(SCI)

(一)概况

美国《科学引文索引》是世界上最具权威的国际性针对基础研究和应用研究科研成果的评价工具,于1963年创刊,原为年刊,1966年改为季刊,1979年改为双月刊,现由美国费城科学信息研究所(ISI)编辑出版。1988年SCI出版光盘,每月更新。其网络版(http:// www.isinet.com)已经问世,网络版的出现使SCI的检索回溯时间更长、数据更新更快。

SCI有一套严格的评价期刊质量的体系,入选的期刊每年都依此进行评价和调整,而且SCI收录文献的学科专业相当广泛。利用SCI,不但能了解何人/机构、何时、何处发表了哪些文章,而且可以了解这些文章后来被哪些人在哪些文章中引用过;了解热门研究领域,掌握学术期刊的国际评价情况,借以确定核心期刊等。我国教育部、科技部每年都要对全国的科研单位和高等院校的学术研究情况进行评估,其主要依据之一就是统计SCI收录的有关单位的论文情况及其被引用的情况。

1.收录范围

据1998年的统计数据,SCI收录了以英美为主的42个国家和地区的37种文字、3 542种出版物的文献(包括图书和期刊),录入来源文献770 591条、引文17 035 597条。

2.文献类型

SCI主要收录的文献类型包括期刊论文、会议摘要、通信、综述、讨论,以及选自 *Science*、*Scientist*、*Nature* 中的书评等。

3.学科范围

学科范围包括生命科学、数学、物理、化学、农业等90多个学科领域,其中医学是其重要报道内容。医学期刊占所有期刊的40%,侧重于医学基础学科的病理学和分子生物学。

4.出版形式

1)SCI印刷版(双月刊,年度累积、多年累积,收录了3 700多种科技期刊):用于手工检索。

2)SCI联机版(SCI-Search,收录了5 600多种科技期刊,周更新):运行在大型国际联机系统下。

3)SCI光盘版(SCI CD,收录3 700多种科技期刊,季更新):用于光盘检索,增加了来源索引中收录文献的摘要。

4)SCI的网络版(SCI Expanded,收录了1945年以来的5 800多种科技期刊,周更新):用于网络检索。

（二）编排结构

SCI 每年出 6 期,2002 年之前每期分为 A、B、C、D、E、F 六册,由三部分内容组成,分别为 Citation Index（引文索引）:A、B、C 三册;Source Index（来源索引）:D 一册;Permuterm Subject Index（轮排主题索引）:E、F 两册。

从 2003 年起,SCI 每期分为 A、B、C、D、E、F、G、H 八册,仍为三部分内容,分别为 Citation Index（引文索引）:A、B、C、D 四册;Source Index（来源索引）:E、F 两册;Permuterm Subject Index（轮排主题索引）:G、H 两册。

SCI 有年度累积本和五年度累积本。年度累积本还出版"期刊引文报告"（SCI Journal Citation Reports）、"SCI 指南和来源出版物目录"（SCI Guide&Lists of Source Publication）。

1.引文索引（Citation Index,CI）

引文索引包括 A、B、C、D 四个分册,内容包括来源出版物目录、作者引文索引、匿名引文索引和专利引文索引四部分。

（1）来源出版物目录（Lists of Source Publication）

该目录按出版物名称缩写的字顺编排,以出版物名称缩写和全程对照的形式列出了 SCI 收录的全部出版物。根据该目录,可以把出版物名称的缩写还原为全称,以便于准确地查找原文。

引文索引的著录格式如下:

J.SOL ST CH①

Journal of Solid State Chemistry②

说明:①出版物名称缩写;②出版物全称。

（2）作者引文索引（Citation Index、Arranged by Author）

按被引文献作者的姓名字顺排列,每条记录由两大项组成:第一项是引文,先列出被引文献作者,然后列出被引文献出处;第二项是来源,在第一项下面列出来源（引用）文献的作者姓名及来源文献的出处。如果同一著者的多篇文献被引用,则这些文献按发表年份的先后顺序列出;如果一篇文献被多人引用,则这些人按来源著者姓名的字顺排列。

作者引文索引的著录格式如下:

REICHENSPURNER,H①　　　　　　　　　　　VOL　PG　YR

　　1996 ANN THORAC SURG　62　1467②

　　RIISE GC③　EUR RESP J④　　　　　　14　1123　99

　　WAGNER FM③　ANN THORAC④　　　　68　2033　99

　　1999 J THORAC CARDIOVASC　1　11②

　　BARRACLO,BH③ MED J AUST④　　　　17　233　00 E⑤

说明:①被引文献的作者;②被引文献的出版年、发表的期刊（缩写刊名）、卷、页码;③引用文献的作者;④引用文献发表的期刊（缩写刊名）、卷、页码、出版年;⑤引用文献类型代码:

B 书评、C 更正或勘误、D 会议论文、E 社论、I 传记、K 编年表、L 通讯或快报、M 会议摘要、N 技术札记、R 评论和专题目录、W 对计算机软硬件或数据库等的评论，无代码者为期刊论文或科技报告。

（3）匿名引文索引（Citation Index Anonymous）

当被引文的作者姓名不详时，则将这些论文编入该索引，按被引文所刊载的出版物缩写名称字顺编排。若刊名相同，先按卷，再按起始页码由小到大排列。

匿名引文索引的著录格式如下：

IEEE SPECTR [1]V14 P32 1990 [2]

AMATNEEK KV [3] IEEE SPECTR [4] L [5] 17 21 93 [6]

说明：①被引文出版物缩写；②被引文出版物的卷号、页码和年份；③引文作者姓名；④引文出版物名称缩写；⑤引文的文献类型代码；⑥引文出版物卷号、页码和年份。

（4）专利引文索引（Patent Citation Index）

该索引以专利说明书为引文，每条款目以专利号、发表年份、专利发明人及专利国别为标目。

专利引文索引的著录格式如下：

4302592 [1]

1981 [2]TIEMAN CH [3] US [4]

HUANG J [5] JAGR FOOD [6] 35 68 93 [7]

HUANG J [5] J HETERO CH [6] 24 1 93 [7]

说明：①被引专利号；②被引专利公布年份；③专利发明人姓名；④被引专利的国别代码；⑤引文作者姓名；⑥引文出版物名称缩写；⑦引文出版物的卷号、页码、年份。

2.来源索引（Source Index，SI）

来源索引是以来源著者姓名或来源著者所在国家、城市、单位为标目，按来源著者姓名或所在国家、城市、单位的字顺排列，用以查找某著者撰写的论文题目、出处等详细文献信息的一种索引，包括团体索引（Corporate Index）和来源索引（Source Index）两部分。

注意：无论是用 Citation Index（引文索引）、Permuterm Subject Index（轮排主题索引），还是使用 Source Index（来源索引）中的 Corporate Index（团体索引），都只能查到著者姓名及文献出处，而查不到著者论文的题目和著者所在单位等详细信息，只有查 SI 中的来源著者索引才可获得详细信息。

（1）团体索引

团体索引包括两部分：地区部分（Geographic Section）和机构部分（Organization Section）。

地区部分：以来源文献所在的国家、城市、单位、科室的名称逐级按字顺排列。注意，美国是以州名、城市名、单位、科室名的字顺排列，并置于其他国家之前。在科室名下列出其研究人员发表的文章，从而了解该单位有多少研究人员发表了的论文数量等。

团体所引地区部分著录格式如下：

PEOPLE R CHINA ①

CHENGDU ②

SICHUAN UNIV③

DEPT CHEM④

TLAN AM⑤ THEOCHEM 104 293 93⑥

说明：①国家名称；②城市名称；③机构名称；④机构下属部门；⑤作者姓名；⑥出版物名称缩写、卷号、页码和年份。

机构部分：以单位名称为标目，按字顺排列，用以查某一单位在哪个国家和哪个城市，然后再查地区部分，获得来源著者和出处，因而它是地区部分的辅助索引。

团体索引机构部分的著录格式如下：

Sichuan U ①

PEOPLE R CHINA__SICHUAN CHENGDU②

注释：①机构名称；②机构所在国家和城市名。

（2）来源索引

来源索引，即 SI 是 SCI 的主体，按引用文献（来源文献）的著者姓名字顺排列，供查找来源论文的详细情况，其下列出引用文献的篇名及出处（只反映在第一著者之下）。在合著者姓名下，给出第一著者姓名。文献若无著者姓名，则按出版物名称字顺排在 SI 的最前面。

来源索引的著录格式为：论文题目 –〉文献类型 +ISI 期刊登记号 –〉来源刊名缩写和卷、期、页、年及参考文献数。

来源索引署名部分：以来源著者姓名为标目，按字顺排列，用以检索来源文献的详细情况，在此不仅可查第一著者的文献，还可通过第二、第三著者查到第一著者。

来源索引署名部分的著录格式如下：

PEZAT M①

TANGUY B VLASSE M HAGENMUL P ②----（FR）③

RARE EARTH NITRIDE FLUORIDES ④ A4648 ⑤

J. SOL ST CH 18（4）;381----39093⑥ 28R ⑦

UNIV. CAEU 14032 CEDEK FRANCE⑧

TANGUY B ⑨

See PEZAT M J. SOL ST CH 18（4）;381----39093⑩

说明：①第一引文作者姓名；②合著者（本例为 3 人）；③原文语种代码（无语种代码者为英语）；④原文标题；⑤ ISI 入藏期刊登记号；⑥出版物名称缩写、卷（期）、页码、年份；⑦参考文献篇数；⑧第一作者的单位及地址；⑨第二作者姓名；⑩参见项（指向第一著者姓名和原文出处）。

3.轮排主题索引(Permuterm Subject Index,PSI)

按关键词的字母顺序进行轮排,在每个词对后列出来源文献的作者姓名。

轮排主题索引的著录格式如下:

COMPUTER-BASED[①]

　　APPROACH[②]　　　　　　DE JONGH J[③]

COMPUTER-CONTROLL[①]

SPECIFICAT[②]　　　　　　　HANSLIN HM[③]

说明:①主关键词;②副关键词;③引用(来源)文献著者。

(三)SCI的检索途径与步骤

SCI的检索步骤如图5-1所示。

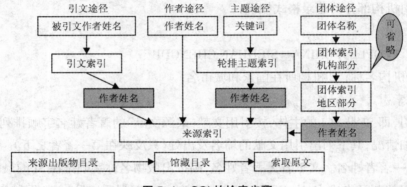

图 5-1　SCI 的检索步骤

(四)检索提示

1.查找某一著者的文献被他人引用情况

可以利用引文索引按人物姓名查找。可以获得引用者的姓名,据此再查来源索引便可得到文献的名称及出处,再根据文献的出处查来源出版物目录得到其全称,便可索取原文。

2.查找某一著者最新发表文献情况

可以根据作者姓名查来源索引,得到文献名称及出处,据此查来源出版物目录得到其全称,便可进一步索取原文。

3.查找某一机构发表文献情况

可以从机构途径查找文献。已知机构地址,可以查团体索引中的地区部分查得作者的姓名,再据此查来源索引获得文献的名称及出处,进一步索取原文;如果只知道机构名称,则需要先查团体索引中的机构部分查出机构的地址,据此转查地区部分获得作者姓名,再查来源索引以便得到进一步检索的线索。

4.查找某一主题的最新文献

可以根据关键词从主题途径检索。利用关键词先核查禁用词表,确定检索词后便可以查轮排主题索引,找到有关文献的作者,据此查出来源索引获得文献的出处,便可以进一步查找原文。

三、《社会科学引文索引》(SSCI)

《社会科学引文索引》由美国费城科学信息研究所编辑出版,于1973年创刊,是SCI的姐妹篇。它引用世界上最重要的社会科学期刊近2 000余种及自然科学、物理学和生物医学方面的期刊3 000余种,还收录有某些专著、论文集、报告、会议录等。

SSCI收录的学科范围相当广泛,包括人类学、考古学、区域研究、商业和金融、通信、社区卫生、犯罪学和犯罪教育学、人口统计学、经济学、教育研究、环境科学、人类工程学、少数民族群落研究、家庭研究、地理学、老年病学和老年医学、卫生政策、历史、信息和图书馆科学、国际关系、法律、语言学、管理、市场学、护理、人事管理、哲学、政治学、精神病学、心理学、统计学、资源浪费、城市规划和发展及妇女研究等。

由于SSCI包括了社会科学各个学科的文献,标引度深,因而如果要进行广泛的多学科研究,就不必使用面向各个学科的索引工具,用这一个检索工具从头到尾检索即可。

《社会科学引文索引》的著录格式与检索方法同《科学引文索引》,此处不再赘述。

第二节　工科综合性检索工具——EI

本节主要介绍综合性的技术检索工具——《工程索引》。

一、工程索引(EI)

《工程索引》于1884年10月创刊,至今已有100多年,现由美国工程信息公司(Engineering Information Inc.)编辑出版,该公司还负责EI各种出版物的编辑出版及信息服务工作。

EI是工程技术领域综合性的检索工具,也是我国科技人员经常使用的一种检索工具。

(一)报道内容

EI报道的内容涉及整个工程技术领域,包括土木工程、空间技术、应用物理、生物医学仪器、化工、城市建设、环境工程、电子与动力工程、计算机技术与通信技术、能源、光学技术、海洋、机械工程与自动化、采矿与冶金、材料科学、工程管理、水利、交通运输等方面。每年报道的学科侧重点不同,主要以当今世界工程技术领域的科研重点为主要对象。EI不报道纯理论方面的基础科学文献。

(二)信息来源

EI报道的文献均为美国工程学会图书馆(The Engineering Society Library)所收藏的,来自世界上50多个国家、25种文字的文献,其中英文文献占90%,侧重于北美、西欧、东欧等工业化国家,以美国工程技术方面的文献收录最全。EI摘录的文献主要是各专业学会、高等院校、研究机构、政府部门和公司企业的出版物。文献类型有期刊论文、会议文献、技术报告、技术专著、学位论文、技术标准等,其中期刊论文占53%、会议文献占36%。EI自1969年开始不收录专利文献,此前曾收录美国的专利文献。

为满足用户不同的检索需要,美国工程信息公司以下面几种形式出版 EI。

1.印刷型

《工程索引月刊》(The Engineering Index Monthly),用于手工检索最新文献;《工程索引年刊》(The Engineering Index Annual)和《EI 累积索引》(The Engineering Index Cumulative Index 多为每 3 年出 1 期),用于手工回溯检索。

为适应特定技术领域用户检索需要,1993 年以来工程信息公司按月发行一些专题性印刷型出版物。例如,EI 能源文摘(EI Energy Abstracts)、生物工程与生物技术、土木与结构工程、计算机与信息系统、电子与通信、环境工程、制造与加工工程、材料科学与工程、机械工程等。

2.缩微型

工程索引缩微胶卷(EI Microfilm)便于保存。

3.机读型

工程索引磁带(EI Compendex Plus)收录 1970 年以来的文献,每周更新。它通过DIALOG、ORBIT、ESA—IRS、STN、OCLC、DATA—STAR 等大型联机系统提供联机检索。

4.光盘型

EI 的光盘文摘库(EI Compendex),收录 1987 年以来的 EI 文献,记录每月更新,用于光盘检索系统。另外,还有 EI Page One,它在 EI Compendex 基础上扩大了收录范围,共收录了 5 400 多种期刊、会议录、技术报告等题录信息。

5.网络版

EI 的网络版即 EI Compendex Web 数据库,它是美国工程信息公司为适应用户的网络检索需求在互联网上开设的,收录 1970 年以来的文献,其收录范围是 EI Compendex 与 EI Page One 之和,记录每周更新,用于网上检索。

除《工程索引月刊》、《工程索引年刊》和《EI 累积索引》外,EI 还不定期出版工程信息主题词表。

EI 虽名为索引,但实为文摘刊物。文摘本分为月刊和年刊,这两种版本的征文编排完全相同。月刊本中的索引有主题索引和著者索引;年刊本中除这两种索引外,还有出版物一览表和会议一览表。

二、文摘正文(Abstracts)

文摘条目按主题词字顺排列(1993 年以前为标题词,此后为叙词)。

EI 期刊论文著录格式如下:

COMPUTER SOFTWARE [1]

030704 [2]Activeness in software and its implementation. [3]A concept of......(Edited author abstract)...... [4]7Refs [5]Chinese. [6]He,Xingui(Beijing Univ of Aeronautics and Astronautics,Beijin, China). [7]Beijing Hangkong Hangtian Daxue Xuebao v23 n1 Feb 1997 p48—50. [8]

说明：①叙词；②文摘号；③论文题目；④文摘正文；⑤参考文献数；⑥文献语种；⑦著者姓名及工作单位；⑧缩写刊名（本例为全称）、卷、期、出版时间，所在页码。

（一）主题索引（Subject Index）

EI 的主题索引按检索词的字顺排列。

主题索引的著录格式如下：

NITROGEN OXIDES ①

Air pollution control systems and technologies for waste-to-energy facilities ② A000360 ③ M004184 ④

NITROGEN SOURCE-RECEPTOR RELATIONSHIPS ⑤

Nitrogen source-receptor matrices and model results for Eastern Canada ② A000377 ③ M013387 ④

说明：①叙词；②文献篇名（月刊无此项）；③年刊文摘号；④月刊文摘号；⑤自由词。

（二）著者索引（Author Index）

EI 的著者索引是将文摘部分出现的所有著者（包括编者）都集中在此，按著者的姓名字顺排列，非拉丁文的著者姓名按其音译著录。著者索引可以满足用户以著者姓名查找文献的要求。

著者索引的著录格式如下：

Khan, M.M., ① 　　000564 ②

Khandkar, A, ① 　　000600 ②

Khandkar, Ashok C.(Ed), ① 　001275 ②

Kharaka, Y.K. , ① 　　000242 ②

说明：①著者姓名（姓在前、名在后）；②文摘号。

（三）工程出版物一览表（Publications List）

该表收录了《工程索引》所引用的全部出版物。主要用于将出版物名称的缩写恢复为全称，以便于进一步索取原始文献。利用此表还可以详细了解 EI 收录出版物的情况。该表附于 EI 的年刊本中，其著录格式如下：

Serial Title　　Abbreviation　CODEN　　ISSN

World Cement　World Cem　　WOCEDR　0263-6050

（四）词表

美国工程信息公司编制出版过两种词表：①《工程标题词表》（Subject Headings for Engineering），它是一种规范化的权威性标题词表，是检索 1993 年以前的 EI 文献时，选择检索主题词的依据；②《工程叙词表》（Engineering Information Thesaurus），它是检索 1993 年以后的 EI 文献时，选择检索主题词的依据。

（五）会议一览表（Conference List）

会议一览表附于年刊中，主要报道 EI 当年收录的全部会议文献的会议情况。它按会议名称字顺排列,之后列出会议主办单位、会议召开地点、时间、会议录名称及会议代号。

EI 的检索步骤如图 5-2 所示。

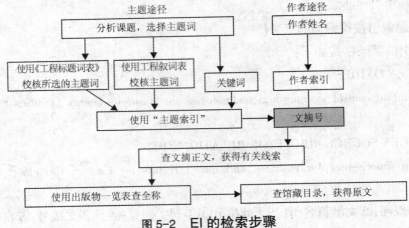

图 5-2　EI 的检索步骤

第三节　会议文献检索工具——ISTP

一、概况

《科技会议录索引》(ISTP)由美国科学信息研究所(ISI)编辑出版,于 1979 年创刊,为月刊,每年度有累积本。它是一种检索多学科会议论文的索引,每年报道约 3 000 多种会议录、10 万余篇会议论文。

ISTP 报道的学科范围包括生命科学、物理学和化学、临床医学、工程技术和应用科学、农业、生物和环境科学。

二、结构

ISTP 的月刊和年度累积索引均由会议录内容和六种辅助索引两大部分组成。

(一)会议录内容(Contents of Proceedings)

会议录内容为 ISTP 的主要部分,主要报道以期刊或图书形式出版的会议录,按照会议编号的大小顺序排列。著录内容有会议录名称、会议日期、地点、主办单位、会议录的书名和副书名、丛书名和卷号、期刊名称、全部作者及第一作者的地址等。

(二)辅助索引

1.类目索引(Category Index)

类目索引包括 200 个左右的类目(有些类目不一定每期都有),按照类目字顺排列,同一类目下按会议字顺排列。由于会议录是跨学科的,会议录可分别列在有关的类目下。

2.轮排主题索引(Permuterm Subject Index)

轮排主题索引是使用主题词查找有关著录内容的索引。主题词可从已知课题的内容中选择,也可从会议的名称、论文标题等中选择。该索引按第一主题词的字顺排列,第一主题词下按字顺排列第二主题词,每个主题词都可以在有关的类目下。

3.主办单位索引(Sponsor Index)

按会议主办单位字顺排列,其下列会议地址和会议录编号。

4.作者和编者索引(Author/Editor Index)

按作者和编者的字顺排列,可用于检索特定的论文和会议论文集。

5.会议地址索引(Meeting Location Index)

按会议召开地点的国家名称字顺排列,国名下再按城市名称字顺排列。

6.团体索引(Corporate Index)

由地区和机构两部分组成。

三、检索途径

ISTP 提供分类、主题、编者和作者三种主要的会议论文的检索途径。各途径的检索步骤如图 5-3 所示。

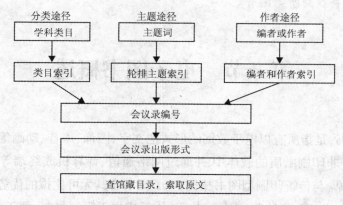

图 5-3 ISTP 的检索步骤

本章关键术语:

引文;SCI;SSCI;EI;ISTP

本章思考题:

1.了解 SCI 的工作原理及其编排结构。

2.Smith 是密歇根大学的教授,在不知道密歇根大学在哪里的情况下,如何查找 Smith 教授的论文被 SCI 收录的情况? 请写出详细检索过程。

3.如何利用 EI 检索有关"汽车尾气对空气的污染及其防治"方面的研究文献?

4.如何利用 ISTP 检索有关"数字图书馆"方面的会议论文?

第六章　电子图书检索

【内容提要】

电子图书自出现以来,以其明显的优势迅速得到了大家的认可,整个电子图书行业也迅速发展壮大。本章将重点介绍超星数字图书馆、北大方正数字图书馆、书生之家数字图书馆和时代圣典数字图书馆四个国内具有典型意义、发展相对成熟的电子图书数据库,有利于用户快速进行检索,查找到所需图书。

第一节　电子图书概述

所谓电子图书,是指所有以电子数据的形式把文字、图像、声音、动画等多种形式的信息存储在光、磁盘等非印刷纸质的载体中,并通过网络通信、计算机或终端等方式再现出来的一种电子信息资源。与传统印刷型图书相比,电子图书有其无可比拟的优势:①容量巨大,节省藏书空间;②图、文、声、像并茂;③易于检索;④低成本无限制复制,便于传播,适合资源共享;⑤使用方便。

依据不同的标准,电子图书可分为不同的分类。

一、按载体材料划分

电子图书按制作的载体材料划分,可以分为电子图书阅读器、网络电子图书和光盘电子图书三种类型。电子图书阅读器也叫手持电子图书阅读器或便携式电子图书阅读器。网络电子图书,即以互联网为媒介,以电子文档方式发行、传播和阅读的电子图书。网络电子图书可以跨越时空和国界,为全球读者提供全天候服务,主要有免费和收费两种类型。光盘电子图书以 CD-ROM 为存储介质,只能在计算机上单机阅读。

二、按学科内容划分

电子图书的内容非常广泛,涉及各个学科,如社会科学、数学、物理、化学、生物、工程技术等,但总体而言,目前电子图书内容涉及最多的是工具书、文学艺术类图书和计算机类图书等。

三、按存储格式化分

电子图书的存储格式形式多样,常见的有 PDF、WDL、CHM、HLP、TXT、EXE、HTML 等格式,归纳起来主要有三类,即图像格式、文本格式和图像与文本格式。

1)图像格式:就是把传统的印刷型图书内容扫描到计算机中,以图像格式存储。这种格式的图书制作起来较为简单,适合于古籍图书及以图片为主的技术类书籍,但这种图书显示速度较慢,检索手段不强,图像不太清晰,阅读效果不太理想。

2)文本格式:通常是将书的内容作为文本,并有相应的应用程序。应用程序会提供华丽的界面、基于内容或主题的检索方式、方便的跳转、书签、语音信息、在线辞典等功能。这种类型的电子图书数量很多,前面提到的CHM、HLP 等均属此类格式。

3)图像与文本格式:典型代表就是 PDF 格式,它是 ADOBE 公司研发的便携文档格式,即 PDF 格式的文件无论在何种机器、何种操作系统上都能以制作者所希望的形式显示和打印出来,表现出跨平台的一致性。PDF 文件中可包含图形、声音等多媒体信息,还可建立主题间的跳转、注释,且 PDF 文件的信息是内含的,甚至可以把字体"嵌入"文件中。可见,PDF 格式的电子图书是具有图像和文本格式的双重特点的电子读物。

具体到电子图书的检索,可以通过三种途径,即联机书目检索、网上书店检索、电子图书数据库检索。本章将主要介绍电子图书数据库的检索。

第二节 国内主要电子图书数据库

一、超星数字图书馆及其检索

超星数字图书馆网址:http://www.ssreader.com/index.asp。

（一）超星数字图书馆概况

超星数字图书馆是北京市超星电子技术公司与中国国家图书馆合作开发建设的规模较大的数字图书馆。北京市超星电子技术公司(简称超星公司)于 1998 年开始组建国内规模较大的数字化扫描生产线,并建立数据加工中心,具有专业化的数据扫描、识别和加工功能,先后与全国近 30 家图书馆和情报中心建立了数据共享及战略合作伙伴关系。无论是技术开发实力、数据加工实力,还是资源占有量,超星公司在国内的数字图书馆领域都是首屈一指的,其所建超星数字图书馆也是非常有代表性的电子图书数据库。

超星数字图书馆是目前世界上最大的中文在线数字图书馆,是"国家 863 计划"中国数字图书馆示范工程,收集了国内各公共图书馆和大学图书馆以超星 PDG 技术制作的数字图书160多万种,2000年后出版的新书达30多万种,以工具类、文献类、资料类、学术类图书为主,总量达4亿余页,数据总量达30 000 GB,并以每天上千册的速度不断增加着。目前超星在线图书馆共分50个大类,包括:哲学图书馆、民族学图书馆、政治图书馆、法律图书馆、军事图书馆、经济学图书馆、经济计划与管理图书馆、产业经济图书馆、财政金融图书馆、教育图书馆、体育图书馆、语言文字图书馆、文学图书馆、世界史图书馆、中国史图书馆、文史资料图书馆、传记图书馆、地理图书馆、数学图书馆、力学图书馆、物理图书馆、化学图书馆、天文学和地球科学图书馆、生物科学图书馆、医学图书馆、中医图书馆、农业科学图书馆、工业技术图书馆、计算机图书馆、建筑图书馆、交通运输图书馆、航空航天图书馆、环境保护图书馆、国家档案文献库、古代文献图书馆、辞典图书馆、年鉴图书馆和期刊图书馆等。

随着互联网技术的迅速发展,超星数字图书馆已经逐渐发展成为一个由图书馆、档案馆和出版社支持的庞大数字图书展示推广平台,极大地推动了中国电子图书业的发展。读秀知识库的推出,更是超星数字图书馆向全方位服务和发展迈出的重要一步。读秀知识库是由海量图书等文献资源组成的庞大的知识系统,集文献搜索、试读、传递为一体,是一个可以对文献资源及其全文内容进行深度检索,并且提供文献传递服务的平台。它在提供原有的立体式深度检索和一目了然的原文阅读的基础上,还可以向用户提供高效、快捷的文献传递。采用E-mail进行文献传递,用户足不出户就可以获得大量文献资源,大大提高了信息传播的速度和效率。

(二)超星数字图书馆检索

1.超星阅读器

超星阅读器是超星公司自主研发、拥有自主知识产权的电子图书阅读器,是专门针对电子图书的阅读、下载、打印、版权保护和下载计费等需求而开发的。经过多年的不断改进,超星阅读器现已发展到4.0版本,可在超星数字图书馆网站免费下载,并与联想、实达等知名品牌电脑免费捆绑。其下载量也在逐年攀增,是国内外用户数量最多的专用图书阅读器之一。

(1)下载

超星阅读器提供了标准版和增强版两个安装版本,标准版本提供书籍阅读的基本功能,增强版提供包括文字识别、个人扫描等完整功能。超星数字图书馆用户只需注册登录后,在其主页上点击"阅读器SSReader4.0简体中文版下载"按钮,即可下载最新版本的阅读器。

(2)安装

超星阅读器下载完毕后,双击安装程序,系统将自动进入安装向导,指引用户一步步进行安装。

第一步:双击安装程序,开始安装。

第二步:根据安装向导的提示,点击"下一步"按钮,进行安装。

第三步:选择安装的路径。

第四步:完成安装。

（3）升级

超星阅读器的升级为在线升级,一般系统默认用户安装超星阅读器30天后,自动检查是否有新版本,如果有,系统会提醒是否要更新。系统也可以手动进行更新,在阅读器的"帮助"菜单,选择"软件升级",即可启动升级程序。此外,超星阅读器标准版的用户可以通过在线升级增加相关功能。

（4）使用

1）文字识别:在书籍阅读页面点击鼠标右键,在右键菜单中选择"文字识别",在所要识别的文字上画框中的文字即会被识别成文本显示在弹出的面板中;选择"导入编辑",可以在编辑、修改识别结果;选择"保存",可将识别结果保存为TXT文本格式。

2）剪切图像:在书籍阅读页面点击鼠标右键,在右键菜单中选择"剪切图像",在所要剪切的图像上画框,剪切结果会保存在剪切版中,通过"粘贴"功能即可粘贴到"画图"等工具中进行修改或保存。

3）书签:在网页窗口点击工具栏中的"添加网页书签"图标,根据提示完成操作,网页书签即会记录网页的链接地址及添加时间。在书籍阅读窗口点击工具栏中的"添加书籍书签"图标,根据提示完成操作,书籍书签即会记录书籍的书名、作者、当前阅读页数及添加时间。点击书签菜单选择"书签管理",在弹出的提示框中即可对已经添加的书签进行修改。

4）自动滚屏:在书籍阅读页面双击鼠标左键开始滚屏,单击鼠标右键停止滚屏。对于滚屏的速度,可以在设置菜单中的"书籍阅读"选项中进行设置。

5）更换阅读底色:在"设置"菜单中选择"页面显示",在"背景"选项的"图片"中选择要更换的底色。也可在书籍阅读页面点击鼠标右键,在右键菜单中选择"背景设置",在"图片"中选择要更换的底色。

6）发表:发表自己的文章,与其他会员分享。在制作窗口中,点击"发表"可以将自己的文章发表到"读书笔记"栏目中。

7）互联网资源:汇集网上精华资源,通过专业的分类及筛选,充分享受网络资源共享的乐趣。

8）导入文件夹:可通过"我的图书馆"管理自己的文件,在"我的图书馆"下的图书馆选择导入文件夹。

9）上传资源:用户通过"我的图书馆"整理好的专题可以通过"复制"、"粘贴"功能上传到"上传资源站点",与其他用户进行交流。此功能仅对读书卡会员开放。在"我的图书馆"下复制分类,在"上传资源站点"选择"粘贴",粘贴成功即上传成功。上传后的专题名称会标注出用户名。

10）标注:使用"标注"功能有两种方法:一是点击工具栏中的标注图标,将会弹出标注工具栏;二是通过鼠标右键菜单选择标注工具。常用的六种标注工具有批注、铅笔、直线、圈、高亮和链接。

11)历史:历史记录会记录用户通过超星阅读器访问过的所有资源,历史记录有三种显示方式,即按周显示、按天显示和按资源显示。

12)制作:通过制作窗口编辑可制作超星 PDG 格式的 Ebook,该 Ebook 具有资料的采集、文件的整理和加工、编辑、打包等功能。

13)快速阅读图书:在超星阅读器的网页窗口地址栏中输入书籍的 ss 号即可阅读。格式为:book://ss10297061。

2.检索方法及实例

(1)超星数字图书馆镜像站点检索

在浏览器地址栏中输入数字图书馆站点主页的 IP 地址,进入镜像站点,如图 6-1 所示。

图 6-1　超星数字图书馆主页

1)分类导航:超星数字图书馆按《中图法》进行分类,所列类目置于页面中间位置,如图 6-2 所示。

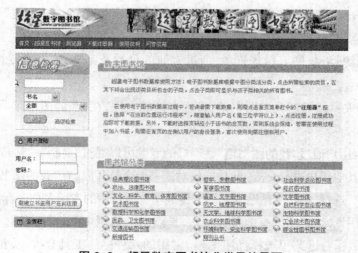

图 6-2　超星数字图书馆分类导航界面

点击某个类目即会出现类目所包含的子类，点击子类即可显示与该子类相关的所有图书，如图6-3、图6-4、图6-5所示。

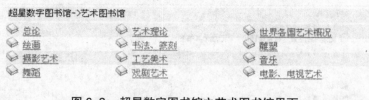

图6-3 超星数字图书馆之艺术图书馆界面

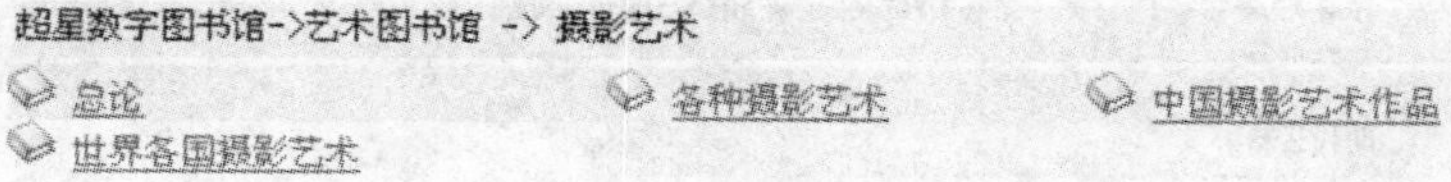

图6-4 超星数字图书馆之摄影艺术界面

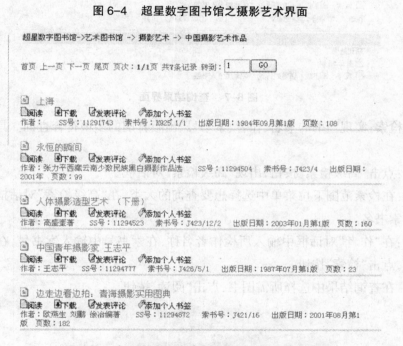

图6-5 超星数字图书馆之中国摄影艺术作品界面

2）简单检索：实现图书的书名、作者、出版社和出版日期的单项模糊查询。具体操作步骤如图6-6、图6-7所示。

图6-6 信息检索界面

第一步：在"简单检索"的"检索内容"对话框中输入检索内容，如"摄影"。

第二步：在检索范围下拉菜单中选择检索范围，如"书名"。

第三步：在检索类目中选择想要查询的大类，如"全部"。

第四步：点击"查询"按钮后，查询结果即会显示出来，从中选择所需图书，点击"阅读"按钮即可。

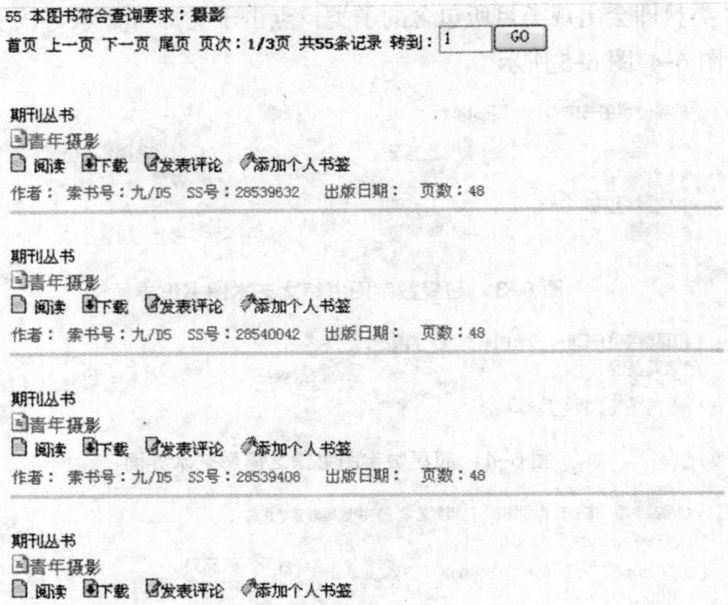

55 本图书符合查询要求：摄影
首页 上一页 下一页 尾页 页次：1/3页 共55条记录 转到：1 GO
期刊丛书
青年摄影
阅读 下载 发表评论 添加个人书签
作者： 索书号：九/D5 SS号：28539632 出版日期： 页数：48
期刊丛书
青年摄影
阅读 下载 发表评论 添加个人书签
作者： 索书号：九/D5 SS号：28540042 出版日期： 页数：48
期刊丛书
青年摄影
阅读 下载 发表评论 添加个人书签
作者： 索书号：九/D5 SS号：28539408 出版日期： 页数：48
期刊丛书
青年摄影
阅读 下载 发表评论 添加个人书签

图 6-7 查询结果界面

3)高级检索:实现图书的书名、作者、索书号、出版日期的多项符合查询。具体操作如图6-8 所示。

第一步:点击“高级检索”按钮,出现“高级检索”对话框。

第二步:在检索范围下拉菜单中选择想要查询的大类,在“高级检索”对话框书名一栏中输入所要检索书名。

第三步:在“作者”对话框中输入所检作者名称,在索书号中输入索书号,在出版日期中输入出版年,点击“检索”按钮。

第四步:在查询结果中选择所需图书,点击“阅读”按钮。

全部
书名 包含
作者 包含
索书号 包含
出版日期 包含

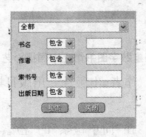

图 6-8 高级检索界面

2.超星数字图书馆读书卡用户检索

在浏览器地址中输入“http://www.ssreader.com/index.asp”进入超星数字图书馆主页。

点击右上角的“免费注册”按钮,进行注册,注册后就可以拥有自己设定的用户名和密码。会员登录界面如图 6-9 所示。

图 6-9　会员登录界面

但只是注册用户名和密码,尚不能成为正式会员,还需要在注册时填入读书卡的卡号和密码。所有注册完毕后,只需对读书卡进行充值或者用手机进行包月,即可阅读或下载图书了,如图 6-10 所示。

图 6-10　充值会员和购买读书卡界面

超星数字图书馆主页提供了三种分类导航阅读图书的方式,分别为中国图书馆分类法、热门关键词、热门分类,如图 6-11 所示。点击所要检索的类目,就会出现该类目所包含的子类,再点击所需子类,即可出现相关的图书。

图 6-11　热门关键词和热门分类导航界面

"读者免费搜索",即"读秀学术搜索",如图 6-12 所示。用户可以通过书名和作者进行检索,但是所检索到的图书只能进行图书部分内容的阅读,用户可以阅读图书的封面、封底、目录、前言及正文的 17 页。如果想阅读更多,则需要申请文献传递。

图 6-12　读秀学术搜索界面

二、北大方正数字图书馆及其检索

北大方正数字图书馆网址：http://apabi.nstl.gov.cn/dlib/List.asp。

（一）北大方正数字图书馆概况

北大方正数字图书馆是由北京大学图书馆和北大方正集团联合推出的，其中北京大学图书馆提供服务，北大方正集团提供各种软件支持，现已逐渐发展成为以北大方正集团为主导，依托出版社资源为基础的大型数字图书馆。北大方正集团是由北京大学 1986 年创建的高新技术企业，是一个集电子、计算机、数字出版于一体的大型综合性企业，其所开发的 Apabi 数字图书馆已逐渐发展成为电子图书行业规模较大的有代表性的正规化数据库。

到目前为止，北大方正数字图书馆已收录了全国 400 多家出版社出版的最新中文图书，绝大部分为 2000 年以后出版的，并与纸质图书同步出版。方正电子图书为全文电子化的图书，可输入任意知识点或全文中的任意单词进行检索，支持词典功能；也可在页面上进行添加书签、画线等多种操作；内容涵盖了社会学、哲学、宗教、历史、经济管理、文学、艺术、数学、化学、地理、生物、航空、军事等多个领域。总体而言，方正 Apabi 电子图书制作精良，阅读方便，为广大校园网用户所欢迎。

（二）北大方正数字图书馆检索

1．Apabi 阅读器

（1）下载

方正 Apabi 阅读器是北大方正集团自主研发的电子图书阅读器，可以支持 CED、PDF、HTML、TXT、XEB 等格式的电子图书和文件。它的阅读界面友好，在保留了纸质图书阅读习惯的基础上，还增加了一些纸书无法实现的功能，如字体缩放、查找、中英文互译（介入其他软件）、全文检索等。用户使用时只需注册登录后，在其主页上点击"方正 Apabi Reader 下载"按钮，即可下载所需版本的阅读器，如图 6-14 所示。

图 6-14　方正 Apabi Reader 下载界面

（2）安装

方正 Apabi 阅读器下载完毕后，双击安装程序系统，将自动进入安装向导，进而指引用户一步步地进行安装。

第一步：双击安装程序，开始安装。

第二步：根据安装向导的提示，点击"下一步"按钮，进行安装。

第三步：选择安装的路径。

第四部：完成安装。

（3）使用

1）版面操作：阅读器的左侧列有多种工具，包括：字体放大和缩小、界面旋转、界面的最大化和最小化、书签隐藏，如图 6-15 所示。使用时只需选中要处理的区域，然后点击相应图标即可。

2）翻页功能：前翻页、后翻页，半页切换、整页切换、页面跳转、跳转首页和末页。

3）页面处理：书签、标注、划线、圈注、批注，使用方法同版面操作。

4）文字处理：全文检索和复制、词典功能。

5）个人图书馆管理：图书分类、排序等相应的图书馆功能。

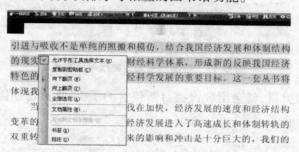

图 6-15　Apabi 阅读器版面操作

2.检索方法及实例

在浏览器地址栏中输入数字图书馆站点主页 IP 地址，进入 Apabi 数字资源平台如图 6-16 所示。

图 6-16　Apabi 数字资源平台

然后还需进行登录，可以采用用户名登录和匿名登录两种方式。对于内部网用户可以采用匿名登录；而非内部网用户则需采用用户名登录。要采用用户名登录，首先就要进行注册，然后才能拥有自己的用户名和密码。此外，在"用户服务区"，用户可以修改自己的资料、账号和密码，还可以查看借阅历史、办理续借、预约及归还图书等业务。

（1）分类检索

北大方正数字图书馆主页提供了中图法分类功能。登录到主页后，点击主页左上方的

"中国图书馆分类法"按钮,页面左边就会出现"常用分类",显示 42 个学科分类,如图 6-17 所示。

图 6-17　中国图书馆分类法导航界面

点击所要检索的类目,就会出现该类目所包含的子类,再点击所需子类,即可出现相关的图书,如图 6-18 所示。

图 6-18　查询结果界面

(2)简单检索

简单检索也称快速查询,能实现图书的书名、责任者、主题/关键词、摘要、出版社、出版年份、全面检索和全文检索的快速查询,如图 6-19 所示。具体操作如下。

图 6-19　简单检索界面

第一步：选择检索字段。

第二步：在检索输入框中输入检索词。

图 6-20　高级检索界面

第三步：点击"新查询"或"结果中查"按钮，即可显示查询结果，从中选择所需图书，点击"阅读"按钮即可。

（3）高级检索

点击页面左上方的"高级检索"按钮，可进入高级检索界面，如图 6-20 所示。高级检索可以实现字段内和字段间的组配检索。具体操作如下。

第一步：点击"高级检索"按钮进入"高级检索"界面。

第二步：选择所要检索的字段名。

第三步：输入检索词。

第四步：选择"并且"或"或者"或"非"进行逻辑组配。

第五步：进行查询，从查询结果中，选择所需图书，点击"阅读"按钮即可。

（4）二次检索

在分类检索、简单检索、高级检索的基础上，如果用户认为检索结果的冗余信息太多，可以使用"结果中查"功能，在检索结果中进行二次检索，如图 6-21 所示。

图 6-21　二次检索界面

三、书生之家数字图书馆及其检索

书生之家数字图书馆网址：http://www.21dmedia.com。

（一）书生之家数字图书馆概况

书生之家数字图书馆由北京书生科技有限公司创办，其数字图书馆网站"书生之家"是一个基于互联网的全球性中文书刊网上开架交易平台，2000 年 4 月正式提供服务。书生之家数字图书馆下设中华图书网、中华期刊网、中华报纸网、中华 CD 网等子网，集成了图书、期刊、报纸、论文、CD 等各种出版物的书目信息、内容提要、精彩篇章、全文等内容；其收录入网的出版社达 500 多家、期刊达 7 000 多家、报纸达 1 000 多家。每年收录新出版的中文图书 30 000 本、期刊论文 60 万篇、报纸文献 90 万篇，各专题均按月更新。下设的中华图书网主要收录 1999 年以后出版的新书，其收录量为每年中国出版新书品种的一半以上。现有图书总量 10 万种，每年增加新书约 6 万种，数量相当可观，学科门类齐全。其根据"中图法"并结合用户需求的 31 大类、四级目录导航、检索定位到页的强大功能，可为读者在线阅读电子图书提供最大的便利。书生之家数字图书馆选书范围广泛，包括畅销书、社科类图书及专业教材、教参等，可满足不同读者的需求，是国内极具代表性的电子图书数据库之一。

目前，书生之家提供全文、标题、主题词等 10 种数据检索功能及 CNMARC 格式数据套录功能，提供印刷版书刊、光盘数据库，以及其他数据库的网上订购功能，为会员单位提供资源数字化加工服务。书生之家书刊资料的数字化加工在已有图书中大部分采用扫描；少部分采用先进的书生全息数字制作系统制作，该技术兼具了图书扫描和全文录入技术的优点，既保持了原始版面信息和文字信息，也支持全文检索方式，制作成本较低。

书生之家网上书刊资料可以检索，可以在线阅读（阅读时需用其专用浏览器——书生数字信息阅读器），可以原版打印，但不能下载，只能购买，目前以提供镜像服务为主。

（二）书生之家数字图书馆检索

1. 阅读器

（1）下载

要阅读书生之家电子图书，必须下载其专用阅读器。可点击书生之家首页的中华图书网，下载其专用阅读器，并按照提示安装阅读器，经登录后即可查阅电子图书。书生之家数字图书馆用户只需注册登录后，在其主页上点击下载，即可下载所需版本的阅读器。

（2）安装

书生之家阅读器下载完毕后，双击安装程序，系统将自动进入安装向导，指导用户一步步进行安装。

第一步：双击安装程序，开始安装。

第二步：根据安装向导的提示，点击"下一步"按钮，进行安装。

第三步：选择安装的路径。

第四部：完成安装。

（3）使用

1）顺序阅读、自动换栏、自动转版、导读标志。

不用人工干预即可自动找到下一屏或上一屏的版面，能够自动换栏、自动转版，还提供导读标志，为长文件的阅读带来了极大的便利。操作步骤如下。

（进入书生阅读器主界面）打开一本图书后，全屏分为两个窗口。左侧窗口显示导航目录，右侧窗口显示版面。在导航窗口中点击某一标题，右侧版面窗口将显示相应文章。在一篇文章内单击鼠标左键，即可阅读文章的下一块。重复以上操作，直到读完这篇文章的所有版块。然后,系统将自动转到该文章的下一篇文章。

2)树形目录、栏目导航。

独有的书内四级目录导航,由目录直接超链接到目录所对应的页面上,非常灵活、便捷。导航功能把信息按栏目或章节有序化,使读者可逐级检索所需内容,增强了检索的目的性和准确性,避免了"垃圾检索"。操作步骤如下。

选中"视图"菜单中的"树形目录"菜单项,或主任务条上的相应按钮,全屏将被分割成两部分,左边为栏目窗口,右边为版面窗口,中间的分隔条可以用鼠标拖动来改变两侧窗口所占比例大小。在导航窗口中点击所需要的栏目,即会出现下一级栏目,如此操作,直到选中文章,右侧版面窗口就会将该文章的内容显示出来。

注意:双击导航与正文分割栏可以显示或隐藏树形目录。

3)微缩版面(见图6-22)。

图6-22　微缩版面

微缩版面功能的修改与增强,能更好地支持局部放大的功能。微缩版面显示的是缩略图,为更新画面显示模式,拖动时不再有分辨率的改变,不再刷新整个背景窗。

注意:双击导航与正文分割栏可以显示或隐藏微缩版面。

4)全屏显示(见图6-23)。

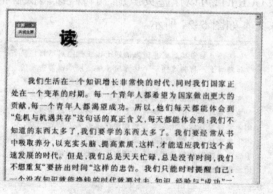

图6-23　全屏显示

方法1:在菜单栏上选择"视图"→"全屏显示"。

方法2:单击鼠标右键,在弹出的悬浮菜单上选择"全屏显示"按钮。

方法3:单击状态栏上的"全屏显示"按钮,版面即按全屏显示。

5)翻页功能。

方法 1:选择"视图"菜单中的"第一页"、"上一页"、"下一页"、"最后一页"或"后退"命令,即可转向指定版面。

方法 2:单击主任务条上的相应按钮以完成同样操作。

方法 3: 使用键盘上的 Ctrl+Home、Ctrl+End、Pageup、Pagedown、Backspace 键以转向指定版面。

方法 4:单击鼠标右键,在弹出的悬浮菜单上选择相应命令以转向指定版面。

方法 5:选择"视图"菜单中的"转到第…页"命令,或使用键盘上的"Insert"键,或单击屏幕底部状态栏中的第二个按钮" 49 / 126 ",弹出"转至…"对话框,输入版号后即可转向指定版面。

6)缩放功能。

方法 1:使用键盘上的"＋"、"－"键以调整版面显示比例。

方法 2:选择"视图"菜单中的"原文大小"、"显示整页"、"显示整宽"命令,或单击主任务条上的相应按钮以调整版面显示比例。

方法 3:选择"工具"菜单中的"放大"、"缩小"命令,或单击主任务条上的相应按钮以调整版面显示比例。光标变为放大镜或缩小镜后,每单击版面一次,版面就会放大或缩小一次。

方法 4:选择"视图"菜单中的"自定义比例"命令,自定义版面显示比例。

方法 5:单击缩放任务条按钮以调整版面显示比例。

方法 6:选择缩放任务条上的缩放比例以调整版面显示比例。

7)拾取文本。

对于全息版数据,可以直接从版面上摘录文字。

对于扫描版数据做 OCR 时,可以作整页识别,可以连续多次拉框识别。

①全息版数据拾取文本如图 6-24 所示。

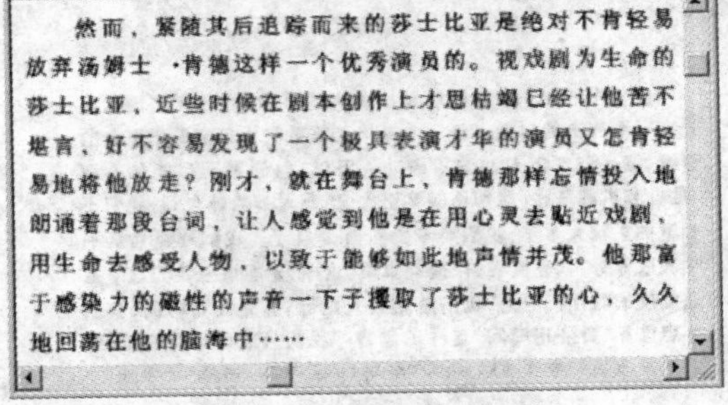

然而，紧随其后追踪而来的莎士比亚是绝对不肯轻易放弃汤姆士·肯德这样一个优秀演员的。视戏剧为生命的莎士比亚，近些时候在剧本创作上才思枯竭已经让他苦不堪言，好不容易发现了一个极具表演才华的演员又怎肯轻易地将他放走？刚才，就在舞台上，肯德那样忘情投入地朗诵着那段台词，让人感觉到他是在用心灵去贴近戏剧，用生命去感受人物，以致于能够如此地声情并茂。他那富于感染力的磁性的声音一下子攫取了莎士比亚的心，久久地回荡在他的脑海中……

图 6-24　全息版数字拾取文本

操作步骤如下。

在菜单栏上选择"工具"→"拾取文本",或在主任务条中选中"拾取文本"按钮,此时光标变为"I"形式。

在正文版面上拖动鼠标拾取文本,被拾取的文本显示成蓝色,被拾取的文本会被自动复制到系统剪贴板上。

②扫描版数据拾取文本如图 6-25 所示。

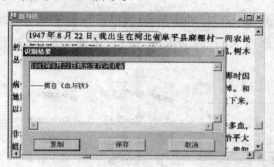

图 6-25　扫描版数的拾取文本

操作步骤如下。

在菜单栏上选择"工具"→"拾取文本",或在主任务条中选中"拾取文本"按钮,此时光标变为"I"形式。

在正文版面上,按下鼠标左键开始选择拾取区域起点,拖拽鼠标选择拾取区域,松开鼠标左键结束选择拾取区域。

松开鼠标左键后,识别结果将显示在"识别结果"窗口中。

单击"复制"按钮,识别结果将被复制到系统剪贴板上。

单击"保存"按钮,识别结果将被保存在选定的文本文件中,如图 6-26 所示。

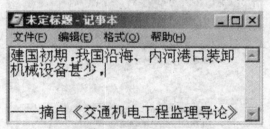

图 6-26　保存文本文件

注意:本阅读器可以自动将图书名称追加在拾取文本的后面,格式为"摘自《书名》"。

8)下载图像。

操作步骤如下。

在菜单栏上选择"查看"→"下载图像"(注意:此时光标变为图像截取状)。

在当前(正文)版面中,按下鼠标左键开始选择下载区域起点。

拖拽鼠标选择下载区域,松开鼠标左键结束选择下载区域。

当光标重新变为手形光标时,表明下载区域已经选择成功。

选定区域的图片已经自动复制到系统剪贴板上。

9) 自动滚屏。

可以在整个文档内自动滚屏,单击鼠标右键可以停止与启动自动滚屏。

操作步骤如下。

在菜单栏上选择"查看"→"自动滚屏",或单击鼠标右键,在弹出的悬浮菜单上选择"自动滚屏",或单击状态栏上的"自动滚屏"按钮,版面即根据设置的速度开始自动滚动,如图6-27所示。

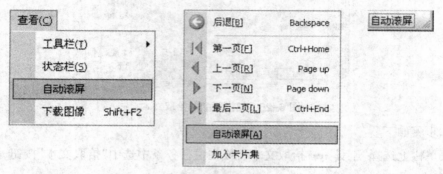

图 6-27　自动滚屏

在菜单栏上选择"查看"→"停止滚屏",或单击鼠标右键,在弹出的悬浮菜单上选择"停止滚屏",或单击状态栏上的"停止滚屏"按钮,版面即停止自动滚屏。

10) 自定义菜单和工具栏。

可以方便地自定义菜单和工具栏,以更好地满足用户的需要,如图6-28所示。

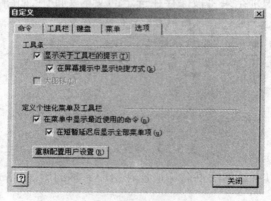

图 6-28　自定义菜单和工具栏

在菜单或工具栏上点击鼠标右键,执行右键菜单的"自定义"命令,打开自定义设置窗口,即可进行菜单和工具栏的个性化设置,而不必再拘泥于标准设置,如图6-29所示。

图 6-29　自定义设置按钮

工具栏(包括主任务条和缩放任务条)可以显示,也可以隐藏。用户可以从其当前位置拖开它,重新定位于主菜单栏上,或者将其拖到文件窗口中,使其成为浮动板块,如图 6-30 所示。

图 6-30 对工具栏的操作

可以通过自定义菜单以显示最近使用过的命令的简短列表,来适应用户的个人工作风格。可以根据需要更改该选项的默认设置,如图 6-31 所示。

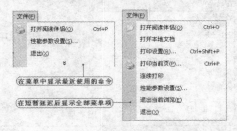

图 6-31 更改选项默认设置

可以调整一级菜单的显示顺序,如图 6-32 所示。

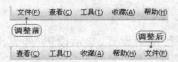

图 6-32 调整一级菜单的显示顺序

可以将菜单的显示效果自定义为"一般"或"阴影",可以将菜单的动画效果自定义为"无"、"展开"或"滑动",如图 6-33 所示。

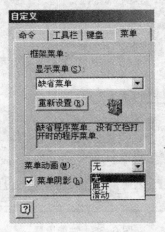

图 6-33 自定义菜单显示效果

可以指定菜单命令对应的热键,通过自定义热键,使操作更为便捷,如图6-34所示。

图6-34　自定义菜单热键

11)查看或隐藏工具栏。

第一次启动时会出现菜单栏和标准工具栏。用户可以根据自己的喜好显示更多的工具栏或隐藏不需要的工具栏,如图6-35所示。

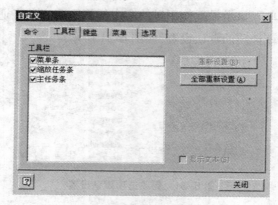

图6-35　查看或隐藏工具栏

12)性能参数设置。

性能参数设置包括性能设置、网络设置、显示设置、外壳设置。

13)性能设置。

在性能设置中可以设置平滑字体、首页虚拟显示、默认分辨率、自动滚屏速度、文本阅读软件路径等参数,如图6-36所示。

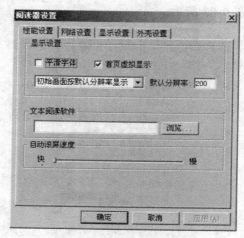

图6-36　性能设置

14）平滑字体。

支持性能卓越的平滑字体技术，能够在各种尺寸下圆润地显示所有字体，平滑字体有助于提高屏幕文本解析度，从而提高文本易读性，如图 6-37 所示。

图 6-37　平滑字体

15）首页虚拟显示。

首页虚拟显示的选项为默认选项，如图 6-38 所示。第一次打开图书时的第一页为一个虚拟页面，双击鼠标会读取彩色封面。同时程序做了一定的速度优化，初次打开图书的速度会提高 20%~30%。

图 6-38　首页虚拟显示

16）网络设置。

在网络设置中可以设置书刊服务器、用户服务器、代理服务等参数，如图 6-39 所示。

图 6-39　网络设置

17）显示设置。

在显示设置中可以设置版面背景，如图6-40所示。

版面背景可以设置为"无背景"、"图像背景"或"彩色背景"。

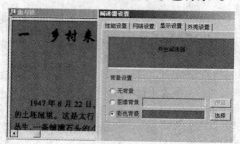

图6-40　显示设置

18）外壳设置。

程序外壳可随心设置，有多种外壳显示效果可供用户选择，如"无背景"、"图像背景"、"彩色背景"、"Mac 风格外壳"、"三维风格外壳"或"Funny"风格外壳，如图6-41所示。

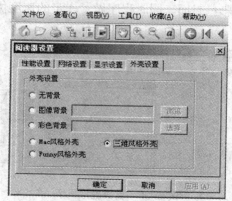

图6-41　外壳设置

19）读书卡片。

读书卡片用于保存书刊中的重要片段或编写书评，主要功能包括选择卡片集、加入卡片集、阅读卡片。

①选择卡片集。

指选择一个已经存在的读书卡片集文件。

②加入卡片集。

指将拾取文本加入读书卡片集。

用户可以将拾取文本保存为读书卡片，加入到读书卡片集中，也可以随意选择读书卡片集文件的保存路径，还可以随意命名读书卡片的名称。

操作步骤如下。

第一步：拾取一段文本。

第二步:在菜单栏上选择"收藏"→"加入卡片集"。

第三步:在弹出的"加入卡片集"窗口的"卡片集"区域中,在"卡片夹文件"文本框中输入读书卡片集文件的保存路径或单击"卡片夹文件"文本框右侧的"浏览"按钮,如图 6-42 所示。在弹出的"请选择卡片集"窗口中选择读书卡片集文件的保存路径,在"卡片名称"文本框中输入读书卡片的名称,在"卡片内容"文本框中输入书评(默认内容为拾取的文本)。

第四步:单击"确定"按钮,回到主界面,即完成卡片集的加入。

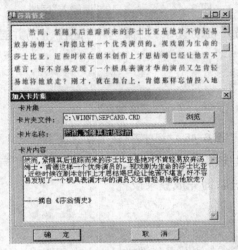

图 6-42　加入卡片集

③阅读卡片。

包括查看原文、拼音排序、笔画排序和选择卡夹。

查看原文:查看与当前选中读书卡片对应的图书原文。

拼音排序:将所有读书卡片按拼音顺序排列显示。

笔画排序:将所有读书卡片按笔画排列显示。

选择卡夹:选择读书卡片集文件的保存路径。

20)登录设置。

操作步骤如下。

第一步:在 Windows 系统菜单处选择"开始"→"程序"→"书生阅读器",启动书生阅读器。

第二步:在菜单栏上选择"文件"→"登录设置",进入"登录"窗口,如图 6-43 所示。

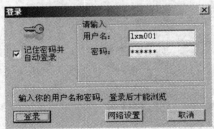

图 6-43　登录界面

第三步:在"登录"窗口中,在"请输入"区域的"用户名"文本框中输入身份验证时的用户名,在"密码"文本框中输入身份验证时的密码,如图 6-44 所示。

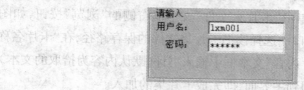

图 6-44   登录窗口的"请输入"区域

若希望系统记住密码并自动登录,则需选中"记住密码并自动登录"复选框选项,如图 6-45 所示。

图 6-45   "记住密码并自动登录"复选框

注意:如果选中该项,与该服务器连接时,系统将按保存的账号自动登录。

第四步:单击"登录"按钮,即完成登录设置。

2. 检索方法及实例

(1)分类检索

在书生之家镜像站点首页左侧图书分类栏目中点击所要查询的图书学科类目, 如图 6-46 所示,即可出现该类目的子类和该类图书,逐级点击下去,即可查到所需图书的书名、作者、出版机构等信息。点击书名,即可浏览图书全文或进行图书借阅。

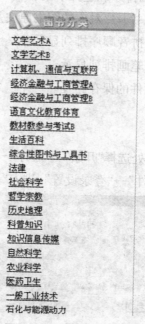

图 6-46   图书分类界面

（2）关键词检索

书生之家电子图书提供关键词"搜搜看"功能,如图6-47所示,并且还附有关键词搜索排行。用户只需输入所要检索的关键词信息,即可检索到所需图书。

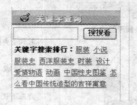

图6-47　关键词检索界面

（3）高级检索

书生之家电子图书提供高级检索功能,如图6-48所示,包括一站式检索和全文检索两种。在其高级检索界面首先要选择是"一站式检索",还是"全文检索",再输入相应的检索词,再度匹配后,即可查询所需图书。

图6-48　高级检索界面

四、时代圣典数字图书馆及其检索

（一）时代圣典数字图书馆概况

时代圣典数字图书馆是由中国大学出版社协会与北京时代圣典科技有限公司精诚合作、共同建设推出的一个电子图书知识库,它囊括了中国数百家著名出版社的最新图书、最具学术价值图书和最专业的图书,是教学、科研、工作、生活必不可少的知识资源中心。所有资源均有效地解决了版权问题,以教育类图书、最新出版的图书为主,所有图书全部为文本格式,阅读效果清晰,检索便捷,支持文字复制、图片下载、打印等多种功能。所收图书类别涵盖建筑、交通、计算机、经济、管理、社科、文学、艺术、医学等多个方面。时代圣典数字图书馆的特点是完全忠实于原始印刷版的出版物,保留原印刷版的全部信息,包括文字、图表、公式、脚注、字体字号、修饰符号和版式位置等,并在其基础上进行二次加工,增加了各种检索信息及导读、超文本链接等信息。

（二）时代圣典数字图书馆检索

1. 阅读器

（1）下载

时代圣典电子图书浏览器提供了简易版和完整版两个版本,如图6-49所示,分别提供书籍阅读的基本功能和文字识别、个人扫描等扩展功能。时代圣典数字图书馆用户只需注册登录后,在其主页上点击"时代圣典阅读器 3.0 简易版"、"时代圣典阅读器 3.0 完整版",即可下载所需版本的阅读器。

图 6-49　时代圣典阅读器下载界面

(2)安装

时代圣典阅读器下载完毕后,双击安装程序,系统将自动进入安装向导,指导用户一步步地进行安装。

第一步:双击安装程序,开始安装。

第二步:根据安装向导的提示,点击"下一步"按钮,进行安装。

第三步:选择安装的路径。

第四步:完成安装。

(3)使用

时代圣典阅读器能够提供显示、放大、缩小、拖动版面、提供栏目导航、顺序阅读等高级功能,可以打印出黑白和彩色复印件。由于采用了多种专业中文处理技术,显示速度极快,显示效果美观。其特点主要有:XP 风格界面——读书界面可以个性化设置;全文检索——海量数据查询,定位到页;树形目录——目录导航,直接超链接到对应版面;拾取文本——直接摘录。

1)顺序阅读。

顺序阅读功能不用人工干预即可自动找到下一屏或上一屏的版面,能够自动换栏、自动转版,还提供导读标志,为长文件的阅读带来了极大的便利。

操作步骤如下:①进入时代圣典阅读器主界面,打开一本图书后,全屏分为两个窗口;②左侧窗口显示导航目录,右侧窗口显示版面;③导航窗口中点击某一标题,右侧版面窗口将显示相应文章;④在一篇文章内单击鼠标左键,即可阅读文章的下一块。

重复以上操作,直到读完这篇文章的所有块后,自动转到该文章的下一篇文章。

2)树形目录。

目录导航由目录直接超链接到目录所对应的页面上,非常灵活、便捷。导航功能把信息按栏目或章节有序化,使用户可逐级检索所需内容,增强了检索的目的性和准确性,避免了"垃圾检索"。

操作步骤如下:①选中"查看"菜单中的"目录"菜单项,或主任务条上的相应按钮,全屏将被分割成两部分,左边为栏目窗口,右边为版面窗口,中间的分隔条可以用鼠标拖动来改变两侧窗口所占比例大小;②在导航窗口中点击所需要的栏目,会出现下一级的栏目,如此操作,直到选中文章,右侧版面窗口就会将该文章的内容显示出来。

2．检索方法及实例

（1）简单检索

时代圣典电子图书系统主页正上方为默认的初级检索界面,如图 6-50 所示,显示可检索的图书书名、图书分类、出版社、著作者、出版日期、ISBN 等检索字段和检索词输入框。其过程为:选择检索字段,在检索输入框中输入检索词,最后点击"搜索"按钮完成检索。

图 6-50 简单检索界面

（2）高级检索

点击主页左上方的"高级搜索"按钮,可进入高级检索界面,如图 6-51 所示。高级检索可进行字段内和字段间的组配检索。其过程为:先选取要检索的字段名,并输入检索词,再通过"并且"、"或者"进行组配,然后点击"高级搜索"按钮,即可进行检索。

图 6-51 高级检索界面

（3）中图法浏览检索

登录到时代圣典电子图书系统主页后,点击主页左边的"中图法分类"按钮,如图 6-52 所示,页面左边会出现 22 个学科分类;选择某一分类目录,页面右边出现该目录下的馆藏书籍,双击选中书名,可点击"下载"。"在线阅读"按钮不能使用,此功能目前还无法实现。

图 6-52 中图法检索界面

本章关键术语：

电子图书；数据库；信息检索；检索方法

本章思考题：

1.分别在当当网和卓越网上查找 5 本有关考研英语的书。

2.在超星数字图书馆查找图书馆学科中关于数字图书馆的图书。

3.在读秀知识库中查询《习惯改变人一生》这本书，并进行文献传递。

4.在北大方正数字图书馆中查询季羡林先生的著作，并将其中一本下载到本机上进行阅读。

5.在书生之家数字图书馆中查找关于北京奥运会的相关图书和资料。

6.在时代圣典数字图书馆中查找北京大学出版的关于孔子的一本图书。

第七章　中文报刊数据库的检索

【内容提要】

中文报刊数据库是我国学术数据库的重要组成部分，是我国科技与教学发展的知识基础和源泉。目前，我国已基本建立了相对完整的中文报刊数据库体系，该类数据库已进入成熟稳定阶段。本章将介绍国内常用的中文报刊数据库系统，如中国期刊全文数据库、万方数字化期刊全文数据库、中文科技期刊数据库、中国重要报纸全文数据库、人大复印报刊资料全文数据库等，重点阐述它们的概况、检索方式，并通过举例详述该类数据库的检索技巧。

第一节　中国期刊全文数据库

一、概况

中国期刊全文数据库（China Journal Full-text Database,CJFD）是中国知识基础设施工程（China National Knowledge Infrastructure,CNKI）的一个重要组成部分，于 1999 年 6 月正式启动，由中国学术期刊（光盘版）电子杂志社及清华同方知网（北京）技术有限公司联合主办。

中国期刊全文数据库是我国第一个连续的、大规模的、集成化的多功能学术期刊全文检索系统，也是目前世界上最大的连续动态更新的中文期刊全文数据库，收录了国内 8 200 多种重要期刊，以学术、技术、政策指导、高等科普及教育类为主，同时收录部分基础教育、大众科普、大众文化和文艺作品类刊物，内容覆盖自然科学、工程技术、农业、哲学、医学、人文社会科学等各个领域，全文文献总量 2 200 多万篇。全部期刊分为十大专辑：理工 A、理工 B、理工 C、农业、医药卫生、文史哲、政治军事与法律、教育与社会科学综合、电子技术与信息科学、经济与管理。十大专辑下分为 168 个专题和近 3 600 个子栏目，具体如下。

（一）理工 A 辑

所含专题有：自然科学综合，数学，非线性科学与系统科学，力学，物理学，生物学，天文学,地理学、测绘学,气象、水文与海洋学,地质学,地球物理学,资源科学。

（二）理工B辑

所含专题有：化学,无机化工,有机化工,材料科学,燃料化工,一般化学工业,石油、天然气工业,矿业工程,金属学,冶金及其他金属工艺,轻工业,手工业,传统服务业,劳动保护,环境科学与资源利用,新能源技术。

（三）理工C辑

所含专题有：工业通用技术及设备,机械工业,仪器仪表工业,航空、航天技术,军事技术与工程,交通运输,水利工程,农业工程,建筑科学与工程,动力工程,原子能技术,电工技术。

（四）农业辑

所含专题有：农业基础科学,农田水利工程,农艺学,植物保护,农作物,园艺,林业、野生动物保护,畜牧,动物医学,狩猎,蚕蜂,水产、渔业。

（五）医药卫生辑

所含专题有：医学科学综合,预防医学与卫生学,中医学,中药学,中西医结合,基础医学,临床医学,内科学基础,传染病等感染性疾病,心血管系统疾病,呼吸系统疾病,消化系统疾病,内分泌腺及全身性疾病,外科学基础及全身性疾病,骨科、整形外科,泌尿科学,妇产科学,儿科学,神经病学,精神病学,肿瘤疾病与防治,眼科、耳鼻咽喉科,口腔科学,性病与皮肤病,特种医学,急救医学,军事医学与卫生,药学,生物医学工程。

（六）文史哲辑

所含专题有：文学史及创作理论,世界各国文学,中国文学,汉语与语言学,外语研究与教学,艺术理论,音乐、舞蹈,戏剧、电影及电视艺术,书画美术等艺术,人文地理,旅游文化,各国历史,史学理论,中国通史,中国民族史志,中国地方史志,中国古代史,中国近、现代史,人物传记,哲学,逻辑学,伦理学,心理学,美学,宗教,文化学。

（七）政治军事与法律辑

所含专题有：政治学,行政学,政党及群众组织,中国政治、国际政治,思想政治教育,军事,国家行政管理,法理、法史,国际法,宪法、行政法及地方法制,民法、商法,刑法,诉讼法、司法。

（八）教育与社会科学综合辑

所含专题有：社会科学综合,社会学,民族学,人口学与计划生育,人才学,教育理论,教育管理,幼儿教育,初等教育,中等教育,高等教育,职业教育,继续教育,体育。

（九）电子技术与信息科学辑

所含专题有：无线电电子学,电信技术,计算机硬件技术,计算机软件及计算机应用,互联网技术,自动化技术,新闻与传媒,出版事业,图书情报与数字图书馆,档案及博物馆学。

（十）经济与管理辑

所含专题有：宏观经济管理与可持续发展,经济理论及经济思想史,经济体制改革,农业经济,工业经济,交通运输经济,文化经济,信息经济,服务业经济,贸易经济,财政与税收,金融,证券,保险,投资学,会计,审计,统计,企业经济,市场研究与信息,管理学,领导学与决策学,系统学,科学研究管理。

中国期刊全文数据库有如下特点。

1)海量数据的高度整合,集题录、文摘、全文文献信息于一体,实现了一站式文献信息检索(One-stop Access)。

2)参照国内外通行的知识分类体系组织知识内容,数据库具有知识分类导航功能。

3)有包括全文检索在内的众多检索入口,用户可以通过某个检索入口进行初级检索,也可以运用布尔逻辑算符等灵活组织检索提问式进行高级检索。

4)具有引文连接功能,除了可以构建成相关的知识网络外,还可用于个人、机构、论文、期刊等方面的计量与评价。

5)全文信息完全数字化,通过免费下载的最先进的浏览器可实现期刊论文原始版面结构与样式的不失真显示与打印。

6)数据库内的每篇论文都能获得清晰的电子出版授权。

7)多样化的产品形式、及时的数据更新,可满足不同类型、不同行业、不同规模用户个性化的信息需求。

8)遍布全国和海外的数据库交换服务中心,常年配备用户培训与高效技术支持。

二、中国期刊全文数据库的检索

(一)检索途径

中国期刊全文数据库分为左右两个窗口,左侧为专辑导航区,右侧为检索区。默认使用篇名检索,可以查出篇名中的检索词,支持布尔逻辑检索。检索途径包括导航检索、逻辑检索、智能检索等,如图7-1所示。

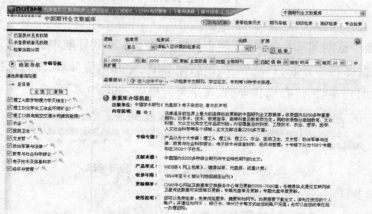

图7-1　中国期刊全文数据库初始检索界面

1.导航检索

导航检索是指通过逐层点击数据库提供的各种导航逐层缩小范围，最后检索出某一最小单元中的所有文章。导航检索包括分类导航和期刊导航。

（1）分类导航

根据学科属性，可将中国期刊全文数据库所报道的学科分为十大专辑、168个专题，各专题下又细分各类目。用户利用知识导航（专辑导航）查找某一单元文献时，只要根据学科属性分类一层一层点击，即可快速查找到所需文献。例如，需要查找"情报工作"的相关文献，只需在检索导航中依次点击"电子技术及信息科学"→"图书情报与数字图书馆"→"情报学、情报工作"→"情报工作"，点击"情报工作"类目后即可得到大量相关文献。

分类导航检索方式的特点是检索者不必输入任何检索词，只需通过点击即可得到检索结果，其检索结果比较全面，保证了较高的查全率。这种检索方式适合把握性差的课题的学科分类，或者希望全面掌握某一专题文献的用户使用。分类导航检索通过逐层缩小范围得出较全的检索结果，相对于检索者的要求来说其查准率相对较低。对此，用户可以在检索结果中进行二次检索来进一步检索所需文献，如图7-2所示。

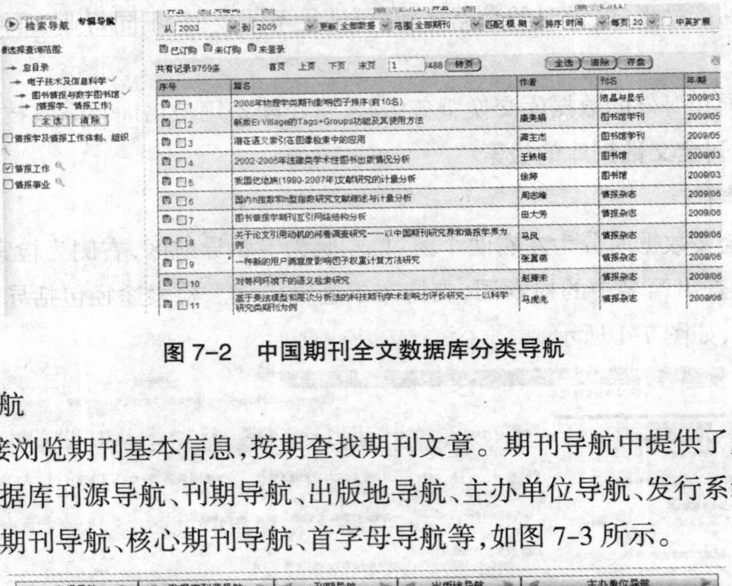

图7-2 中国期刊全文数据库分类导航

（2）期刊导航

用户可直接浏览期刊基本信息，按期查找期刊文章。期刊导航中提供了多种导航方式，如专辑导航、数据库刊源导航、刊期导航、出版地导航、主办单位导航、发行系统导航、期刊荣誉榜导航、世纪期刊导航、核心期刊导航、首字母导航等，如图7-3所示。

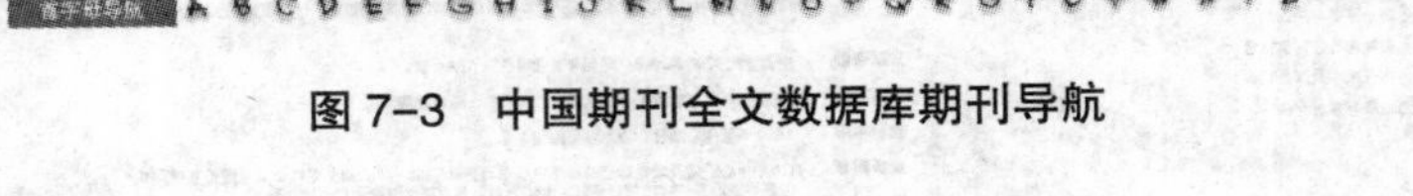

图7-3 中国期刊全文数据库期刊导航

2.逻辑检索

逻辑检索包括初级检索、高级检索和专业检索三种类型。

（1）初级检索

初级检索是一种简单检索，方便快捷，效率高。它设置了篇名、主题、关键词、摘要、作者、第一作者、单位、刊名、参考文献、全文、年、期、基金、中图分类号、ISSN、统一刊号 16 种检索字段，用户选择检索字段，输入检索词，点击"检索"按钮即可得出检索结果。如果想得到更为精确的检索结果，用户可在点击"检索"按钮前对输入的检索词设置词频，利用扩展功能为检索词配置相近词、相关词、上位词、下位词等，也可设置检索时间或选择模糊、精确检索，还可选择检索结果排序方式。设置检索条件后，点击"检索"按钮即可得出检索结果。如果检索结果仍有很大的冗余，那么检索者还可通过"在结果中检索"，即二次检索来得到更为精确的检索结果。

初级检索还具有多项检索词逻辑组合检索功能。默认状态下为一组检索行，提供一个检索词输入框，通过点击"逻辑"下的"＋"、"－"按钮，增加或减少逻辑检索行，检索行最多可增加到 5 行；每行检索词之间的逻辑关系有并且（逻辑"与"）、或者（逻辑"或"）、不包含（逻辑"非"），逻辑关系的优先级按先后顺序进行检索，如图 7-4 所示。

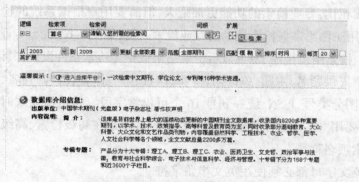

图 7-4　中国期刊全文数据库简单检索

（2）高级检索

高级检索特有的功能是多项双词逻辑组合检索和双词频控制。多项是指可选择多个检索项；双词是指一个检索项中可输入两个检索词（在两个输入框中输入），每个检索项中的两个词之间可进行 5 种组合，即并且、或者、不包含、同句、同段，每个检索项中的两个检索词可分别使用词频、最近词、扩展词；逻辑是指每一个检索项之间可使用逻辑"与"、逻辑"或"、逻辑"非"进行项间组合。

高级检索中需要注意的是：同行之间（即两个检索词输入框之间）的关系组合具有优先运算功能，也就是说检索时系统会先运算行内（即两个检索词输入框之间）逻辑关系，再按先后顺序运算各行之间的逻辑关系。

高级检索的检索字段和检索选项与初级检索基本一致，只是高级检索字段选项少了"智能检索"。同初级检索相比，高级检索结果冗余少，命中率高，但对用户检索技能的要求较高，如图 7-5 所示。

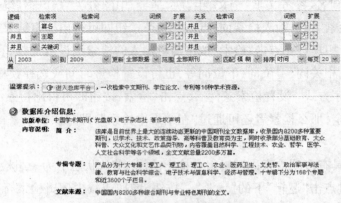

图 7-5　中国期刊全文数据库高级检索

（3）专业检索

与高级检索相比，专业检索的功能更加强大，但需要用户根据系统的检索语法编制检索式进行检索，适用于熟悉掌握检索技术的专业检索人员，如图 7-6 所示。专业检索可进行检索时间、期刊范围、检索结果排序、每页显示检索结果数量等检索条件设置，其语法要求如下。

1）专业检索提供题名、主题、关键词、摘要、作者、第一作者、机构、刊名、参考文献、全文、年、期、基金、中图分类号、ISSN、统一刊号 16 个可检索字段。构造检索式时采用"（）"前的检索项名称，而不要用"（）"括起来的名称。"（）"内的名称是在初级检索、高级检索的下拉检索框中出现的检索项名称。

2）符号和英文字母都必须使用英文半角字符。

3）逻辑算符"与（and）"、"或（or）"、"非（not）"前、后均需留一个空格。

4）算符"="前、后不能有空格，而"#"和"$"算符前、后均需留一个空格。

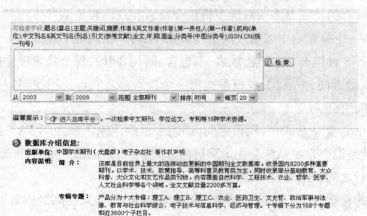

图 7-6　中国期刊全文数据库专业检索

注意：在简单检索、高级检索和专业检索后，都可再进行二次检索。二次检索是在当前检索结果内进行的检索，主要作用是进一步精选文献。当检索结果太多，想从中精选出一部分时,可使用二次检索。

3.智能辅助检索

智能辅助检索是指通过数据库的辅助系统,可以帮助用户发现同义检索词,查找同名作者的其他文献,以及智能查找该文献的相关文献等,如图7-7所示。例如,通过输入"知识服务",在所得检索结果界面的左栏下方有若干系统智能识别的同义检索词,可以在一定程度上扩充用户对检索词的认识范围,帮助用户检查是否有漏检现象。

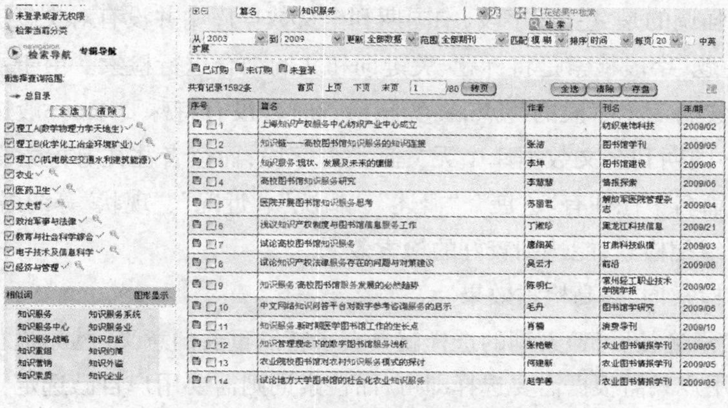

图7-7　中国期刊全文数据库智能检索

(二)检索技巧

1.利用分类导航限定检索范围

在输入检索词前根据检索课题的学科属性,首先在分类导航系统中选择合适的专题和类目,再选择检索途径和检索词,使检索结果更贴近要求,减少检索结果的冗余。特别注意不要将学科属性作为检索词使用,例如,检索情报学方面的文献,"情报学"应作为学科范围在分类导航中选择,然后将所需检索的检索词限定在"主题"字段中进行查找,决不能将"情报学"作为检索词输入检索,否则会造成漏检。

2.根据需要,合理选择检索途径

中国期刊全文数据库提供了分类、篇名、关键词、作者、机构、刊名、基金、ISSN、引文等多种检索入口,用户应该充分利用数据库提供的这些途径从不同角度配合检索,以达到查全与查准的最佳效果。其中作者、机构、刊名、基金、ISSN等是描述文献外部特征的检索入口,具有专指性,从这些入口检索查全率高,相互组配检索查准率较高。例如,检索数据库收录的某一作者的所有文献,选择作者途径,检索词输入作者姓名,单击"检索"按钮即检出该作者的所有文献。但由于有同姓名因素,所以查准率可能不高。但是,如果结合"机构"途径检索,即输入所检作者的工作单位,检索结果会更接近检索要求。另外,利用机构检索时,要注意过去有些作者因没有注明其单位而漏检的情况。分类检索可以查找某一类目或同时查找同位的几个类目的文献,按照帮助系统中介绍的方法查到读者所需的类目并选择,点击"检索"按钮即可查到本类目的所有文献。

在检索实践中,用户大部分检索要求是主题检索,主题检索有篇名、关键词、主题词、文摘、全文等途径,其中篇名、关键词是主题检索的主要途径。科技文献篇名的特点是能够反映文献论述的主题甚至副主题,缺点是信息反映不足;关键词反映文献论述的主题较全,但数据库收录的关键词是原文作者提供的,有一定的不规范性和不完整性,且有些文献并没有提供关键词,因此利用关键词途径检索时容易造成漏检;文摘提供了较多的信息,可以作为篇名和关键词的补充;全文往往是在利用以上途径检出文献过少时才会选择的检索途径,一般使用不多。还需强调的是"主题"字段,中国期刊全文数据库中并没有对文献进行规范的主题词标引,选择"主题"字段检索是将标题、关键词和文摘结合进行检索。由于主题字段综合了标题、关键词和文摘三个字段的优点,在实际检索时若没有特殊要求,一般选择系统默认的"主题"字段。中国期刊全文数据库中无文献类型字段,而读者往往有检索综述性文献的需求。综述类文献篇名中往往有"进展"、"概述"、"概况"、"近况"、"现状"等词语,将这些词通过篇名途径用"or"组配检索,能达到较好的检索效果。

3.通过选择检索词,提高检索效果

在确定了检索途径后,检索词的选择就具有了特别重要的意义。检索途径是数据库事先已经设定好的,用户只需根据需要选择即可,而检索词则需要用户自己选定,难度较大,在很大程度上决定了检索结果的效果。该数据库检索是任意词检索,即任何一个字、词、语句都可以作为检索词,含有检索字段内容中输入的检索词的所有文献都可被检索并显示出来。由于检索词是未经词表规范的自由词,用户可以根据对检索课题的认知来选择,使用起来很方便。但用户的知识毕竟有限,由于检索词有同义词、近义词、多义词,从而造成漏检和误检可能性加大,因此检索词的选择必须非常谨慎,才能避免漏检和误检。首先检索词应尽量选择无法再细分的单元词和具有检索意义的单汉字,用"and"组配检索或进行二次检索,以减少和避免因输入的检索词与字段内容中原词语法结构不同、组词形式不同而造成的漏检;其次应尽可能分析出课题包含的所有概念,选全表述同一概念的各种词及相关词,将它们分别进行检索或用"or"组配检索,以提高查全率。

综上所述,在利用中国期刊全文数据库进行检索时,不必拘泥于一种检索方式,而要从自身的检索要求出发,把各种检索方式结合起来综合使用,以达到检索效率的最大化。

第二节 万方数字化期刊全文数据库

一、概况

万方数字化期刊全文数据库是万方数据资源系统的重要组成部分,由中国科技信息研究所开发制作,收录自 1998 年以来国内出版的各类期刊 6 000 余种,其中核心期刊 2 500 余种,论文总数量达 1 000 余万篇,每年约增加 200 万篇,每周更新两次。

二、万方数字化期刊全文数据库的检索

万方数字化期刊全文数据库的检索途径包括导航检索、论文检索及刊名检索,如图 7-8 所示。

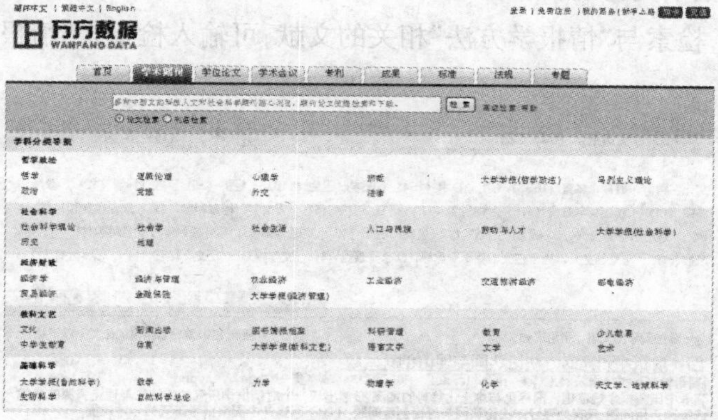

图 7-8　万方数字化全文数据库初始检索界面

(一)导航检索

万方数字化期刊全文数据库的导航检索,是通过数据库提供的各种导航逐层点击逐步缩小范围,最后检索出某一最小单元中的文章。导航检索包括学科分类导航、地区分类导航及首字母导航。

学科分类导航将所收录期刊分为八大类目,即哲学政法、社会科学、经济财政、教育文艺、基础科学、医药卫生、农业科学、工业技术,每一大类目下设若干子类目,共 94 个子类目,如图 7-9 所示。地区分类导航依照收录期刊所属的省、自治区、直辖市,将所有期刊分为 31 类,如图 7-10 所示。首字母导航是指将所收录期刊以其刊名首字母进行归类,包括 A~Z 的 23 个大写字母(O、U、V 除外)及以"2"为首的数字,如图 7-11 所示。

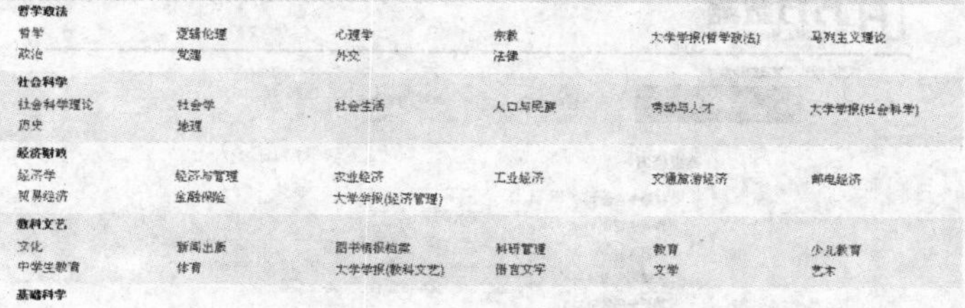

图 7-9　万方数字化全文数据库学科分类导航

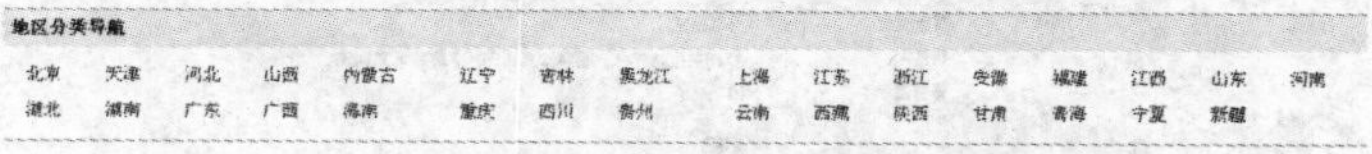

图 7-10　万方数字化全文数据库地区分类导航

图 7-11　万方数字化全文数据库首字母导航

(二)逻辑检索

1.初级检索

直接在初始检索界面的检索框中输入要检索的主题词,点击"检索"按钮,即可获得相关检索结果。初级检索支持逻辑"与"、逻辑"或"、逻辑"非",按逻辑关系的优先级,即先后顺序进行检索。例如,检索与"情报学方法"相关的文献,可输入检索式"情报学 AND 方法",如图 7-12 所示。

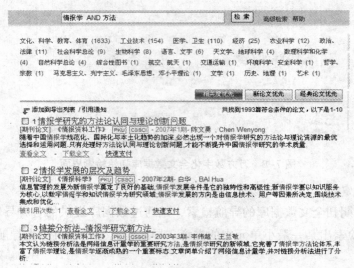

图 7-12　万方数字化全文数据库初级检索

2.高级检索

高级检索用以多个检索词的组合检索,可以从多途径联合进行模糊检索。 打开"高级检索"界面,可利用标题、作者、刊名、关键词、摘要等多种检索途径进行组合检索,如图 7-13 所示。

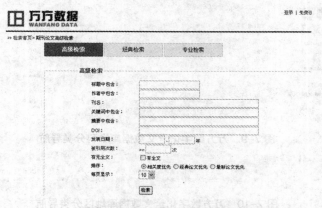

图 7-13　万方数字化全文数据库高级检索

3.经典检索

经典检索提供标题、作者、作者单位、刊名、期、中图分类号、关键词、摘要等精确检索项，各项之间是逻辑"与"的关系，如图 7-14 所示。

图 7-14　万方数字化全文数据库经典检索

4.专业检索

专业检索比高级检索功能更强大，但需要用户根据系统的检索语法编制检索式进行检索，适用于熟悉掌握检索技术的专业检索人员，如图 7-15 所示。

图 7-15　万方数字化全文数据库专业检索

第三节　中文科技期刊数据库

一、概况

中文科技期刊数据库由重庆维普资讯有限公司开发，是目前国内最大的综合性文献数据库之一，收录中文期刊 12 000 余种，全文 2 300 余万篇，引文 3 000 余万条，分三个版本（全文版、文摘版、引文版）和 8 个专辑（社会科学、自然科学、工程技术、农业科学、医药卫生、经济管理、教育科学、图书情报）定期出版。

二、中文科技期刊数据库的检索

中文科技期刊数据库的检索途径包括快速检索、传统检索、高级检索和期刊导航。

(一)快速检索

打开中文科技期刊数据库,当前页面默认是一站式的快速检索。点击"检索入口"下拉菜单,有 11 个检索入口可供选择,包括题名、关键词、文摘、作者、机构、刊名、参考文献、作者简介、基金资助、栏目信息、任意字段,选定某一检索入口后,在检索框内输入检索词,点击"检索"按钮后,即可方便快捷地实现相应检索,如图 7-16 所示。

图 7-16　中文科技期刊数据库快速检索

(二)传统检索

中文科技期刊数据库传统检索界面分为检索区域、学科分类导航区、检出题录粗览区和检出题录细览区。例如,以"竞争情报"为题名,所得检索结果如图 7-17 所示。

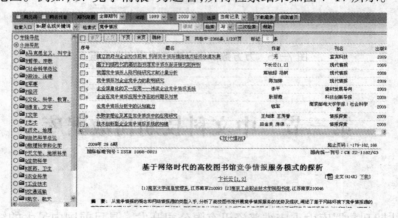

图 7-17　中文科技期刊数据库传统检索

(三)高级检索

高级检索用于多个检索词的组合检索,可以多途径联合检索。检索时,先在检索项的下拉框中选择检索入口,然后在对应的检索框中输入检索词,多个检索词组配后执行检索。或者直接输入复合检索式,这种检索途径需要用户根据系统的检索语法编制检索式进行检索,主要适用于熟练掌握系统检索技术的专业检索人员,如图 7-18 所示。

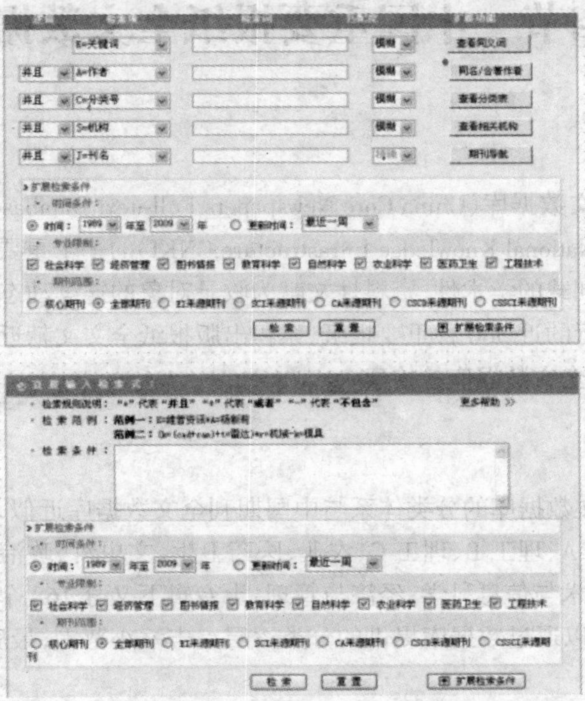

图 7-18　中文科技期刊数据库高级检索

(四)期刊导航

根据期刊名称字顺或学科类别对中文科技期刊数据库中收录的所有期刊进行浏览,或者通过期刊名或 ISSN 号查找某一特定刊,并可按期查看该刊的收录文献,如图 7-19 所示。

图 7-19　中文科技期刊数据库期刊导航

第四节　中国重要报纸全文数据库

一、概况

中国重要报纸全文数据库（China Core Newspapers Full-text Database,CCND）是中国知识基础设施工程（China National Knowledge Infrastructure,CNKI）的一个重要组成部分,是目前国内少有的以重要报纸刊载的学术性、资料性文献为收录对象的连续动态更新的数据库。其文献来源于国内公开发行的近 500 种重要报纸,累积出版报纸全文文献近 740 万篇。

二、中国重要报纸全文数据库的检索

（一）导航检索

1.分类导航

中国重要报纸全文数据库的分类体系与中国期刊全文数据库近似，将所收录的报纸分为以下十大专辑：理工 A、理工 B、理工 C、农业、医药卫生、文史哲、政治军事与法律、教育与社会科学综合、电子技术与信息科学、经济与管理,十专辑下又分 168 个专题文献数据库,如图 7-20 所示。用户可以通过数据库提供的分类逐层点击缩小范围,最后检索出某一最小单元中的所有报纸。

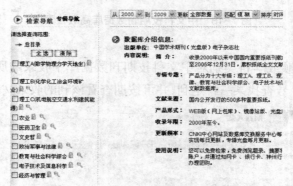

图 7-20　中国重要报纸全文数据库分类导航

2.级别导航

中国重要报纸全文数据库将所收录的报纸,按照国家级和地方级(省)加以分类,如图7-21 所示。

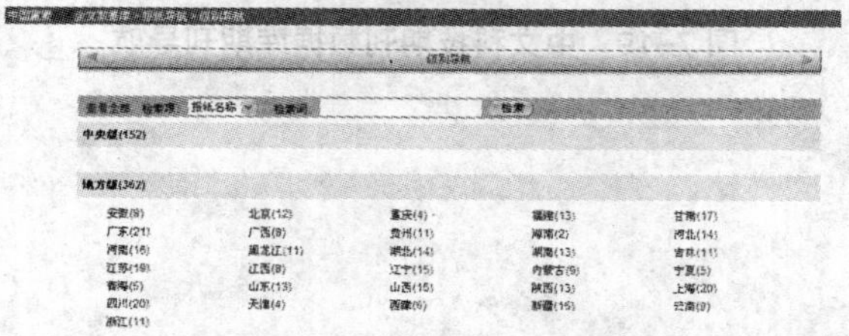

图 7-21　中国重要报纸全文数据库级别导航

（二）逻辑检索

中国重要报纸全文数据库的初级检索、高级检索和专业检索方式与中国期刊全文数据库（CNKI）基本相同，如图 7-22、图 7-23、图 7-24 所示。

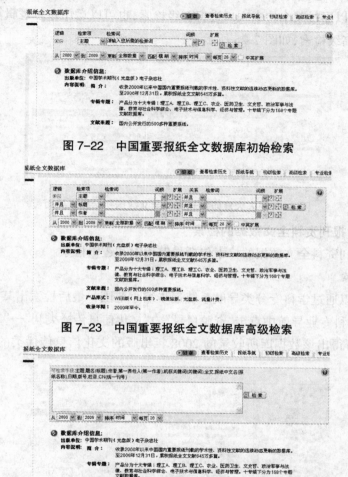

图 7-22　中国重要报纸全文数据库初始检索

图 7-23　中国重要报纸全文数据库高级检索

图 7-24　中国重要报纸全文数据库专业检索

第五节　人大复印报刊资料全文数据库

一、概况

人大复印报刊资料全文数据库是由中国人民大学书报资料中心开发，是目前国内相关资源最完备、收录质量最高、最具权威性、连续动态更新的社科类全文数据库。它收录了复印报刊资料系列刊 1999 年至今的全部原文,其信息资源涵盖了人文科学和社会科学等领域国内公开出版的 3 000 多种核心期刊和报刊,其中部分专题已经回溯到其创刊年度,累计信息量达 20 多万篇文献。它设有原文出处、原刊地名、分类号、分类名、复印期号、作者、任意词等检索入口,用户可以通过某个检索入口进行初级检索,也可以运用布尔逻辑算符等灵活组织检索提问式进行高级检索,如图 7-25 所示。

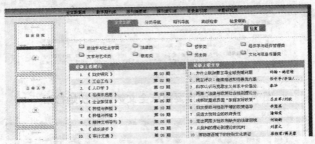

图 7-25 人大复印报刊资料全文数据初始检索界面

二、人大复印报刊资料全文数据的检索

人大复印报刊资料全文数据的检索包括导航检索和逻辑检索。

(一)导航检索

导航检索可以通过学科专分类导航系统逐步缩小范围,最后检索出某一知识单元中的文献。例如,在学科专业导航中点击"资源目录"→"文化信息传播类刊"→"2008 年",再单击"检索"按钮,即可得出该数据库所收录的 2008 年出版的文化信息传播类的文章,如图 7-26 所示。

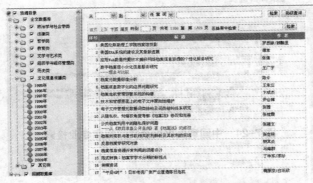

图7-26 人大复印报刊资料全文数据库分类导航

(二)逻辑检索

1.初级检索

初级检索的特点是方便快捷、效率高,但查询结果冗余相对较大,适用于不熟悉多条件组合查询或 SQL 语句查询的用户,如图 7-27 所示。

图 7-27　人大复印报刊资料全文数据库初级检索

2.高级检索

利用高级检索系统能进行快速有效的组合查询,优点是查询结果冗余少、命中率高。对于命中率要求较高的查询,建议使用该检索系统,如图 7-28 所示。

图 7-28　人大复印报刊资料全文数据库高级检索

3.二次检索

二次检索是在上次检索结果的范围内进行的检索,可与分类检索、初级检索、高级检索结合使用,以进一步精选文献,如图 7-29 所示。

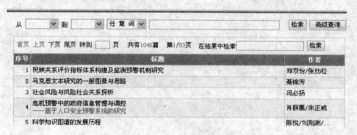

图 7-29　人大复印报刊资料全文数据库二次检索

本章关键术语:

中国期刊全文数据库;万方数字化期刊全文数据库;中文科技期刊数据库;中国重要报纸全文数据库;人大复印报刊资料全文数据;导航检索;逻辑检索;智能检索

本章思考题:

1.请介绍中国期刊全文数据库的特点。

2.请用中国期刊全文数据库查出"信息资源开发与利用的十个热点问题(吴慰慈)"的原

文,并写明检索步骤,标明刊名、刊期及起止页。

3.利用万方数字化期刊全文数据库查检与"信息分析"相关的 5 篇文献,写出文献的外表特征(篇名、作者、刊名、出版日期)。

4.利用中文科技期刊数据库查检其所收录的刊名包含"图书情报"的期刊。

5.利用中国重要报纸全文数据库,分别用篇名、关键词和主题途径检索与"莎士比亚"相关的文献,得出检索结果的篇数。

6.利用人大复印报刊资料数据库,查找与下列课题相关的文献资料信息,并写出具体检索步骤:①可持续发展战略研究;②中国当代文学思潮研究;③情报学进展。

第八章　常用国外数据库的检索

【内容提要】

本章将介绍一些常用国外数据库的检索方法,主要介绍包括 SCI、ISTP 等在内的 Web of Science 数据库及 SDOL 数据库、SpringerLink 数据库的利用方法,包括数据库的收录范围、浏览及检索方法、检索结果的精简,以及各数据库的个性化服务功能等内容。本章内容实践性较强,图表较多,以便用户边学习边实践。

第一节　Web of Science 数据库

一、Web of Science 概述

Web of Science 是由 ISI(Institute for Scientific Information Inc.)将传统的引文索引、高质量的文献资源数据库与原始文献、二次文献数据库等和先进的 Web 技术相结合在 1997 年推出的新一代数据库集成系统。该数据库收录了在国际上具有高影响力的 10 000 多种期刊,以及包含有超过 120 000 个会议的国际会议录。学科领域横跨自然科学、社会科学、艺术及人文科学等多学科领域。Web of Science 提供的文献年代最远可追溯到 1900 年。此外,Web of Science 还提供了对不同来源的信息产品及服务的整合功能,提供与全文数据库及其他二次文献、三次文献信息和图书馆馆藏 OPAC 系统等的链接。此外,Web of Science 还提供被引参考文献检索、引证关系图和分析等强大的工具。

二、Web of Science 的主要内容

Web of Science 由七个数据库组成,包括三个引文数据库、两个会议录文献引文数据库及两个化学数据库,内容包含来自数以千计的学术期刊、书籍、丛书、报告及其他出版物的信息。

（一）三个引文数据库

这三个引文数据库提供了文献作者引用的参考文献，可以使用这些参考文献进行被引参考文献检索。通过这种类型的检索，用户可以查找引用以前发表的著作的文献。

1.Science Citation Index Expanded（SCI-Expanded）

该数据库是针对科学期刊文献的多学科索引。它为跨150个自然科学学科的6 650多种主要期刊编制了全面索引，并包括从索引文章中收录的所有引用的参考文献。

2.Social Sciences Citation Index（SSCI）

该数据库是针对社会科学期刊文献的多学科索引。它为跨50个社会科学学科的1 950多种期刊编制了全面索引，同时还为从3 300多种世界一流科技期刊中单独挑选的相关项目编制了索引。

3.Arts & Humanities Citation Index（A&HCI）

该数据库是针对艺术和人文科学期刊文献的多学科索引。它完整收录了1 160种世界一流的艺术和人文期刊，同时还为从6 800多种主要自然科学和社会科学期刊中单独挑选的相关项目编制了索引。

（二）两个会议录文献引文数据库

这两个数据库包括多种学科的最重要会议、讨论会、研讨会、学术会、专题学术讨论会和大型会议的出版文献。使用这两个数据库，用户在期刊文献尚未记载相关内容之前，即可跟踪特定学科领域内涌现出来的新概念或新研究。

1.Conference Proceedings Citation Index – Science（CPCI-S）

此引文索引涵盖了所有科技领域的会议录文献。

2.Conference Proceedings Citation Index – Social Sciences & Humanities（CPCI-SSH）

此引文索引涵盖了社会科学、艺术及人文科学的所有领域的会议录文献。

（三）两个化学数据库

利用这两个数据库可以创建化学结构图以查找化合物和化学反应，也可以利用这些数据库来查找化合物和反应数据。

1.Index Chemicus（IC）

该数据库包含国际一流期刊所报告的最新有机化合物的结构和关键支持数据。许多记录显示了从原始材料到最终产物的反应流程。Index Chemicus是有关生物活性化合物和天然产物最新信息的重要来源。

2.Current Chemical Reactions（CCR-Expanded）

该数据库包含从39个发行机构的一流期刊和专利摘录的全新单步和多步合成方法。每种方法都提供有总体反应流程，以及每个反应步骤详细、准确的示意图。

三、Web of Science 的检索方法

Web of Science 提供基本检索（Search）、被引参考文献检索（Cited Reference Search）、化学

结构检索(Structure Search)、高级检索(Advanced Search)四种检索入口。由于 Structure Search 是为检索化学方面的文献而提供的化学分子式和结构式检索,在这里不作为重点讲述。这里我们只对其他三种数据库常用检索方式进行较为详细的讲解。从检索内容上看,Search 和 Advanced Search 是检索系统中使用频率最高的检索功能,Cited Reference Search 是专门用于检索某篇文章或某个人的作品被引用情况。Web of Science 检索界面提供了简体中文和英文两种检索界面,用户可根据自身的需要自由选择,但检索词必须是英文。

(一)Web of Science 检索规则

1)检索词不区分大小写:可以使用大写、小写或混合大小写。

2)布尔逻辑算符"AND"、"OR"、"NOT"和"SAME"可用于组配检索词,从而扩大或缩小检索范围。布尔逻辑算符不区分大小写。例如,SAME、Same 和 same 返回的结果相同。

3)通配符"*"、"?"、"$"。其中,星号"*"表示任何字符组,包括空字符;问号"?"表示任意一个字符;美元符号"$"表示零或一个字符。

4)短语检索。若要精确查找短语,需要用引号。例如,检索式 "energy conservation" 将检索包含精确短语 energy conservation 的记录。这仅适用于"主题"和"标题"检索。

5)使用小括号改变检索的运算顺序。例如,(Pagets OR Paget's)AND(cell* AND tumor*)。

(二)基本检索(Search)

基本检索(Search)为用户提供了若干个检索框及检索字段。如图 8-1 所示。用户可以根据自身的检索需要,点击添加检索框及检索字段。

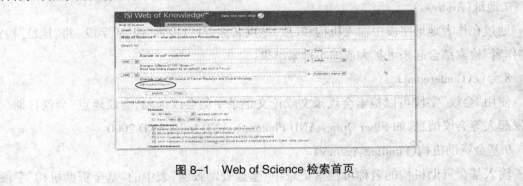

图 8-1 Web of Science 检索首页

基本检索(Search)途径提供多个检索字段,其主要字段的检索方法如下所述。

1.主题(Topic)

输入主题词可检索文章的标题、摘要、作者关键字。要查找精确匹配的短语,可使用引号,如 "global warming"。该字段支持布尔逻辑字符"AND"、"OR"、"NOT"、"SAME"及通配字符"*"、"?"、"$"的应用。例如,输入 enzym* 可查找 enzyme、enzymes、enzymatic 和 enzymology;输入 flavo$r 可查找 flavor 和 flavour。

2.标题(Title)

输入标题词可以对文献题名进行检索。检索技术与主题检索一致。

3.作者(Author)或编者(Editor)

输入作者或编者可检索来自期刊文献、会议录文献论文、书籍等各文献类型的作者或编者。可输入完整的姓名或使用通配符"*"、"?"、"$"输入部分姓名。规范格式是首先输入姓氏，再输入空格和名字首字母(最多输入五个字母)。还可以只输入姓氏，不输入名字首字母。例如,Driscoll C* 可查找 Driscoll C、Driscoll CF、Driscoll CM、Driscoll CMH 等，中文 wang zy 可检索出王志远、王正宇、王智云等著者的文章。该字段同样支持这一系统的布尔逻辑算符及通配符的使用。

4.团体作者(Group Author)

当机构或团体作为文章作者时,可按照团体作者处理。单击团体作者索引可直接添加到检索式的作者列表。

5.出版物名称(Publication Name)

输入出版物名称,可以检索记录中的"来源出版物"字段,包括期刊标题、书籍标题、丛书标题、书籍副标题、丛书副标题。

6.出版年(Year Published)

输入四位数的年份或年份范围,查找在特定年份或某一年份范围发布的记录。输入的出版年必须与另一字段相组配。可检索出与主题、标题、作者和(或)出版物名称检索式相组配的出版年。

7.地址(Address)

通过在作者地址字段中输入机构和(或)地点名称,可以检索"地址"字段。将"地址"检索与"作者"检索结合起来可扩大或缩小检索结果。

8.会议(Conference)

使用"会议"字段可以检索会议录文献论文记录中的会议标题、会议地点、会议日期、会议发起人等会议信息,如 Fiber Optics AND Photonics AND India AND 2000。

9.基金资助机构(Funding Agency)

输入基金资助机构的名称可检索记录中"基金资助致谢"表中的"基金资助机构"字段。可使用基金资助机构的完整名称和该机构的首字母以查找该机构的信息。

检索实例:查找 Web of Science 中 SCI-Expanded 数据库中 2004～2009 年以河北大学为作者单位发表的有关信息系统方面的文献。首先确定英文主题词为 "information system"和 "hebei Univ"。分别将这两个关键词输入到检索框,并选择相应的主题字段和地址字段。这两个字段之间的逻辑组配选择 AND；然后在检索条件限定区选择文献的入库时间为 2004 至 2009;最后选择 SCI-Expanded 数据库,如图 8-2 所示。点击"检索"按钮,检索结果如图 8-3 所示。

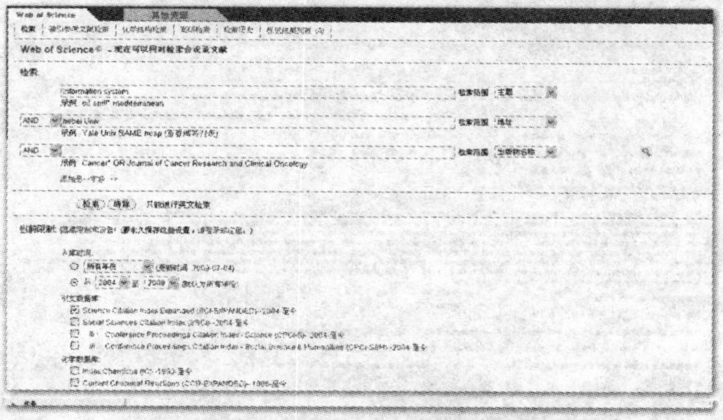

图 8-2 Web of Science 基本检索界面

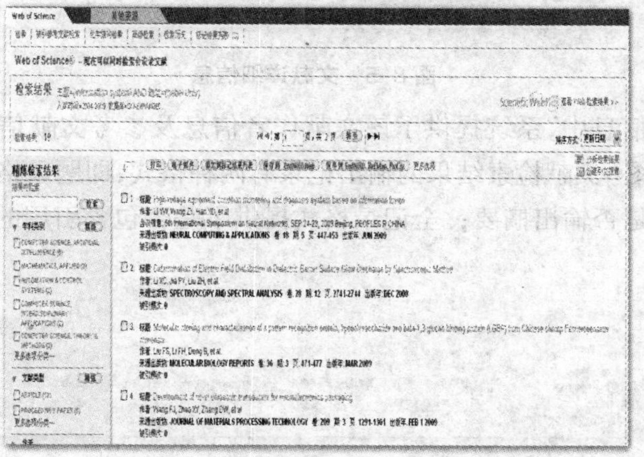

图 8-3 基本检索结果界面

在检索结果页面的左端提供了精练检索结果（Refine）功能，用户可利用这一功能对检索结果进行学科类别、文献类型、作者、来源出版物、出版年等条件的进一步限定。此外，在检索页面的右端提供了对文献结果的排序功能，包括按更新日期、被引频次、相关性、第一作者、来源出版物、出版年和会议标题等多个方面的排序。在排序方式的下方，系统还提供了对文献结果的分析功能，单击按钮，可对检索结果按作者、会议标题、国家/地区、文献类型、机构名称、语种、出版社等方面进行分析，如图 8-4 所示，一次最多可分析 1 000 000 条记录。利用分析检索工具可挖掘出更有价值的信息，有助于分析和判断某一领域隐含的研究趋势和模式。

图 8-4 检索结果分析界面

在图 8-3 所示的检索结果页面中选中第一篇文章，单击篇名打开该文献的摘要等详细信息，如图 8-5 所示。

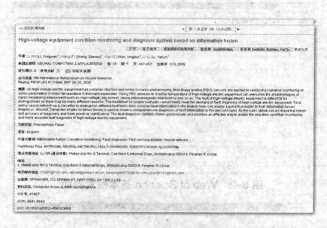

图 8-5　文献详细信息

在文献的详细信息中，系统提供了该文献作者信息及参考文献信息的链接，且提供了该文献的引证关系图。文献检索结果的输出记录有两种格式，即题录格式和全纪录格式。题录格式还可以选择是否输出摘要；全记录格式提供了是否包含引用的参考文献两种选择，如图 8-6 所示。

图 8-6　文献的输出格式

（三）高级检索（Advanced Search）

在页面点击"高级检索（Advanced Search）"按钮进入高级检索界面，如图 8-7 所示。

图 8-7　Web of Science 高级检索界面

在高级检索框的右端提供了高级检索所需的字段代码表及可使用的布尔逻辑算符，如

图 8-8 所示。字段代码都是使用两个字母的字段标识，布尔逻辑算符包括"AND"、"OR"、"NOT"、"SAME"。在一般检索(Search)中应用的检索技术同样适用于高级检索。在高级检索中，检索式的编制格式为："字段代码 = 检索词"。例如，TS=（fish AND batter* AND chip*）；CF=(Component Engineering AND Canada AND 2004)；AU=Kermasha S*。

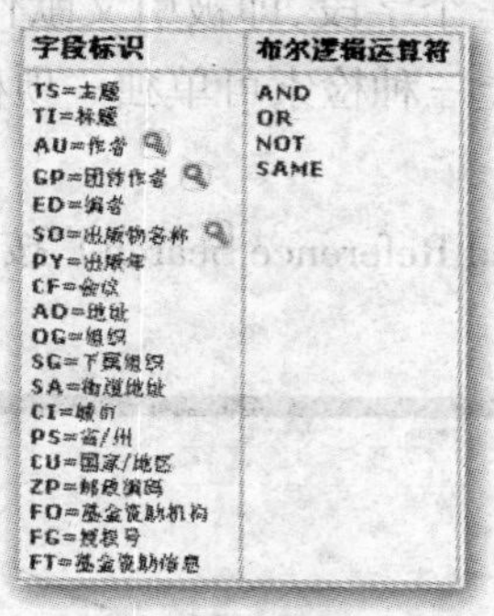

图 8-8　高级检索字段标识列表

高级检索实例：以一般检索（Search）中的课题为例，查找 Web of Science 中 SCI-Expanded 数据库中 2004～2009 年以河北大学为作者单位发表的有关信息系统方面的文献,在高级检索框中输入编制的检索式"TS=(information system) AND AD=(hebei Univ*)",如图 8-9 所示。点击"检索(Search)"按钮,检索结果如图 8-10 所示。

图 8-9　高级检索表达式

检索结果显示为 19 条,与一般检索结果一致。查看文献记录的内容同一般检索。

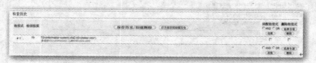

图 8-10.　高级检索结果界面

（四）被引参考文献检索(Cited Reference Search)

Web of Science 数据库的一大特点就是对所收录的每篇文献的参考文献进行加工标引,编制成引文索引,并为用户提供被引参考文献检索的入口。引文索引把已发表论文的参考文献作为索引词或索引条目,建立了文献之间存在的关系链。通过浏览某一纪录得参考文献

（Cited References）可追溯该篇文献作者研究思想的来源。浏览被引频次（Time Cited）揭示了该篇文献对当前研究的影响度，还可以查到谁正在引用这篇论文及谁又在引用论文的引用文献，获取所有时间段上的相关论文，发现具有新思想的被引论文，跟踪最新的研究热点，开拓研究思路，进行创新性科学研究。

被引参考文献检索页面包括三个字段，即被引文献作者（Cited Author）、被引著作（Cited Work）、被引用年（Cited Year）。以上三种检索可单独一项检索，也可以同时进行两项、三项逻辑"与"检索。

单击"被引参考文献检索（Cited Reference Search）"按钮进入被引参考文献检索界面，如图 8-11 所示。

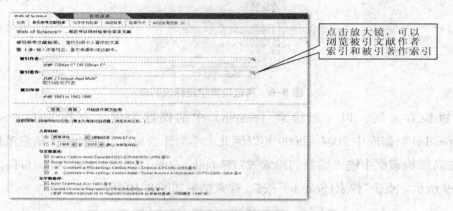

图 8-11　被引参考文献检索界面

1.被引作者检索（Cited Author）

虽然 ISI 只标引被引文献的第一作者，但如果这条引文同时作为一条来源记录被收录到数据库中，第二作者及其他作者也可以被检索到。检索的规范格式是：第一作者的姓（不超过 15 个字符），一个空格，不超过 3 个字符的名字首字母缩略式，用"OR"将第一作者与其余作者分开。例如，查找作者为赵春阳的论文被引用情况，在 Cited Author 文本框中输入要查找的被引作者的姓名"zhao cy"，如图 8-12 所示。单击"检索（Search）"按钮，得到检索结果界面如图 8-13 所示。

图 8-12　被引作者检索界面

图 8-13　被引作者检索结果界面

点击"View Record"按钮打开详细页面,可以看到页面的右端显示了引用文献的题录信息,如图 8-14 所示。点击"篇名"按钮,可打开引用文献的详细信息。

图 8-14　被引文献界面

2.被引著作(Cited Work)检索

通过检索被引文献的期刊或图书名称可检索被引文献。被引著作的名称不能超过 20 个字符。刊名使用缩写,点击"Cited Work"输入框旁的索引图标即可显示 ISI 源期刊的缩略表,但不包括非 ISI 源期刊的刊名。图书可以设为书名中前面一些重要的字符。例如,要查找"Lecture Notes in Computer Science"的期刊被引用情况,在 Cited Author 文本框中输入要查找的期刊的简称"Lect Notes Comput SC",如图 8-15 所示。单击"检索(Search)"按钮,得到结果界面如图 8-16 所示。

图 8-15　被引著作检索界面

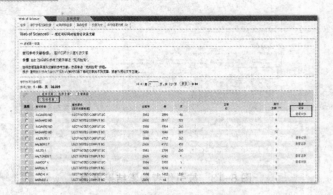

图 8-16 被引著作检索结果界面

单击图 8-16 界面中的"查看记录"链接,可看到该期刊的文献作者的被引情况,如图8-17 所示。也可选择单个被引作者,然后单击"完成检索"按钮,查看该作者被引用文献的信息。

图 8-17 被引文献界面

3.被引年份(Cited Year)检索

通过引文著作的出版年代检索文献。输入 4 位数字的出版年,或者输入用"OR"逻辑算符连接的一系列出版年。例如,在被引年份输入框中输入 2005,如图 8-18 所示,单击"检索(Search)"按钮,显示检索结果界面如图 8-19 所示。

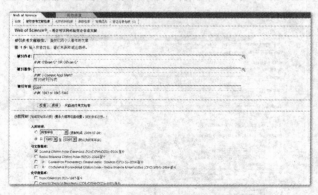

图 8-18 被引年份检索界面

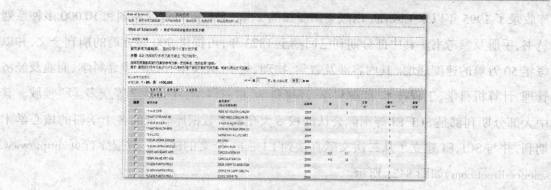

图 8-19　被引年份检索结果界面

四、web of science 的其他服务功能

（一）检索结果管理功能

Web of Science 所在的 ISI Web of Knowledge 平台提供了 EndNote Web 图书馆功能。用户注册成为合法用户之后，可以将检索结果概要页面保存到 EndNote Web。其注册或登陆界面如图 8-20 所示。

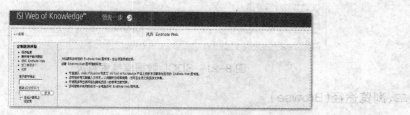

图 8-20　EndNote Web 注册及登陆界面

（二）跟踪服务功能

此功能允许用户将检索式保存到检索历史文件（My Saved Search）中，并创建"My Citation Alert"。"检索历史"表中最多可以保存 40 条检索式。检索历史包含检索式和为每个检索式选择的限制（如 Language=English），但不包含选择的入库时间。在"高级检索"页面，单击检索历史表中的保存"检索历史"/"创建跟踪"按钮，可以转至"保存检索历史"页面，在该页面可以将工作保存到主服务器或本地计算机。

第二节　Elsevier Science（SDOL）全文数据库

一、数据库概况

Elsevier 公司是荷兰一家著名的跨国科学出版公司，是全球最大的科技与医学文献出版发行商之一。该公司开发的 SDOL（ScienceDirect OnLine）是基于 Web 的全文数据库。该数据库收录了 1995 年以来 Elsevier 出版集团所属的 2 500 多种同行评议期刊和 10 000 多种系列丛书、手册及参考书。其中部分期刊已回溯至 1823 年,可提供 900 多万篇的期刊全文,并以每年 50 万篇的速度递增。其内容涉及数学、物理、化学、天文学、医学、生命科学、商业及经济管理、计算机科学、工程技术、能源科学、环境科学、材料科学、社会科学等众多学科领域。其中大部分期刊都是 SCI、EI 等国际公认的权威大型检索数据库收录的各个学科的核心学术期刊,并与 SCI、EI 建立了从二次文献直接到 Elsevier 全文的链接。数据库首页(http://www.sciencedirect.com)如图 8-21 所示。

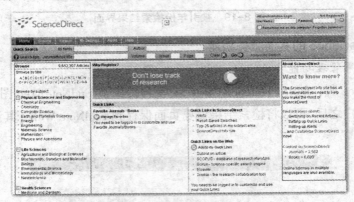

图 8-21　SDOL 数据库检索首页

二、浏览途径(Browse)

　　Elsevier Science(SDOL)全文数据库提供两种浏览途径,即按刊名字顺表浏览和按学科分类表浏览。在检索首页功能栏中点击"Browse"按钮,进入浏览界面,如图 8-22 所示。

图 8-22　SDOL 全文数据库浏览界面

(一)按刊名字顺表浏览(Journals/Books by Alphabetically)

　　在浏览页面中默认按刊名字母顺序浏览,单击 A ~ Z 字母列表中的字母链接,显示以该字母开头的期刊名称列表,如图 8-23 所示。用户可以按刊名逐卷逐期地直接阅读所需期刊。

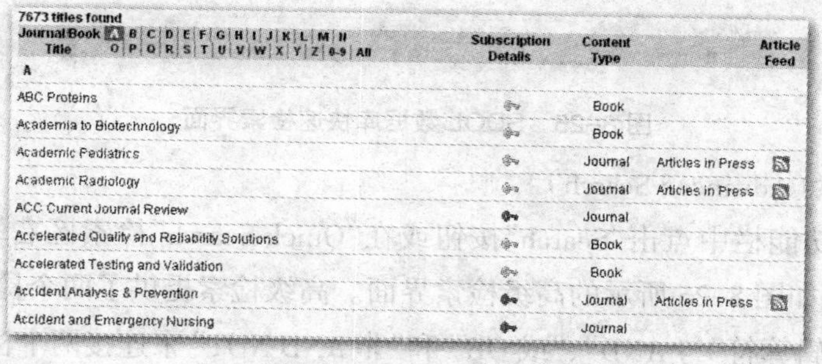

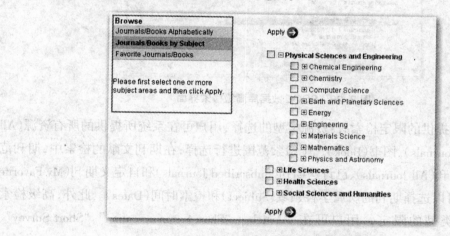

图 8-23　SDOL 刊名字顺浏览页面

（二）按学科分类表浏览（Journals/Books by Subject）

单击浏览页面左侧导航栏中的"Journals/Books by Subject"，进入学科分类列表界面，如图 8-24 所示。系统将期刊分为 4 大类，24 个小类。用户可按物理科学与工程（Physical Sciences and Engineering）、生命科学（Life Sciences）、保健科学（Health Sciences）、社会科学与人文（Social Sciences and Humanities）4 个大类进行分类浏览、逐层检索。用户可按类找到所需刊名，然后点击刊名逐卷逐期浏览所需期刊论文。

图 8-24　SDOL 学科分类浏览页面

三、检索途径

Elsevier Science（SDOL）全文数据库提供三种检索途径，即快速检索（Quick Search）、高级检索（Advanced Search）和专家检索（Expert Search）。

（一）快速检索（Quick Search）

快速检索位于 ScienceDirect 检索首页，用户进入首页后可直接进行快速检索。快速检索提供了简单的检索字段，包括所有字段（All fields）、来源（Journal/book title、Volume、Issue、Page）和作者（Author）。用户在所提供的字段中输入检索词，点击"Go"按钮执行检索命令，如图 8-25 所示。

图 8-25　SDOL 数据库快速检索界面

（二）高级检索（Advanced Search）

在检索首页功能栏中点击"Search"按钮或在"Quick Search"检索区右端点击"Advanced Search"按钮，进入如图 8-26 所示的高级检索界面。高级检索提供了两个检索条件的逻辑组配，可选择布尔逻辑算符"与 AND"、"或 OR" 和"非 AND NOT"来连接两个检索条件。高级检索所提供的检索入口有主题（Title,Abstract,Keywords）、作者（Author）、特定作者（Specific Author）、来源名称（Source Title）、文献篇名（Title）、关键词（Keywords）、摘要（Abstract）、参考文献（Reference）、国际标准刊号（ISSN）、国际标准书号（ISBN）、作者单位（Affliation）和全文（Full-text）。

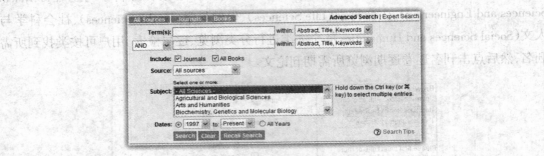

图 8-26　SDOL 数据库高级检索界面

高级检索中提供的限定检索有：资源类型的选择，用户可在系统所提供的所有资源（All Sources）、期刊（Journals）、图书（Book）三个检索范围进行选择；在期刊文献的检索中，期刊范围可选择全部期刊（All Journals）、已订购期刊（Subscribed Journals）和自定义期刊（My Favorite Journals），并且可以选择期刊的所属学科领域（Subject）和检索时间（Dates）。此外，高级检索还提供了文献类型的限定，用户可在"Article"、"Short Communication"、"Short Survey"、"Editorial"、"Discussion"等文献类型中限定检索结果。

高级检索的步骤具体如下。

1）在"Term(s)"两个检索框内分别输入检索词，并分别选择所需检索的字段范围。

2）选择字段与字段之间的逻辑算符，可选项为"AND（与）"、"OR（或）"、"ANDNOT（非）"，系统默认为："AND（与）"。

3）通过"Source"选择期刊范围。

4）在"Subject"中选择相应的学科领域。

5）确定检索时间（Dates）。

高级检索实例：查找有关信息资源的期刊文献，且刊名中含有信息管理。

在高级检索界面中，点击资源类型"Journal"按钮，进入期刊文献检索的界面。在检索要求中提取检索词：信息资源管理为"Information Resource"，信息管理为"Information Management"。在"Term(s)"第一个检索框内输入检索词"Information Resource"，选择检索字段为主题字段"Title,Abstract,Keywords"；在 Term(s)第二个检索框内输入检索词"Information Management"，选择检索字段为"Journal Name"。两个字段的逻辑组配关系为"AND"，如图 8-27 所示。

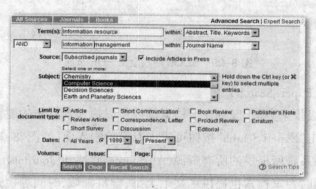

图 8-27　SDOL 数据库高级检索实例

在检索限定区，选择"Source"为已订购期刊"Subscribed Journals"；选择期刊所属学科领域为"Computer Science"，文献类型为"Article"。点击"Search"按钮，显示检索结果如图 8-28 所示。

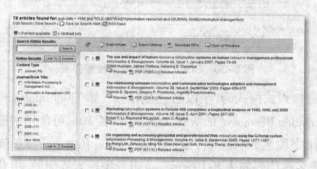

图 8-28　SDOL 数据库检索结果界面

检索结果显示，符合检索条件的有 78 条记录。由于选择的期刊范围是"Subscribed Journals"，故检索结果每篇文献前面都显示能够获取全文的绿色图标" ＝Full-text available "，否则为未订购的白色图标" ＝Abstract only "。在所检索到的文献中，用户可以自由选择其阅览范围：Preview（摘要浏览）、PDF（全文阅读）、Related Articles（相关文献）。其中，Preview（摘要浏览）提供了文章的摘要信息、提纲信息、图表信息和参考文献。点击"PDF（全文阅读）"按钮可进行全文在线阅读，如图 8-29 所示。用户也可在"PDF（全文阅读）"链接上单击右键，选择"目标另存为"，或者在打开的 PDF 全文中点击"保存副本"按钮，可将文献保存至本机硬盘。

图 8-29 SDOL 期刊全文 PDF 页面

（三）专家检索（Expert Search）

专家检索与高级检索类似，区别在于检索框内可以输入含有布尔逻辑算符的检索式。在高级检索界面中单击"Expert Search"按钮可进入专家检索界面，如图"8-30"。同样，在这个检索界面中，用户可在系统所提供的所有资源（All Sources）、期刊（Journals）、图书（Book）三个检索范围进行选择，同时专家检索也提供了文献类型、学科领域、时间等检索限定功能。

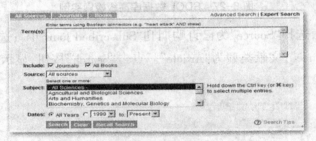

图 8-30 SDOL 数据库专家检索界面

专家检索采用的检索式格式为"字段名（检索词）"，如 Title（Information Resource）将检索到题名中含有"Information Resource"的所有文献。字段名 Title 可使用字段代码提供的简写形式"ttl"。如果不使用字段名，只输入检索词"Information Resource"，系统将在所有字段（All Fields）中检索。字段名称代码如表 8-1 所示。点击专家检索界面的，将获得更为详细的检索帮助信息。

表 8-1 Elsevier SDOL 数据库检索字段名称代码

Field Name （字段名）	Abbreviation （简写形式）	Discription （字段描述）
Title-Abstr-Key	tak	Contains the title, abstract, and author or publisher's keywords
Scrtitle	src	Contains the title of the journal
ISSN		Contains the ISSN (International Standard Serial Number) of the series. You can enter an ISSN with or without the hyphens. For example, you could enter ISSN0305-0548aseither0305-0548or03050548

Field Name（字段名）	Abbreviation（简写形式）	Discription（字段描述）
Title	ttl	Contains the English or non-English article or chapter title
Authors	aut	Contains the names of the authors of the document
Affiliation	aff	Contains the institutional or corporate address of the article's authors
Abstract	abs	Contains the full text of a document's abstract, all types of abstracts（e.g., non-English text）are included in this search plus the publishing information relating to the original document（e.g., the language of the publication）
Keywords	key	Contains the author's keywords and the publisher's index terms for the document
References	ref	Contains the bibliographic references cited at the end of the document
Appendices		Contains the article's appendices
Full-Text		Contains the full text of the document, excluding references

E1sevier Science（SDOL）支持以下检索字符。

1）布尔逻辑算符"AND"：与的逻辑,系统默认各检索词之间的逻辑算符为"AND"。

2）布尔逻辑算符"OR"：或的逻辑,用于检索词与其同义词、简写词或不同拼法的单词之间的组配。

3）布尔逻辑算符"ANDNOT"：非的逻辑。

4）W/nn：位置字符,限定两检索词在文献中的位置,W/nn字符前后的检索词可以互换位置。W 表示 Within,nn 表示介于两个检索词之间出现字符个数的最大值。

5）PRE/nn：位置字符,限定第一个检索词和第二个检索之间出现的字符个数。PRE/nn 字符前后的检索词可以互换位置。PRE 表示 Precedes,nn 表示前后两个检索词之间最多可以出现的字符数。

专家检索实例：以前面介绍的高级检索课题"查找有关信息资源的期刊文献,且刊名中含有信息管理"为例,在专家检索输入框中编制检索式"Tak（Information Resource）AND Src（Information Management）",在检索限定区,选择 Source 为已订购期刊"Subscribed Journals"；选择期刊所属学科领域为"Computer Science",文献类型为"Article",如图 8-31 所示。点击"Search"按钮,得出的检索结果同高级检索方式的检索结果相同。

四、SDOL 数据库的其他功能

SDOL 数据库除了提供浏览和检索服务外, 还提供了检索历史功能及个性化服务功能。个性化服务功能包括最新期刊目次报道服务、E-mail 提示功能、建立个人图书馆功能等,并支持 CrossRef 参考文献的全文链接。E1sevier 服务系统实现了与重要的二次文献检索数据库的全文链接,目前已经与 SCI、EI 建立了从二次文献直接到 E1sevier 全文的链接。

图 8-31　SDOL 数据库专家检索实例

第三节　SpringerLink 全文数据库

一、数据库简介

德国施普林格(Springer-Verlag)是 1942 年创立的世界上著名的科技出版集团,是目前自然科学、工程技术和医学(STM)领域全球最大的图书出版社和第二大学术期刊出版社。整个集团每年出版超过 1 700 余种期刊和 5 500 种新书。Springer 在电子出版方面处于领先地位,拥有全球最大的 STM 电子图书系列出版物。Springer 在网络出版方面也处于领先地位,其 SpringerLink 是全球科技出版市场最受欢迎的电子出版物平台之一。SpringerLink 于 1996年正式推出,是一个专为科技及医学研究人员设计的综合数据库,至今已成为全球最大的科技及医学信息在线数据库。SpringerLink 的内容横跨各个研究领域,涵盖不同学科,提供超过 1 700 种经同行评阅的期刊和 20 000 余本在线电子书,且每年增加超过 3 000 本电子书、电子参考工具书和电子丛书。2006 年 6 月 SpringerLink 升级进入第三代界面,成为全球第一个提供多语种、跨产品的出版服务平台,涵盖 Springer 出版的所有在线资源。Springer 将整个研究领域(包括在线期刊、电子书及电子参考工具书等)分为 13 个在线学科图书馆和两个特色数据库图书馆,所有内容均全部参与检索。

SpringerLink 数据库首页如图 8-32 所示。

SpringerLink 具有服务范围广、内容跨度大、免费存取、检索便利等特点。该系统整合了用户界面,包含在线期刊、电子书及电子参考工具书,并提供文献的参照链接和引证链接。用户可免费使用检索功能,并可阅览每种出版物的目次、文摘及编辑背景资料。

二、浏览方式

SpringerLink 数据库提供了三种浏览方式,即按内容类型(Content Type)浏览、按特色数据库(Featured Library)浏览和按学科(Subject)浏览,如图 8-33 所示。用户可任意点击需要浏览的标题。

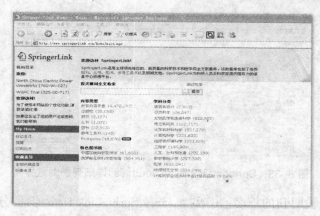

图 8-32 SpringerLink 数据库首页

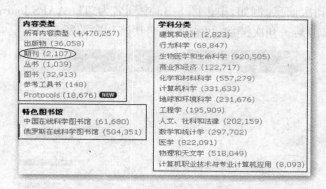

图 8-33 SpringerLink 数据库浏览区域

在这里举一个期刊浏览的例子,其他类型的浏览方式基本相同。单击图 8-33 中内容类型的"期刊(Journals)2107"可以浏览所有期刊,如图 8-34 所示。可以看到检索到期刊总量为 2 107 种,右侧一栏提供二次检索的检索框,可对浏览结果进行缩检,也可对文献结果进行时间、语种、学科等方面的限定。简单列表只对期刊篇名进行了揭示,需要点击具体篇名浏览期刊的详细信息。

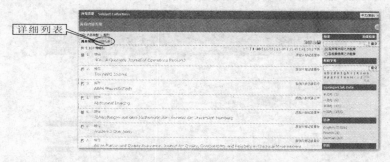

图 8-34 SpringerLink 期刊(Journals)简单列表浏览界面

单击图 8-34 期刊浏览界面左端的"详细列表"按钮可以看到更详细的期刊题录信息,如图8-35 所示。

图 8-35　SpringerLink 期刊（Journals）详细列表浏览界面

　　详细列表提供了期刊的篇名、出版社、ISSN、SpringLink Date、学科分类、学科等详细信息。用户可以利用页面右边的导航栏，精检检索结果。点击"篇名"（包括简单列表的篇名）可浏览期刊的所有刊次信息。例如，单击图 8-35 中刊名为"The AAPS Journal"，显示浏览结果如图 8-36 所示。单击某一刊次链接，可查阅该期刊该刊次的所有文章。

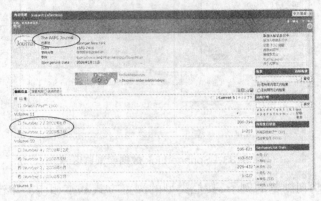

图 8-36　The AAPS Journal 浏览界面

　　选择"The AAPS Journal"2009 年 3 月 Volume11-Number1，浏览这一刊次的所有期刊，如图 8-37 所示。该数据库提供了 PDF 及 HTML 两种格式的全文阅读。在就检索结果界面中点击某一篇文章的"PDF 链接"图标，即可浏览全文，如图 8-38 所示。要阅读 PDF 格式的全文，需要下载支持 PDF 格式的浏览器。

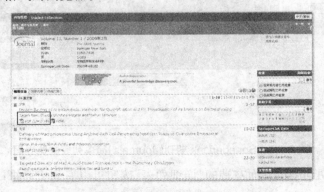

图 8-37　Volume11-Number1of The AAPS Journal

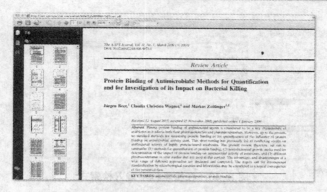

图 8-38 检索文献全文 PDF 浏览界面

三、检索方式

SpringerLink 提供了基本检索和高级检索两种方式。

(一)基本检索(Search)

在 SpringerLink 数据库主界面右上部分的检索词输入框内输入关键词,即可进行检索,如图 8-39 所示。

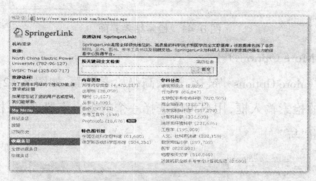

图 8-39 SpringerLink 基本检索界面

用户可以在输入框中输入单一字段的关键词,直接点击"提交(Go)"按钮;也可以使用系统提供的用检索表达式构建对话框,精确用户检索。

检索实例:查找信息资源管理方面的文献,要求题名中含"信息资源",摘要中含有"管理"。确定检索词"Information Resource"和"Management"。在检索框中编制检索表达式"Ti:(Information Resource)and Su:(Management)",如图 8-40 所示。单击"提交"按钮,显示检索结果,如图 8-41 所示。

在检索结果界面中,输入的检索词(Keyword)被高亮显示。列出检索结果的总数 61 条,所有检索结果按照相关度,以"详细信息列表(Expanded View)"和"简要信息列表(Condensed View)"两种方式列出。进一步的结果浏览同上一节中的浏览方式相同。

图 8-40　在检索框中输入检索式

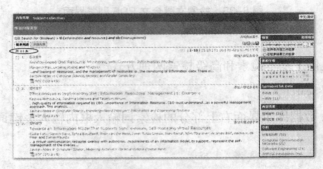

图 8-41　检索结果界面

(二)高级检索(More Options)

单击"高级检索(More Options)"链接,进入高级检索界面,如图 8-42 所示。高级检索方式提供了多个字段的检索输入框,用户可以选择一个或多个字段,输入检索词,检索之间的逻辑组配关系是逻辑"与"。

图 8-42　SpringerLink 高级检索界面

检索实例:以基本检索的课题为例,查找信息资源管理方面的文献,要求题名中含"信息资源",摘要中含有"管理"。确定检索词"Information Resource"和"Management"在标题字段检索框中输入"Information Resource",在摘要字段检索框中输入"Management",如图 8-43 所示。单击"检索(Find)"按钮,显示的检索结果同基本检索的检索界面如图 8-44 所示。

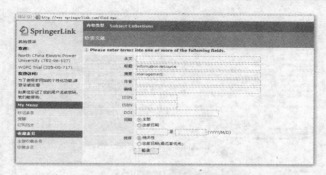

图 8-43　输入检索词界面

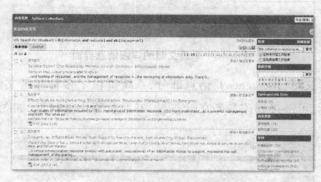

图 8-44　高级检索界面

(三)被引用的参考文献链接

　　SpringerLink 通过超链接的方式,在数据库中的所有文献之间建立了内部关联,以便用户便捷地获取资源。而且,SpringerLink 也为用户提供了以直接或间接的方式链接到许多其他合作机构资源的功能。在图 8-45 所示的期刊文献检索结果界面中,点击文献"篇名",即可进入该篇文献的详细信息界面,如图 8-46 所示。

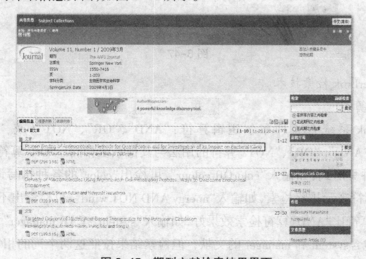

图 8-45　期刊文献检索结果界面

图 8-46　单篇文献的详细信息界面

在文献的"参考文献（Reference）"信息部分，系统提供了多种参考文献的链接方式。例如，单击" "图标，可链接到该参考文献在 NCBI 数据库中的信息，如图 8-47 所示。

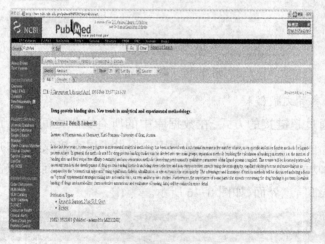

图 8-47

（四）SpringerLink 检索技术

1.布尔逻辑算符

Springer Link 系统有 4 种布尔逻辑算符："AND"、"OR"、"NOT"（或 "AND NOT"）、"NEAR"。其中"AND"、"OR"、"NOT"算符的用法与其他系统相同。"OR"算符还可以检出同一个词的不同拼写形式，如输入"colorOR colour"，可检出"color"的各种拼写词。"NOT"（或"AND NOT"）算符表示排除检索，如输入"anergy AND NOT wind"，可检索出不含风能的能源文献。"NEAR"算符比"AND"算符检索效果好，如输入"system NEAR manager"，可以检索到特定字段中同时包含system 和 manager 的文献，但检索结果按照这两个词的相邻程度排序，两个词的位置越靠近，排序越靠前，而"AND"算符不具备排序功能。

2.截词算符

截词算符"*"用于词的尾部,代替任意多个字符,表示前方一致检索,如输入"nlacro*",可以检索到含有 macmcode、macroeircuit 等的文献。

3.优先算符

使用优先算符"( )",系统先运算( )中的检索式,再运算其他组配运算。

4. 词组检索

词组必须置于双引号""中,如输入"system manager",系统按照给定词组的准确顺序进行检索。

5.其他检索技术

著者检索只输入姓即可,名在检索过程中常被忽略。系统将冠词、介词、连词等虚词,如 the、all、about、either 等,视为噪声词,在检索过程中忽略不计。

四、SpringerLink 的个性化功能

SpringerLink 提供的个性化功能十分简单易用,可以使用户检索起来更加方便。要使用该项功能,需要先行注册个人用户信息。在 SpringerLink 首页的左侧提供有注册或登陆入口。注册成功并登陆后,用户可以利用"我的 SpringerLink(My SpringerLink)"功能,保存和查看前一次的检索,可使用"定题服务(Alerts)"、"订购历史(Order History)"、"可将已保存的条目(Saved Items)"功能,将其一直保存在用户创建的收藏夹(如"Favorites")中。

本章关键术语:

SCI;ISTP;Web of Science;SDOL;SpringerLink

本章思考题:

1. 简述 Web of Science 的主要内容。

2. 比较 E1sevier(SDOL)与 SpringerLink 两个全文数据库在收录范围和检索方式方面的异同。

3. 利用国外文摘型、全文型数据库检索与自己所学专业相关的学术期刊论文,对各数据库的检索结果进行比较。

4.实习课题:

1)拟定自己感兴趣的一个课题作为检索内容。

2)使用专家检索方式,分别在 Web of Science 数据库平台的 SCI 数据库、E1sevier(SDOL)数据库和 SpringerLink 数据库中构建相应的检索式进行检索。

3)比较分析每个数据库的检索结果,进一步掌握这些数据库在收录范围、检索技术、检索方法等方面的共同点与不同点。

第九章　网络信息资源的检索与利用

【内容提要】

本章将主要介绍网络信息资源的类型和特点,网络信息检索的检索方法,重点介绍网络信息检索常用检索工具——搜索引擎的工作原理及其使用方法。通过本章学习,应了解网络信息资源的类型和特点,以及搜索引擎构成及运作的基本原理,掌握常用搜索引擎得主要类型及使用方法。

第一节　网络信息资源概述

21世纪,人类已全面进入信息时代。随着信息技术的不断进步和互联网的迅猛发展,网络从根本上改变了人类信息的生产、流通、分配和利用模式,创造了人类最先进的信息传播交流方式。它连通了全世界,服务于全人类,给人类的政治、文化和社会生活带来了不可估量的影响,推动着人类由工业文明迈向信息文明。

网络信息资源的出现,使人类信息资源的开发利用进入了新的时代。网络上的信息资源涉及自然科学、人文社会科学的各个学科与专业,包括教育科研和医疗卫生等各种组织和机构,覆盖政治经济、文化教育、新闻出版和娱乐等各个领域,是一个取之不尽、用之不竭的信息宝库,是当今世界上最受欢迎、最流行的全球信息资源网络。虽然互联网信息资源呈几何级数增长,但是人们利用互联网信息资源却越来越困难,因为互联网信息既丰富多彩又杂乱无章,这就需要我们对互联网信息资源进行深入系统的研究,以便快速有效地利用它。

一、网络信息资源的含义

网络信息资源是指以电子资源数据的形式将文字、图像、声音、动画等多种形式的信息存放在光、磁等非印刷的介质中,并通过网络通信、计算机终端等方式再现出来的信息资源的总和。

利用网络是当今获取信息的最主要途径。从时间和空间上讲，网络对用户没有任何限制，覆盖面遍及全球，24 小时从不间断。就信息符号而言，网络采用宽频传输文字、图像、影视、声音等多种媒体；就服务类型而言，网络提供的信息服务包括数据库、全文文本、电子函件、文件传输、电子布告、电子论坛等；就检索技术而言，网络采用人工智能、专家系统、超文本、友好界面等让用户访问网上的各种信息资源。因此，无论在服务内容、方式、深度、广度、效果和效益等方面，网络信息资源几乎胜过了以往所有传统的信息资源，已成为人们查找信息的首选目标。

二、网络信息资源的特点

作为一种信息的信息资源形式，网络信息资源主要具有以下特点。

(一)信息量大，增长迅速

Internet 是个开放的信息传播平台，任何机构、任何人都可以将自己拥有的且愿意让他人共享的信息传输到网上。在这个庞大的信息供应源中，起主导作用的主要有公共图书馆、互联网信息资源服务商、传统媒体、传统联机服务商、高等院校、科研机构、各类商业公司等。

(二)时效性强、传播速度快

网络信息每时每刻都在进行更新，并且是一种即时传播方式，将信息一经放到网络上，在全球任何联网的计算机上都可以同时查看到。

(三)内容丰富、形式多样

Internet 是信息的海洋，信息内容几乎无所不包，有科学技术领域的各种信息，也有与大众日常生活息息相关的信息；有严肃主题信息，也有体育、娱乐、旅游、消遣和奇闻趣事；有历史档案信息，也有显示现实世界的信息；有知识性和教育性的信息，也有消息和新闻的传媒信息；有学术、教育、产业和文化方面的信息，也有经济、金融和商业信息。

(四)交互功能强

Internet 是交互性的，不仅可以从中获取信息，也可以向网上发布信息。Internet 提供讨论、交流的渠道。在 Internet 上可以找到提供各种信息的人，如科学家、工程技术专家、医生、律师、教育家、明星及具备各种专长和爱好人们；也可以找到一些专题讨论小组，通过交流、咨询获得专家和其他用户的帮助，同时也可发表个人的见解。

(五)信息检索方便

网络上有各种各样的检索工具，检索途径多，检索效率高。

(六)稳定性差、质量不一

互联网上的信息地址、信息连接、信息内容均具有动态性，信息资源的更迭、消亡无法预测。

(七)信息组织的局部有序性与整体无序性

各搜索引擎和站点目录都收集大量的 Internet 站点，并按照专业和文献信息类型分类，实现了信息组织的局部有序化。但是，由于 Internet 上的信息急剧膨胀，仍有大量信息被淹没在信息的海洋里，这种无序性必将影响信息检索的系统性、完整性和准确性。

三、网络信息资源的种类

(一)按网络信息资源的来源划分

发布网络信息资源的主体有政府部门、公司企业、研究机构、教育机构、社会团体及个人，客体可以分为网站与网页。因而，形成了站点式信息资源和网页式信息资源两大类。不同类型的网站提供的服务重点也不一样，如政府网站主要提供政府公告、法律法规、政府新闻、行业信息等；商业网站主要提供电子商务、新闻等；而企业网站的信息资源则是企业介绍、市场信息和产品等。

因此，网络信息资源按信息来源的不同可划分为政府、公众、商用、个人等信息资源。政府信息资源主要包括各种新闻、统计信息、政策法规文件、政府档案、政府部门介绍、政府取得的成就等；公众信息资源主要包括公共图书资源、科技信息资源、新闻出版资源、广播电视信息资源等；商用信息资源，即商情咨询机构或商业性公司为生产经营者或消费者提供的有偿或无偿的商用信息，包括产品、商情、咨询等类型的信息。

(二)按照所采用的信息传输协议划分

1.WWW(Web)信息资源

WWW 是 World Wide Web 的缩写，也可以简称为 Web，中文名称为万维网，是指建立在超文本、超媒体技术的基础之上，以直观的图形用户接口(GUI)展现和提供信息的网络资源形式。它使用简单，功能强大，能方便迅速地浏览和传递分布于网络各处的文字、图像、声音和多媒体超文本信息，问世以来发展迅速。互联网上的 Web 服务器以每年翻几倍的速度增长，从而成为互联网信息资源的主流。WWW 是建立在客户机／服务器模式之上，以 HTML 语言和 HTTP 协议为基础，通过 Internet 把遍布世界各地的服务器连接起来构成的一个环球信息网络空间。

2.Telnet 信息资源

Telnet 信息资源是指借助远程登陆(Remote Login)，在 Telnet(Telecommunication Network Protocol，远程登陆协议)的支持下，在远程计算机上登陆，使自己的计算机暂时成为远程计算机的终端，进而可以实时访问、使用远程计算机中对外开放的相应资源。简言之，就是通过远程登陆后，可以访问、共享远程登陆系统中的资源。这些资源既包括硬件资源，如超级计算机、精密绘图仪、高速打印机、高档多媒体输入／输出设备等；也包括软件资源，如大型的计算机程序、图形处理程序及大型数据库等信息资源。目前，互联网上最具知名度、用户最多中一种 Telnet 类型的信息资源是 BBS(Bulletin Board System，电子布告栏系统)。

3.FTP 信息资源

FTP(File Transfer Protocol)是互联网使用的文件传输协议。该协议的主要功能是完成从一个系统到另一个系统完整的文件复制，即在互联网的联网计算机之间传输文件。通过 FTP 可能获得的信息资源类型很广泛。广义地说任何以计算机方式存储的信息均可保存在 FTP 服务器中。

4.用户组信息资源

网上各种各样的用户通信或服务组是互联网上最受欢迎的信息交流形式，其中包括新闻组（Usenet Newsgroup）、邮件列表（Mailing List）、电子邮件群（Listserv）、专题讨论组（Discussion Group）、兴趣组（Interest Group）和辩论会（Conference）等。这些电子通信组形式所传递和交流的信息就构成了互联网上最流行的一种信息资源，是一种最丰富、最自由、最具开放性的资源。它们都是由一组对某一特定主题有共同兴趣的网络用户组成的电子论坛，是互联网上进行交流和论坛的主要工具。

5.Gopher 信息资源

Gopher 是一种基于菜单的网络服务，类似于万维网的分布是客户机/服务器形式的信息资源体系。它是互联网上的一种分布式信息查询工具，各个 Gopher 服务器之间彼此连接，全部操作是在一级菜单的指引下，用户只需在菜单中选择项目和浏览相关内容，就完成了对互联网远程联机信息系统的访问，而无需知道信息的存放位置和掌握有关的操作命令。

（三）按照信息交流的方式划分

1.正式出版的信息

正式出版的信息是指受到一定的知识产权保护、信息质量可靠、利用率较高的知识性、分析性信息，如各种网络数据库、电子期刊、电子图书、电子报纸和图书馆目录等。

2.半正式出版的信息

半正式出版的信息又称灰色信息，是指受到一定的知识产权保护但没有纳入正式出版信息系统的信息，如各种学术团体和教育机构、企业和商业部门、国际组织和政府机构、行业协会等介绍、宣传自己或其产品的描述性信息，其中以政府信息、人文科学领域的信息为最重要的互联网信息资源。

3.非正式出版的信息

非正式出版的信息是指流动性、随意性较强，信息量大、信息质量难以保证的动态性信息，如电子邮件、专题讨论小组和论坛、电子学术会议、电子布告板新闻等工具上的信息。

（四）按照是否收费划分

1.收费信息资源

收费信息资源是指用户需要先注册登记，并通过一定的付费方式缴纳所需费用后才可使用的信息资源。一般来说，商业机构开发的大型、历史悠久、成本费用高的系统采用收费方式的较多。

2.免费信息资源

免费信息资源多为非营利性公司开发的小型的、实验性的、新上网的数据库。

第二节　网络信息资源检索方法

网络信息资源的检索方法主要包括两种方式：一种是基于浏览的方式，即按超链接点击浏览；一种是基于关键词的方式，如站内搜索、利用搜索引擎等。

一、基于浏览的检索方式

基于浏览的检索方式又分为不依靠任何检索工具的浏览和依靠检索工具的浏览。

（一）不依靠任何检索工具的浏览

在互联网上发现和检索信息最原始的方法就是顺链而行的浏览方式，即在日常网上漫游过程中，随机发现一些有用的信息。这种方式没有太强的目的性，和在书市上"淘书"有几分相似，有时会有一些意想不到的收获，但也有可能一无所获。它的特点是不依靠任何检索工具。用户在浏览 Web 网页的时候，利用文档中的超链接从一个网页转向另一相关网页，有些类似于传统文献检索中的"追溯检索"，即根据文献后所附的参考文献目录去追溯相关文献，一轮一轮地不断扩大检索范围。这种方式可以在很短的时间内获得大量相关信息，但也有可能在"顺链而行中偏离检索目标，或迷失于网络信息空间中"，而且找到合适的检索起点也不容易。

个人用户在上网浏览的过程中常常将一些常用的站点地址记录下来，组织成目录以备今后之需，如利用 IE 的"加入收藏夹"功能和 Netscape 的"Bookmark"功能。同时，用户通常也能记忆一些常用的网址，但这种方法只能满足一时之需，相对于整个网络资源的发展，其检索功能是微不足道的。

不依靠任何检索工具的浏览适合以下几类信息检索的目的。

1）延伸已有信息范围：顺着原文提供的超链接查找一些与已获得信息相关的信息，如从某一文章直接转到该文章的某篇引用文献。

2）跟踪新信息：如定期浏览某些网站或栏目，以保证对某一领域的信息有及时的了解。

3）网上信息调研：该类信息收集行为的目标性不强，但多有一定的收集范围。

4）好奇心驱使：因某一信息的刺激而引发对其进一步进行探究的浏览行为。

5）消遣性浏览：随意的、漫游式的，以休闲、消磨时间为主要目的的浏览。

6）享受浏览经验：这是一种以浏览这一过程本身作为目的的"过程性满足"行为。

（二）借助检索工具的浏览

不依靠任何检索工具，想从互联网上检索到自己需要的信息是非常困难的，有"漫无目的"之嫌，而信息检索通常带有比较明确的目的，为了快速准确地实现这些目的，即使采用基于浏览的方式进行检索，也需要借助一定的检索工具。

最常见的基于浏览的检索工具自然是以 Yahoo 为代表的网络资源目录,这种工具是由信息管理专业人员在广泛搜集网络资源及有关加工整理的基础上,按照某种分类体系编制的一种可供检索的等级结构式目录。使用此类工具的浏览过程被称为"分类检索"。这是一种"自顶向下、进步细化"的检索方法。从根目录开始,每一层都分布有若干"类别",选择其中一个,就可沿此分支看到该类之下的其他类别,直到所需的目标信息出现在某个类别里。此外,各种类型的虚拟图书馆和学科导航等工具,就分类浏览这一相同检索方式而言,也属于同一范畴。

目录式的检索工具使用起来非常简单,只要沿着从大类到小类一层一层地超链接向下浏览即可。检索中要学习的就是掌握它的目录分类原则,确定自己要找的网站应该在哪个类别,然后逐级点击寻找。这种方法在用户需要寻找某一方面、某一范围信息时效果特别好。不过,这里必须指出的是:各搜索引擎的目录分类原则不尽相同,还经常变化,并且随着网站数量呈几何级数增长,用户需要点击翻找的页数也会越来越多。

此类检索工具的优点是检索质量较高。因为目录通常由各学科的专业人员编制,分类合理,同时入选各个类别的网站都经过了较严格的筛选和验证,信息资源的利用价值较高。缺点有两个:一是检索到的信息数量有限,因为人工编制的目录只能收集到整个网络资源中非常少的一部分,所以检索时可能遗漏不少有价值的信息;二是新颖性不够,因为依靠人工维护的目录其更新速度不会很快。

(三)基于浏览的检索方式的特点

基于浏览的方式检索互联网信息资源,其最大的特点在于超文本浏览方式的介入。在网上,用户一方面可以采用传统的线性方式,对各个文件中的信息依次进行阅读;另一方面,也可根据节点之间的超文本链接关系,循着链接进行相关节点的非线性浏览。

通过浏览来检索互联网信息资源,有如下优点。

1)能够针对具体任务或问题找到相关信息。

2)方便对检索到的结果信息进行筛选。

3)在检索过程中,能够使不甚明确的信息需求得以清晰化。

4)有时能获取一些意外信息。

5)容易使用户突破本学科领域的界限,获取跨学科、跨行业信息。

6)在基于图像、声音内容检索的难题尚未得到根本性突破前,浏览是检索多媒体信息比较实用的方法。

但这种检索方式的缺点也是很明显的,表现如下。

1)用户获取信息的偶然性较大,容易造成时间和经费上的浪费,这一点在不使用检索工具时表现得尤为明显。

2)检全率不高,无论是否依靠目录或检索工具,都很难找全用户需要的所有信息。

3)导致信息迷航,即信息链接的多样性与用户在浏览路径选择上的随意性会导致其在多次跳转后迷失方向。

二、基于关键词的检索方式

随着互联网的商业化,其发展日新月异,信息急剧膨胀,已有的网络资源目录数据量有限,更新不及时、相对成本较高等弊端逐渐显露出来。基于浏览的方式已经无法满足用户快速准确定位网上目标信息的需要,而基于关键词的检索方式在搜索引擎自动全文索引技术的支持下,逐渐受到人们的重视,现在已经成为检索互联网信息资源最主要的检索方法。

关键词又称自由词,属于自然语言范畴。关键词是直接来自文献本身,能够反映文献主题概念,具有实际检索意义的词语。以搜索引擎为代表的基于关键词的检索工具能够利用全文索引技术,标引每一篇文档的每一个关键词,形成庞大的索引库。用户使用关键词进行检索,检索工具把用户输入的关键词与索引库中的词表进行匹配,所有出现该关键词的文档都将被检索到。这种检索方式大大克服了浏览方式中出现的检全率不高的问题。

（一）基于关键词的检索工具

基于关键词的检索工具中最有代表性的就是搜索引擎,如现在最流行的 Google,关于它的技术细节将在下一节中详细介绍。还有一类与搜索引擎很相似的工具,称为元搜索引擎。元搜索引擎本身并没有存放网页信息的数据库,当用户检索一个关键词时,它把用户的检索请求转换成其他搜索引擎能够接受的命令格式,并行地访问数个搜索引擎来检索这个关键词,并把这些搜索引擎返回的结果经过处理后再呈现给用户。

（二）基于关键词检索的特点

1.使用关键词检索网络信息资源的优点

（1）检索简单易行,利于上手

基于关键词的检索工具建立了全文索引,用户可以使用任意关键词进行检索。由于关键词直接来自网页和文献资源本身,专指度高,用户可任意检索,不受词表的控制,也不必对用户进行培训,用户可较自由地表达主题概念和信息需求。同时基于关键词的检索工具其界面一般也相当简洁友好,如 Google 的界面就是一个关键词输入框,用户非常容易上手,检索方便、简单。

（2）检索到的信息较新,时效性好

基于关键词的检索工具其索引数据库更新速度都很快。由于采用自动跟踪和索引软件,可以跟踪网络信息的最新动向,及时增、删、改新词,时效性好,搜索引擎的索引大约 2～3 周就更新一次,对某些站点几乎是每天更新,而站内检索工具对本网站的信息索引则达到了实时更新的程度。

（3）可以达到较高的检全率

关键词语言是完全专指的,它可以对网站、网页的题名、摘要、全文中出现的任何一个有实际意义的词进行检索,只要检索工具索引过的都不会漏掉,所以能够提高检全率。

（4）符合检索语言的文献保障原则和用户保障原则

在信息检索中,文献保障原则指索引用词选取应以文献作为依据,基于关键词的检索,其所有索引用词全部来自网络文档本身,都是文献中确实存在的词。用户保障原则指拟选择的词在检索中是否被人们经常使用,用户使用关键词检索的时候,本身就意味着该词是被经常使用的。

2.使用关键词检索网络信息资源的缺点

基于关键词的检索方式也并非无懈可击,尤其是在目前的技术水平下,基于关键词的检索系统还面临着诸如分词、语言识别、语义联想等方面的问题。因此,基于关键词的检索也有以下缺点。

(1)关键词语言难以反映词间的相关关系

在关键词之间存在着大量的同义现象、近义现象、一词多义和同形异义现象,而基于关键词的检索工具很少对此进行规范化处理,致使文献和检索提问中隐含的概念或需求往往难以表达出来,漏检率较高。例如,使用"东瀛"一词进行检索,系统不会自动将出现"扶桑"的文档找出来,虽然二者都指日本。

(2)分散主题,影响查准率

由于关键词选词没有限制,词库词量偏大且杂乱,反而会分散主题,影响查准率。搜索引擎最受用户诟病的地方就是总能检索出一大堆无用的信息。基于关键词的检索工具对自动采集标引的网页不作筛选和处理,使得用户需要花大量的时间和精力去判别、选择自己所需的信息,因而加大了用户的负相。

(3)自动标引无法完全解决标引不一致的问题

以前人们普遍认为采用自动标引可以排除人工标引时由于人与人之间认识上的差异和同一个人在不同时间认识上的差异而造成的标引不一致,只要保持同样的标引软件和抽词词典,标引结果就不会有差异。而事实并非如此。如果不同的著者对同一内容或同一主题的文献采用了不同的表达方法,则标引结果就不会一致。这种情况是大量存在的,因而仅仅靠自动标引本身无法消除标引不一致的问题。

由上述分析可见,互联网信息检索中,基于浏览和基于关键词的方法各有其独到的作用与特点。事实上,基于浏览的检索和基于关键词的检索不过是网上信息检索行为的两种表现,虽然可以按有无明确的信息需求目标来对二者加以区分,但这种区分从根本上讲只是一种程度之分。在实际的信息活动中,二者往往是同时进行的,难以绝对分清。例如,用搜索引擎检索返回结果列表后,仍需要用浏览的方式寻找最适合自己需求的结果。所以,互联网信息检索工具的一个趋势就是浏览与关键词检索相结合,像 Google 和 Yahoo 这些著名的检索工具都同时整合了两种检索方式,用户既可以通过输入关键词检索,也可以通过主题目录一层一层浏览。

第三节　网络信息资源检索工具——搜索引擎

近几年,互联网的发展使信息采集、传播和利用无论是在规模上还是在速度上都达到了空前的水平。互联网上的信息呈几何级数增长(仅 2002 年一年产生的网络信息就有 500 万

TB），信息内容涉及广泛，几乎包括工农业生产、科技、教育文化艺术、商业、信息资讯、娱乐休闲等诸多方面，成为人类技术和文明的巨大财富，是全球取之不尽、用之不竭的信息资源基地。但同时也随之出现了新的问题：人们在浩如烟海的信息面前无所适从，想迅速、准确获取自己最需要的信息变得十分困难。为了解决这一问题，20 世纪 90 年代中期出现了检索互联网信息资源的搜索引擎技术。

搜索引擎的起源可以追溯到 1990 年由加拿大蒙特利尔大学学生 Alan Emtage 开发的 Archie。Archie 用于检索分散在各 FTP 服务器上的文件，但其工作原理与现在的搜索引擎很接近。1993 年底，人们认识到既然所有网页都可能有指向其他网站的链接，那么从跟踪一个网站的链接开始，就有可能检索整个互联网，这一简单想法就是搜索引擎的基本原理。

一、搜索引擎的含义

引擎是英文"Engine"的音译词，代表发动机，搜索引擎即"Search Engine"，具有导航的含义。目前关于搜索引擎的说法很多，国内还没有一个明确的定义。一般而言，我们可以从广义和狭义的角度去理解。

从狭义的角度来说，搜索引擎是指对万维网站点资源和其他网络资源进行标引和检索的一类检索系统机制，由信息搜索器、索引器、检索器和用户界面四部分组成。信息收集软件从一个一致的文档集合中读取信息，并检查这些文档的链接指针，找出新的信息空间，然后取回这些新空间中的文档，并将它们加入到索引数据库中。查询接口通过索引数据库为用户的查询请求提供服务。

从广义上讲，搜索引擎是互联网上的一类网站，是在 Web 中主动搜索信息（搜索网页上有意义的单词和简短的对特定内容进行描述的词）并将其自动标引的 Web 网站及标引的内容存储在可检索的大型数据库中，建立相应的索引和目录服务，从而对用户提出的各种问题作出响应，提供用户所需的信息或相关的指针。这类网站与一般网站不同，它是互联网上专门提供检索服务的一类网站，即互联网上具有检索功能的网页。

二、搜索引擎的组成

（一）搜索器（Robot）

20 世纪 90 年代，"机器人"（Robot）一词在计算机编程者中用于特指某种能以人类无法达到的速度不间断地执行某项任务的软件程序。由于专门用于检索 Web 信息的"机器人"程序像蜘蛛一样在网络间爬来爬去，因此，作为 Web 搜索器的"机器人"就被称为"网络蜘蛛"（Spider）。"网络蜘蛛"的功能就是在互联网中不断漫游，发现和搜集信息。作为一个计算机程序，搜索器日夜不停地运行，尽可能多、尽可能快地搜集各种类型的新信息，并定期更新已经搜集过的旧信息，以避免出现死链接和无效链接。

机器人要在网络上爬行，就必须建立 URL 列表来记录访问的轨迹。在超文本技术中，指向其他文档的 URL 隐藏在文档中，所以机器人需要对超文本进行分析，从中提取出 URL，所有互联网上的机器人搜索程序都有如下工作步骤。

1)机器人从起始的 URL 列表中取出 URL,并从网上读取其指向的内容。

2)从每一个文档中提取某些信息,如关键字或整个网页,标引完这些检索点上的新文档后将其加入到索引数据库并组成倒排文档。

3)从文档中提取指向其他文档的 URL,并加入到 URL 列表中。

4)重复上述三个步骤,直到再没有新的 URL 出现或超过了某些限制(时间或磁盘空间)。

5)给索引数据库加上检索接口,向网上用户发布或提供给用户检索。

（二）索引器（Indexer）

索引器的功能是理解搜索器所搜索的信息,从中抽取出索引项,并生成文档库的索引表。索引项有客观索引项和内容索引项两种:客观索引项与文档的语意内容无关,如作者名、URL、更新时间等;内容索引项则是用来反映文档内容的,如关键词及其权重、短语、单字等。

（三）检索器（Searcher）

检索器功能是处理用户查询要求。检索器根据用户输入的提问词,按照一定的算法,在索引数据库中进行提问词与索引词的模糊匹配,并对所有的查找出文档进行集合运算,将结果集按照基于内容和基于链接分析的方法进行相关度评价并排序,将最终形成的有序查询结果输出到用户界面。

（四）用户检索界面（Interface）

用户检索界面是搜索引擎呈现在用户面前的形象,其作用是接受用户输入的查询、显示查询结果、提供用户相关性反馈。为使用户方便、高效地使用搜索引擎,从搜索引擎中检索到有效、及时的信息,用户检索界面的设计和实现采用人机交互的理论和方法,以充分适应人类的思维习惯。

用户检索界面包括简单界面和高级界面两种。简单界面只提供用户输入查询串的文本框;高级界面提供用户按照检索模型查询的机制。

典型的搜索引擎体系结构如图 9-1 所示。

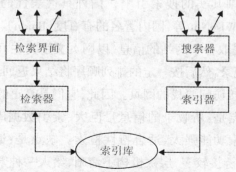

图 9-1　典型的搜索引擎体系结构

1.发现并搜集网页信息

搜索引擎通过高性能的"网络蜘蛛"程序(Spider)自动地在互联网中搜索信息。一个典型的"网络蜘蛛"工作方式是通过查看一个页面,从中找到与检索内容相关的信息,然后再从该页面的所有链接中继续寻找相关的信息,以此类推,直至穷尽。"网络蜘蛛"为实现快速浏览整个互联网,通常在技术上采用抢先式多线程技术实现在网上聚集信息。

2.对信息进行提取并建立索引库

索引库的建立关系到用户能否最迅速地找到最准确、最广泛的信息。索引器对"网络蜘蛛"抓来的网页信息极快地建立索引,以保证信息的及时性。建立索引时对网页采用基于网页内容分析和基于超链分析相结合的方法进行相关度评价,能够客观地对网页进行排序,从而最大限度地保证搜索出的结果与用户的检索提问相一致。

3.用户检索利用

搜索引擎根据用户输入的检索词,在索引库中快速检出文档,进行文档与检索的相关度评价,对将要输出的结果进行排序,并将检索结果返回给用户。当用户以关键词查找信息时,搜索引擎会在数据库中进行搜寻,如果找到与用户要求内容相符的网站,便采用特殊的算法(通常根据网页中关键词的匹配程度、出现的位置 / 频次、链接质量等)计算出各网页的相关度及排名等级,然后根据关联度高低,按顺序将这些网页链接返回给用户。这是对前两个过程的检验,检验该搜索引擎能否给出最准确、最广泛的信息,检验该搜索引擎能否迅速地给出用户最想得到的信息。

三、搜索引擎的类型

搜索引擎的种类很多,各种搜索引擎的概念界定尚不清晰,大多可互称、通用。事实上,各种搜索引擎既有共同特点,又有明显差异。

搜索引擎按其工作方式主要可分为三种, 分别是全文搜索引擎 (Full Text Search Engine)、目录索引类搜索引擎(Search Index/Directory)和元搜索引擎(Meta-Search Engine)。

(一)全文(关键词型)搜索引擎

全文搜索引擎是名副其实的搜索引擎, 国外具代表性的有 Google、Fast/AllTheWeb、AltaVista、Inktomi、Teoma、WiseNut 等,国内著名的有百度(Baidu)、北大天网、中国搜索等。它们都是通过从互联网上提取各个网站的信息(以网页文字为主)而建立的数据库,检索与用户查询条件匹配的相关记录,然后按一定的排列顺序将结果返回给用户,用户可以通过分析选择所需的网页链接,直接访问要找的网页。因此,它们是真正的搜索引擎。

全文搜索引擎的优点是:所收录的信息量巨大、索引数据库规模大、耗费人力资源较小、信息更新速度快、搜索功能强大、适合特性检索。缺点是:返回信息量过多、查准率较低;提供的检索结果重复链接较多,层次机构不清晰,给人一种繁多杂乱的感觉。对同一关键词的检索,不同的全文搜索引擎反馈的结果相差很大,用户必须从结果中进行筛选,费时费力。

（二）目录索引类（网站级）搜索引擎

目录索引虽然有搜索功能，但在严格意义上不算是真正的搜索引擎，而仅仅是按目录分类的网站链接列表而已。用户完全可以不用进行关键词（Keywords）查询，仅靠分类目录也可找到需要的信息。目录索引中最具代表性的莫过于大名鼎鼎的 Yahoo（雅虎），其他著名的还有 Open Directory Project（DMOZ）、LookSmart、About 等。国内的搜狐、新浪、网易搜索也都属于此类。

该类搜索引擎的数据库是依靠专职编辑人员建立。当用户提出检索要求时，搜索引擎只在网站的简介中搜索。这种获得信息的方法就像是"顺藤摸瓜"，只要用鼠标单击这些分类链接就可以一级一级地深入这个目录，最终搜索到所需的网页。所收录的网络资源经过专业人员的鉴别、选择和组织，保证了检索工具的质量，减少了检索中的噪声，提高了检索的准确率。将信息系统地分门归类，也能方便用户查找到某一大类信息，比较适合于查找综合性、概括性的主题概念，以及对检索准确度要求较高的课题。

目录索引类搜索引擎的优点是：层次、机构清晰，易于查找；多级类目，便于查询到具体明确的主题；内容摘要、分类目录下有简明扼要的内容，可以使用户一目了然；网络信息资源经过人工筛选，查准率较高，只要按搜索引擎的分类体系层层深入即可。缺点是：检索范围较小，查全率较低；没有统一的、科学的分类体系为依据，类目之间交叉，内容重复；需要投入较多的人力，不易跟上网络资源的增长，更新速度慢。

目前全文搜索引擎与目录索引类搜索引擎之间的界限越来越模糊，很多搜索引擎同时提供分类和关键词检索两种方式。

（三）元搜索引擎（Meta-Search Engine）

元搜索引擎是一种调用其他独立搜索引擎的引擎，即对多个独立搜索引擎的整合、调用、控制和优化利用，其技术称为元搜索技术，是元搜索引擎的核心。检索时，元搜索引擎根据用户提交的检索请求，调用元搜索引擎进行搜索，对搜索结果进行汇集、筛选、删减等优化处理后，以统一的格式在同一界面集中显示。常见的元搜索引擎有一搜到底、万维搜索、Dogpile、MetaCrawler、Mamma 等。

此外，搜索引擎还可以按检索内容分为综合型和专业型搜索引擎。综合型搜索引擎对搜索的信息资源不限制主题范围和数据类型，利用它可以找到几乎任何学科的信息，如百度和Google。专业型搜索引擎只能搜集某一行业或专业范围内或某种特殊类型的信息资源，在提供专业信息方面有着大型综合引擎无法比拟的优势，如中国电力搜索引擎，电子地图搜索引擎（www.go2map.com）等。

四、搜索引擎的检索方法

（一）常用检索方法

1.简单搜索（Simple Search）

简单搜索是指输入一个单词（关键词），提交搜索引擎检索后反馈结果，也叫单词搜索。

这是最基本的检索方法。

2.词组搜索(Phrase Search)

词组搜索是指输入两个单词以上的词组(短语),提交搜索引擎检索并反馈结果,也叫短语搜索。现有搜索引擎一般都约定把词组或短语放在引号""内。如果查找的是一个词组或多个汉字,最好的办法就是将它们用双引号括起来,这样得到的结果最精确,这就叫使用双引号进行精确查找。一般说来在网页搜索引擎中,用词组搜索来缩小范围从而找到搜索结果是最好的办法。

3.高级搜索(Advanced Search)

高级搜索是指用布尔逻辑组配方式进行检索,也叫定制搜索。常用的逻辑算符为"AND(和)"、"OR(或)"、"NOT(非)"。对 A、B 两词而言, A AND B 是指取 A 和 B 的公共部分(交集);A OR B 是指取 A 和 B 的全部 (并集);A NOT B 是指取 A 中排除 B 后的部分。其中,"NOT"只作用于一个词,故被称为一元操作符,"AND"和"OR"都作用于二个词,故被称为二元操作符。A、B 本身为多词时,可以用括号( )分别括起来作为一个逻辑单位。

(二)其他检索方法

1.语句搜索(Sentence Search)

语句搜索是指输入任意自然语言问句,提交搜索引擎检索并反馈结果,这种方式也叫任意检索,实际上就是自然语言检索。并非所有的搜索引擎都支持这样的检索,而且不同搜索引擎对语句中词与词之间关系的处理方式也不同。

2.目录搜索(Catalog Search)

目录搜索是指按搜索引擎提供的分类目录逐级检索,用户一般不需要输入检索词,而需按照检索系统所给的几种分类项目选择类别进行搜索即可, 也叫分类搜索(Classified Search)。

五、使用搜索引擎应注意的问题

由于每一种搜索引擎的查询覆盖范围、标引的深度和广度、具有的检索功能和提供的检索方式与语法均有所不同,因此在使用搜索引擎检索网络信息资源时,应该讲究搜索引擎的使用策略,以便达到事半功倍的检索效果。

搜索引擎的出现大大方便了用户搜索网络资源信息, 但因其本身所固有的差别使不熟悉的用户在检索时难以获得满意的检索效果。为提高检索效率,现将使用搜索引擎时应注意的几个问题介绍如下。

(一)注意阅读引擎的帮助信息

许多搜索引擎在帮助信息中提供了本引擎的操作方法、使用规则及算符说明,这些信息是用户进行网络信息资源查询所必须具备的知识,是进行检索的指南。

(二)选择适当的搜索引擎

用不同的搜索引擎进行检索得到的结果常常有很大的差异, 这是因为它们的设计目的和发展走向有所不同,有的专用于检索 Web 信息,有的专用于检索 Usenet 信息,而有的则针对商业需要设计,使用时要根据自己的需要选择合适的搜索引擎。

这点非常重要,不同搜索引擎的特点不同,只有选择合适的搜索引擎才能获得满意的查询结果。用户应根据所需信息资料的特点、类型、专业深度等,选择适当的搜索引擎。

（三）检索关键词要恰当

查找相同的信息,不同的用户即使使用相同的搜索引擎,也会得出不同的结果。造成这种差异的原因就是对关键词的选择不同。选择搜索关键词要做到精和准,同时还要具有代表性,精、准能保证搜索到所需的信息,有代表性则能保证搜索到的信息有用。选择关键词时应注意:①不要输入错别字,专业搜索引擎都要求关键词一字不差;②注意关键词的拼写形式,如过去式、现在式、单复数、大小写、空格、半全角等;③不要使用过于频繁的词,否则会搜索出大量的无用结果甚至导致错误;④不要输入多义关键词,搜索引擎是不能辨别多义词的,如输入"Java",它不知道要搜索的是太平洋上的一个岛、一种著名的咖啡,还是一种计算机语言。

第四节　常用搜索引擎简介

一、全文搜索引擎

（一）Google（http://www.google.com）

1.概况

Google 是由美国斯坦福大学的两位博士生佩吉（Larry Page）和布林（Sergey Brin）在 1998年创建的, 诞生于斯坦福大学的宿舍里。1999 年 6 月,Google 通过自己的网站 www.google.com 推出,很快以其特有的技术优势和极佳的性能扬名世界。

Google 是由英文单词"Googol"变化而来的,"Googol"是 Milton Sirotta 创造的一个词,表示 1 后边带有 100 个零的数字。佩吉和布林使用这个词代表 Google 公司征服网上无穷无尽资料的雄心。

2.检索方法

Google 支持简单搜索、词组搜索和高级搜索（选搜索框右侧的高级搜索项即可进入）,而且以多语种、多媒体兼容为特色,用户键入搜索框中的任何符号均可得到反馈。如果用户键入了明显的错别字词,Google 会给出提示,显示出一定的智能。

（1）简单搜索

简单搜索是 Google 的基本搜索, 检索简洁且方便, 仅需输入检索内容并敲一下回车键（Enter）,或单击"Google 搜索"按钮,即可得到相关资料。如果想缩小搜索范围,可输入更多的关键词,只要在关键词中间留空格就行,系统会自动使用"and"进行逻辑组配检索。

(2)词组搜索

Google 词组搜索需使用英文双引号。在 Google 中,可以通过添加英文双引号来搜索短语。双引号中的词语(如"World Economy")在检索到的文档中将作为一个整体出现。这一方法在查找名言警句或专有名词时显得格外有用。Google 检索时会自动忽略最常用的词和字符,这些词和字符称为忽略词。Google 忽略词包括"http"、".com"和"的"等字符及数字和单字,因为这类字词不仅无助于缩小检索范围,而且会大大降低搜索速度。

(3)高级搜索

用户可以将检索策略输入 Google 主页面的检索框中进行检索,也可以进入高级检索界面后将检索策略输入检索框中检索。

3.特殊功能

(1)图像搜索

Google 的图像搜索是网络上现今最好的图像搜索工具,收录有超过 几十亿张图像可供查看。要进行图像搜索,选择主页上方的图像键或直接用 URL http://images.google.com 进入,在图像搜索框中输入要查找的图像主题或相关关键词,然后单击"搜索"按钮即可。在检索结果页上单击缩略图即可看到原始大小的图像,同时还可看到该图像所在的网页。

Google 通过分析页面上图像附近的文字、图像标题及许多其他元素来确定图像的内容。Google 还使用复杂的算法来删除重复的内容,并确保在搜索结果中首先显示质量最好的图像。

(2)信息挖掘

如果要查找网络上的 PDF 格式、DOC 格式、GIF 格式等专门格式的文件,只需在检索词后加上"filetype:"语法,再加上需要搜索的文件类型(如.ppt、.pdf、.doc、.gif、.xls、.swf 等)信息即可,Google 会自动到服务器甚至数据库中去搜寻这些文件,体现了新颖的信息挖掘功能。例如,要想查找"浪花一朵朵"的 Flash 版本,只需在搜索框中输入"浪花一朵朵 filetype:swf",点击"搜索"按钮即可。

(3)手气不错

按下"手气不错"按钮将自动进入 Google 检索到的第一个网页,而完全看不到其他搜索结果。使用"手气不错"进行搜索表示用于搜索网页的时间较少而用于检查网页的时间较多。

(4)网页快照

Google 在访问网站时,会将看过的网页复制一份网页快照,以备在找不到原来的网页时使用。单击"网页快照"按钮,用户将看到 Google 将该网页编入索引时的页面。在显示网页快照时,其顶部有一个标题,用来提醒用户这不是实际的网页。符合搜索条件的词语在网页快照上突出显示,便于快速找到所需的相关资料。

（5）类似网页

单击"类似网页"按钮，Google 侦察兵便开始寻找与这一网页相关的网页。Google 侦察兵可以"一兵多用"。如果用户对某一网站的内容很感兴趣，但又嫌资料不够，Google 侦察兵会帮助找到其他有类似资料的网站。

（6）按链接搜索

有一些词后面加上冒号对 Google 具有特殊的含义，其中的一个词是"link:"。检索 link: 显示所有指向该网址的网页。不能将 link 搜索与关键词搜索结合使用。

（7）指定网域

又一个后面加冒号而有特殊含义的词是"site:"。要在某个特定的网域或网站中进行搜索，可以在 Google 搜索框中输入"site:xxx.com"。

（8）地图搜索

可以查找到达某目的地线路图，或者某一具体地理位置及其周边的服务设施，提供详细的路线和联系方式。

（9）天气查询

用 Google 查询中国城市地区的天气和天气预报，只需输入一个关键词（"天气"，"tq"或"TQ"任选其一）和要查询的城市地区名称即可。Google 返回的网站链接会呈现最新的当地天气状况和天气预报。

例如，要查找上海地区的天气状况，可以输入"shanghai tq"（上海 天气）。

（10）手机号码定位查询

用 Google 查询手机电话号码归属地，用户只需直接输入要查的号码即可，不需要任何关键词。Google 能自动识别以 13 开头的 11 位数字为手机号码而返回相关的网站链接，即刻便能知道答案。

此外，Google 还具有股票查询、农历日历转换、学术搜索、图书搜索、定义查询等功能。

（二）百度（http://www.baidu.com）

1.概况

1999 年底由李彦宏和徐勇于美国硅谷创建。2000 年，他们回国发展，掀开了中文搜索引擎的新篇章。李彦宏 1991 年毕业于北京大学信息管理系，拥有超链接分析技术的专利权。百度是当前全球最大的中文搜索引擎之一，索引的网页数量达到 8 亿多。可检索的资源类型包括网页、新闻、flash、图片、mp3 和地理资源。

2.检索功能

百度同样具有简单检索、词组检索和高级检索功能。但需要注意的是百度支持不完全的布尔逻辑检索，默认的是逻辑"与"，两个关键词之间需有空格。但逻辑"或"用"|"连接两个关键词，用"-"（英文字符的减号）执行逻辑"非"操作。另外，这些功能在高级检索界面中均可实现，且不需要创建复杂的检索式。

对于中文,默认即为词组检索,也就是说输入的关键词在中间没有空格的情况下会被当做一个词组,不需加引号。英文用""括起来表示词组。

3.特色搜索

和 Google 一样,百度也具有信息挖掘功能,仍采用"关键词 +filetype:+ 文档格式"的模式。此外,百度还支持字段检索,可使用" intitle"、"inurl"、"site"算符。例如,希望知识经济出现在网页的标题中,可采用语法"intitle:知识经济"。

此外,百度最具特色的搜索功能是"百度知道"。

百度知道(http://zhidao.baidu.com)是一个基于搜索的互动式知识问答分享平台,于 2005年 6 月 21 日发布,并于 2005 年 11 月 8 日转为正式版。

和大家习惯使用的搜索服务有所不同,"百度知道"并非是直接查询那些已经存在于互联网上的内容,而是用户自己根据具体需求有针对性地提出问题,通过积分奖励机制发动其他用户,来创造该问题的答案。同时,这些问题的答案又会进一步作为搜索结果,提供给其他有类似疑问的用户,达到分享知识的效果。

百度知道的最大特点在于和搜索引擎的完美结合,让用户所拥有的隐性知识转化成显性知识,用户既是百度知道内容的使用者,同时又是百度知道内容的创造者,在这里累积的知识数据可以反映到搜索结果中。通过用户和搜索引擎的相互作用,实现搜索引擎的社区化。

百度知道也可以被看做是对搜索引擎功能的一种补充,让用户头脑中的隐性知识变成显性知识,通过对回答的沉淀和组织形成新的信息库,其中信息可被用户进一步检索和利用。百度知道可以说是对过分依靠技术的搜索引擎的一种人性化完善。

(三)Ask(http://www.ask.com)

Ask 原名 AskJeeves,初出道时只是一个元搜索引擎,后以目录搜索为主,而在 2002 年初收购 Teoma 全文搜索引擎后,很快便成为了以实现自然语言检索为特色的全文搜索引擎,并跻身著名搜索引擎之林,在国际互联网上赢得了一席之地。

Ask 主页中栏有检索选择及输入框,输入检索词后点击"Ask"按钮即可查询。Ask 的搜索功能包括:①支持简单搜索;②支持词组搜索;③支持高级搜索。其特色是支持自然语言搜索。

Ask 支持自然语言搜索的实现方式是支持自然语言提问,它的数据库里已经存储了1 000 多万个问题的答案,只要用英文输入一个问题,它就会给出问题的答案。如果问题答案不在其数据库中,那么它会列出一串与问题类似的问题和含有答案的链接,以供用户选择。

用自然语言具体检索 Ask 时,可以用特殊疑问句或一般疑问句提问,通常用用特殊疑问句提问的效果较好。也就是说,当遇到一些属于事实型、原理型的问题时,使用 Ask 检索是很方便的。例如,What is the capital of china? When is Christmas? Who invented the airplane?

(四)搜狗搜索(http://www.sogou.com)

搜狗是搜狐公司于 2004 年 8 月 3 日推出的全球首个第三代互动式中文搜索引擎,域名为 www.sogou.com。搜狗以搜索技术为核心,致力于中文互联网信息的深度挖掘,帮助中国上亿网民加快信息获取速度,为用户创造价值。

搜狗的产品线包括了网页应用和桌面应用两大部分。网页应用以网页搜索为核心,在音乐、图片、新闻、地图领域提供垂直搜索服务,通过"说吧"建立用户间的搜索型社区。桌面应用则旨在提升用户的使用体验:搜狗工具条帮助用户快速启动搜索,拼音输入法帮助用户更快速地输入,PXP加速引擎帮助用户更流畅地享受在线音视频直播、点播服务。

1.基本搜索

搜狗查询非常简洁方便,只需输入查询内容并敲一下回车键(Enter),或单击"搜狗搜索"按钮,即可得到最相关的资料

2.进一步的搜索

如果用户想缩小搜索范围,只需输入更多的关键词,并在关键词中间留空格即可,如搜索"中国 北京 天安门"。

3.搜索不区分大小写

搜狗搜索不区分英文字母大小写。无论大写还是小写字母均当做小写处理。例如,搜索"Sogou"、"SoGoU"、"SogoU"或"SOGOU",得到的结果都一样。同样地,大多数搜索引擎都不区分大小写。

4.搜索技巧

(1)使用双引号进行精确查找

搜索引擎大多数会默认对搜索词进行分词搜索。这时的搜索往往会返回大量信息,如果查找的是一个词组或多个汉字,最好的办法就是将它们用""括起来(英文输入状态下的双引号),这样得到的结果最少、最精确。

例如,在搜索框中输入"电脑技术",这时只反馈回网页中有"电脑技术"这几个关键字的网页,而不会返回包括"电脑"和"技术"的网页,这会比输入电脑技术得到更少、更好的结果。

这里的双引号可以是全角的中文双引号"",也可以是半角的英文双引号""。而且可以混合使用,如 "电脑技术 "、"电脑技术,搜狗都是可以智能识别的。

(2)使用多个词语搜索

由于搜狗只搜索包含全部查询内容的网页,所以缩小搜索范围的简单方法就是添加搜索词。添加词语后,查询结果的范围就会比原来的"过于宽泛"的查询范围小得多。输入多个词语搜索(不同字词之间用一个空格隔开),可以获得更精确的搜索结果。

例如,想了解北京动物园的相关信息,在搜索框中输入"北京 动物园"获得的搜索效果会比输入"动物园"得到的结果更好。

(3)减除无关资料

如果要避免搜索某个词语,可以在这个词前面加上一个减号("–",英文字符)。但在减号之前必须留一空格。搜狗查询非常简洁方便,只需输入查询内容并敲一下回车键(Enter),或

单击"搜狗搜索"按钮即可得到最相关的资料。

（4）在指定网站内搜索

如果想知道某个站点中是否有自己需要找的东西，可以把搜索范围限定在这个站点中，以提高查询效率。在想要搜索指定网站时，使用 site 语法，其格式为：查询词 + 空格 +site:网址。例如，只想看搜狐网站上的世界杯内容，就可以这样查询：世界杯 site:sohu.com 。

搜狗也支持多站点查询，多个站点用"|"隔开，如世界杯 site:www.sina.com.cn|www.sohu.com（site:和站点名之间，不要带空格。）

除了基本站内查询外，搜狗还为站长和网站管理员们提供了更加强大的功能，使用的时候不加关键词，只需要输入"site:站点域名"，就可以查找网站在搜狗的收录量。

（5）收录查询

输入"site:网站域名"，可以查到站点在搜狗的收录情况，如输入"site:博客地址"，就可以知道该博客在搜狗的收录情况。

（6）域名后缀

用户可以查看一个域名或者子域名下的内容，结果按照重要性排序。例如，"site:cn"是指在所有网站域名最后为 cn 的收录情况。

所有以 https:// 开头的网站链接也都能使用站内查询查找，如"http:// 招商银行一网通主站"。

（7）端口查询

大部分网站使用 80 端口，不需要特别指定，但有些开在其他端口，这个时候使用"site:站点域名:端口号"进行查询即可。

（8）文档搜索

在互联网上有许多非常有价值的文档，例如 doc、pdf 格式等，这些文档质量都比较高、相关性强，并且垃圾少。所以在查找信息时不妨用文档搜索。其搜索语法为："查询词 + 空格 +filetype:格式"，格式可以是 doc、pdf、rtf 或 all（全部文档）（搜狗即将支持 ppt、xls 格式）。例如，市场分析 filetype:doc，其中的冒号是中英文符号皆可，并且不区分大小写。filetype:doc 可以在前也可以在后，但注意关键词和 filetype 之间一定要有个空格。

filetype 语法也可以与 site 语法混用，以实现在指定网站内的文档搜索。例如，在中国农业大学和清华大学网站内搜索有关"中国"的文档，就可以输入："site:www.cau.edu.cn|www.tsinghua.edu.cn filetype:all 中国"，进行查询。

（五）中国搜索（http://www.zhongsou.com）

中国搜索（原慧聪搜索）的创始人为陈沛。陈沛于 1987～1988 年在北京大学进修人工智能课程，1994 年开始中文全文检索技术的研究，1995 年率先将人工智能技术引进中文全文检索领域，推出智能中文全文检索系统 I—Search，1997 年发明中文全文检索与大型数据库无缝对接技术；1998 年与 IBM 合作完成国内第一套中文全文检索与大型数据库无缝对接产品I—Search for DB2；1999 年提出"后门户时代"信息技术和服务理念，并开始致力于基于 Internet 的信息获取、筛选、传播等技术的研究；2003 年 8 月 20 日推出第三代智能搜索引擎，先后被新浪、搜狐、网易、TOM、中国网、263 及中国搜索联盟等 1 400 家网站所采用；2003 年 12 月 23 日成立中国搜索并出任 CEO，推出中国搜索新闻中心；2004 年 2 月提出个人门户理念，并推出个人门户系列产品。

中国搜索具有 Google 和百度的基本搜索功能，对其常见功能不再赘述，主要包括中搜快照、相关检索词、拼音搜索、计算器、量制转换、IP 查询、邮编地区查询、电话区号查询、在线词典和智能导航。

其中，智能导航是指当检索词为"天空"这样比较常见而通用的词时，智能导航会将搜索结果提前按用户的检索习惯整理并分类，点击后用户将得到当前检索词在相应类别中的检索结果。

（六）其他著名全文中文搜索引擎

1）微软 MSN 的 Livesearch（http://www.livesearch.com）。

2）北大天网（http://e.pku.edu.cn），收录了大量教育网内的资源，使其能被广泛利用，特别是它的 FTP 搜索部分，提供了非常丰富的下载资源。

3）3721（http://www.3721.com）。

二、元搜索引擎

（一）元搜索引擎概述

元搜索引擎（又称集成搜索引擎，Mega—Search Engine，Multiple Search Enginge）是一种集成化搜索引擎，是多个独立型搜索引擎的集合体。它与独立搜索引擎的区别在于，元搜索引擎没有自己独立的数据库，只是通过一个统一的用户界面帮助用户在多个搜索引擎中选择和利用合适的甚至是同时利用多个搜索引擎实现检索操作。

（二）元搜索引擎的分类

1.All—in—One 式元搜索引擎

All—in—One 式的元搜索引擎又称为搜索引擎元目录，它将主要的搜索引擎集中起来，并按类型或按检索问题等编排组成目录，帮助、引导用户根据检索需求来选择使用的搜索引擎。它集中罗列检索工具，并将用户引导到相应的工具去检索，检索的还是某一搜索引擎的数据库，与普通单一搜索引擎的检索是一样的。只不过它设立了一层门户，通过其组织、检索界面，为用户选择适用的检索工具提供积极的帮助，以克服用户面对众多的检索工具的茫然和无所适从。

2.并行检索式元搜索引擎

并行检索式元搜索引擎将多个搜索引擎集成在一起，提供一个统一的检索界面，用户发出检索请求后，提问式被同时分别提交给多个独立的搜索引擎，同时检索多个数据库，最终输出的检索结果是经过聚合、去重之后反馈的多个独立搜索引擎查询结果的综合，它是一种集中的、跨平台的检索方式。

（三）元搜索引擎的技术原理

并行检索式元搜索引擎是真正意义上的元搜索引擎，它通常由三部分组成，即检索请求提交机制、检索接口代理机制和检索结果显示机制。

检索请求提交机制负责实现用户个性化的检索设置要求，包括调用哪些搜索引擎、检索时间限制、结果数量限制等。

检索接口代理机制负责将用户的检索请求"翻译成满足不同搜索引擎本地化要求的格式"。

检索结果显示机制负责所有目标搜索引擎检索结果的去重、合并、输出处理等。

（四）元搜索引擎与普通搜索引擎的区别

普通搜索引擎与元搜索引擎的主要区别在于普通搜索引擎拥有独立的网络资源采集标引机制和相应的数据库，而元搜索引擎一般没有独立的数据库，却更多的是提供统一连接界面（或进一步地提供统一检索方式和结果整理），形成了一个由多个分布的、具有独立功能的搜索引擎构成的虚拟整体，用户通过元搜索引擎的功能实现对这个虚拟整体中各独立搜索引擎数据库的查询、显示等一切功能。

（五）常用元搜索引擎简介

1.常用的 All-in-One 式元搜索引擎

（1）iTools（http://www.itools.com）

1995 年提供服务，集中了 Google、Metecrawler、All the Web 、Altavista、Ask 等 15 个通用搜索引擎，以及提供字典、百科全书、地图、黄白页信息、财经等参考资料的网站或搜索工具。

iTools 提供以下 6 种网络资源工具。

1）检索工具：搜索 Web 资源。所集成的工具包括索引型搜索引擎、目录型搜索引擎、黄白页信息检索工具。

2）语言工具：字词的查找和翻译。集成的工具包括网络上优秀的在线词典、专业词库和翻译工具。

3）研究调查工具：列举众多在线参考工具和报纸杂志，如百科全书、人物传记、电子期刊、法律政策的查询工具等。

4）金融工具：提供 Oanda 的实时汇率换算功能。

5）地图工具：提供著名地图检索工具 MapQuest 的部分检索功能，包括查找国家城市地图，美国、英国、加拿大三国的街区地图、行车路线图等。

6）网络工具：一些很实用的网络测试工具。

iTools 曾多次荣获业界大奖，它集中了网络上最优秀的资源工具，可为检索者使用这些资源提供捷径。

（2）一搜到底（http://www.endseek.com）

该搜索引擎集成了百度、Google、Sougua、BT 特工、土豆、优酷等一些具有搜索功能的站点,但该搜索引擎只是为上述工具提供一个统一界面,检索时需要选择一个具体的工具,和单独使用上述工具没有差别。

2.常用的并发式元搜索引擎

（1）Dogpile（http://www.dogpile.com）

Dogpile 是老资格的元搜索引擎之一,其历史可追溯至 1996 年,早期只提供晨报新闻检索,现为 InforSpace 公司经营。

1）收录范围。Dogpile 目前可检索多达 26 个搜索引擎的各类信息资源,包括 WWW 资源、Usenet 资源、FTP 资源、拍卖信息、音频资源、图像资源、新闻、商业讨论组、视频资源。它还自建黄页、白页信息及地图、天气的检索功能,此功能只限美国和加拿大使用。

2）检索特点:①采用独特的并行和串行相结合的查询方式;②可使用布尔算符和模糊查询;③搜索技术十分先进,即使是高级算符和连接符,它也能将其转化为符合每个搜索引擎的语法;④设置网页目录,支持分类浏览功能。

（2）搜星（http://www.soseen.com）

搜星是由美国 Red Star Internet 公司研制开发的元搜索引擎,它可以同时搜索 7 个大型搜索引擎,即中文 Google、百度、中文雅虎、搜狐、新浪网、中华网和 TOM。其搜索出的结果可以过滤掉重复的网站,并将结果用同样的格式反馈在同一个页面上。

搜星最大的特色是能够同时检索页面和网站, 实际上其网站检索查询的是本地的网站数据库,根据各站点提交的关键词进行匹配。

（3）万纬搜索（http://www.widewaysearch.com）

万纬搜索引擎是最有名的中文元搜索引擎（笔者认为也是最好的中文元搜索引擎）。万纬中文集成搜索引擎包括了 5 个英文搜索引擎, 即 Argos、Google、Hotbot、NorthernLight、Yahoo,以及 6 个中文搜索引擎,即网典、新浪、中文雅虎、搜狐、天网、悠游搜索。用户可根据需要自由选择其中最多 6 个引擎进行同步搜索,具有一般检索、精确搜索、高级搜索功能,搜索结果可按相关度、时间、域名和引擎分类。

（4）其他著名的并发式元搜索引擎

1）MetaCrawler（htpp://www.metacrawler.com）。

2）Vivisimo（htpp://www.vivisimo.com）。

3）ProFusion（http://www.profusion.com）。

4）Search（http://www.search.com）。

5）Mamma（http://www.mamma.com）。

6）MetaFisher（http://www.hsfz.net.cn/fish）。

三、专用搜索引擎

（一）Email 搜索引擎

Email 搜索引擎的代表是 BigFoot（http://www.bigfoot.com）,主要功能是可以检索个人电子邮件地址、住址和电话号码等信息。由于传统电话号码簿的个人信息内容是白页,故搜索引擎中有关检索住址和电话号码的部分也称白页搜索引擎(White Pages Search Engine)。又因BigFoot 的数据库不是集成的,所以查电子邮件地址与查住址和电话号码的分别形成了独立的功能,查电子邮件地址使用 Find People 功能项,查住址和电话号码则使用 White Pages 功能项。

(二)FTP 搜索引擎

FTP 搜索引擎的代表首推 Philes(http://www.philes.com)。Philes 号称全球最大的 FTP 搜索引擎。在搜索框中输入待查的软件名称,即可获得相应软件所在服务器一览,并提供链接以供下载。国内最强大的 FTP 资源搜索引擎是天网搜索(http://e.pku.edu.cn)。

(三)Usenet 搜索引擎

最好的 Usenet 搜索引擎是 DejaNews,URL 为 http://www.dejanews.com,现已并入Google,URL 为 http://groups.google.com。

DejaNews 作为最好的 Usenet 搜索引擎,提供许多过滤选项和丰富的内容,拥有 20 000 多个新闻组的存档。通过 DejaNews 简洁的界面能连续而方便地访问所有功能,包括向新闻组张贴文章和浏览新闻组。选项中包括增强搜索(Power Search),它允许设置关键词匹配和数据库(新的或旧的)编号;利用搜索过滤器(Search Filter)可以指定组、作者、主题和日期。

(四)商用搜索引擎

商用搜索引擎(Business Search Engines)是以检索商务信息为主的搜索引擎,由于传统电话号码簿的商务内容是黄页,故商用搜索引擎以黄页搜索引擎(Yellow Page Search Engines)为主体,其代表是 SuperPages(http://www.superpages.com)。SuperPages 是由著名的商用搜索引擎BigBook 和 BigYellow 合并而成的迄今为止最好的黄页搜索引擎,它具有智能化的功能、丰富的帮助及准确的信息,这使 SuperPages 成为搜索黄页信息的最佳选择。

国内商用搜索引擎主要有伊索(http://china.eceel.com)、商宝(http://www.b2b8.com)、商搜(http://www.shangsou.com/index.html)和知信者(http://www.zhixinzhe.com)等。

(五)电子地图信息搜索引擎

1.中国地图搜索引擎(http://www.go2map.com)图行天下

这是我国第一个电子地图搜索引擎,是检索全国地图信息的重要工具。可利用地名搜索中国大陆及港、澳、台各大城市的信息,包括地图、出行、住房、生活、旅游等信息。

2.MapBlast(http://www.mapblast.com)

MapBlast 是 Vicinity 公司提供的免费地图信息服务网站,提供精确的美国和欧洲的交互地图、行车指南、住宿信息、交通报告、预约功能及当地有趣的地点。MapBlast 的主要服务内容有美国地图查询、美国黄页查询、加拿大地图查询和世界地图查询。

此外,Google 也具有地图搜索功能。

(六)IP、手机号码、身份证查询

具有 IP 地址、手机号码、身份证查询功能的专用搜索引擎主要有:

1）IP 地址探索者（http://ipseeker.cn）。

2）查询网（www.ip138.com）。

第五节　搜索引擎的使用技巧

一、关键词——搜索引擎检索的灵魂

目前应用最为成熟和广泛的是基于关键词的检索。

对于检索来说，最根本的、最难的是使用什么样的关键词来构造检索式。

（一）足够多的关键词是快速定位目标信息的关键

初学者容易犯的错误之一就是检索提问中缺少足够多的关键词。记者们提问的时候常用的 5W1H（What、Who、Where、When、Why、How）在构建检索式时是很有用的。

What：要找的信息的中心主题是什么，可以从什么角度或立场来切入，把相关的关键词或是词组都列出来。

Who：是否涉及特定的群体或个人？有特定人名的话，应该把人名也列出来，并留意这个人名有没有不同的写法（译法）或拼法？

Where：是否限于特定的国家或地区？很多搜索引擎都可以按地区或国家限定查询范围。

When：是否从特定的时间剖面来探讨？或是特定的时间以后才有的事件或情况？

Why：这个主题有什么意义或影响？为什么会有这种现象发生？

How：是不是有特定的方法？有的话，也应该将其列为关键词。在查询结果太多时，可以增加关键词再进行查询。

例如，我们想要检索有关"知识管理"的定义时，关键词不只是"知识管理"或"Knowledge Management"，还应该把"定义"或"Definition"也列为关键词。

（二）停用词和常用词

例如，某三年级小学生想查一些关于时间的名人名言，他输入的查询词是"小学三年级关于时间的名人名言"，能不能按照他的检索词进行检索呢？答案是否定的。

原因是他的提问中包含了很多过于"通用"的词，像中文的"的、了、这、那、很"等，以及英文中的"and、about、the、of、a、an、if、not、it"等都属于停用词。因为这些词太常用了，信息价值很低，检索工具常常会将其忽略掉。

（三）使用截词符和通配符

截词符和通配符在英文和西文检索中常用。例如，输入"Bird*"就能检索出包含"Bird"和"Birds"的所有记录。需要注意的是并不是所有搜索引擎都支持截词检索。

适用截词符的条件如下。

1)这些词的词干应该比较长,像 com 只有三个字母就太短了。

2)它们的复数形式是比较简单的"–s"或"–es"的形式,而不是"–ies"形式。

3)它们的词干不能也是其他很常见词的词干。

(四)选定合适的关键词级别

如果选定的检索范围大于检索主题实际包括的范围,检索结果就会过多;反之就会丢失一部分有价值的结果。

(五)注意使用同义词

只要不同的词指的是同一个明确的概念,互相等同,就可以被称为同义词。引起同义词的原因很多,诸如缩写、全称、简称、学名、俗名、简繁体、不同语言说法、不同地区的说法、不同时代的说法、别称、大小写、通假词等。

下面的四组词就是同义词。

1)飘、乱世佳人、随风而逝、Gone with the wine、gone with the wine。

2)毛泽东、毛润之、毛主席。

3)扶桑、东瀛。

4)吞并、兼并、并购。

(六)进行词组检索

通过加双引号(英文状态下)进行精确检索。

二、布尔逻辑检索基础

布尔逻辑检索是计算检索最成熟最常用的检索技术。常见的布尔逻辑算符如下。

"AND":用"AND"算符连接的两个关键词都必须出现在检索结果中。某些检索工具用符号"+"代替"AND"。

"OR":用"OR"连接的两个关键词必须有一个出现在检索结果中,百度用"|"代替"OR"。

"NOT":紧跟在"NOT"后的关键词不出现在结果中。某些检索工具用"AND NOT"或者"–"代替"NOT"。

例如,输入"花木兰 AND 迪斯尼"可检索到迪斯尼电影花木兰的相关信息;输入"飘 OR 乱世佳人"可检索到所有与"飘"有关的小说;输入"宠物 NOT猫"可检索到除了猫以外的所有宠物的信息。

三、进阶检索

所谓进阶检索是指利用上一次的检索结果再进行检索,主要方法如下。

1)猜测 U R L。

2)右截断网址。

3)利用网页快照。

4)注意多义词。解决办法有:①增加与目标信息有关的限定词;②缩写搜索范围(使用

site 语法）；③使用逻辑"非"去掉冗余信息。

　　5）注意避免拼写错误。

　　6）利用浏览器的"查找功能"。

　　7）利用检索工具的特殊功能。其特殊功能主要包括：①关键词 filetype:文件格式；②intitle：关键词；③inurl:关键词；④link:网址（查找与某一个网站有连接的网站）；⑤site:网址（在特定网站内检索）。

　　8）注意单词的大小写。一般情况下，人名、地名、机构名称适合用大写进行检索。除此之外，用小写搜索较好。

本章关键术语：

　　网络信息资源；网络资源目录；搜索引擎；全文搜索引擎；元搜索引擎；专门搜索引擎；百度；Google

本章思考题：

　　1.如何利用 Google、百度查找 PPT 文件？

　　2.如何利用 Google 了解特定文章的社会反响？

　　3.如何利用百度的"百度知道"功能？ 它有什么作用？

　　4.如何利用网上地图查找特定地理位置周边的服务设施？

第十章 特种文献检索

【内容提要】

特种文献是指出版发行和获取途径都比较特殊的科技文献,这类文献形式特殊,较难获取。特种文献一般包括会议文献、专利文献、学位论文、标准文献、科技报告等。特种文献特色鲜明、内容广泛、数量庞大、报道内容新、科技含量高,可利用价值大,是非常重要的信息源。本章通过对会议论文、专利文献、学位论文、标准文献、科技报告等基本知识的学习,培养学生借助各检索工具书或网络数据库获取所需各特种文献的能力,在获取和使用信息的过程中,不断完善和提高自身的信息素养。

第一节 会议文献检索

一、会议文献概述

会议文献包括会议的预报信息和会议上发表的学术报告、会议录和论文集。具有内容新颖、专业性和针对性强、报道迅速等特点,能及时反映科学技术中的新发现、新成果、新成就及学科发展趋势,是了解有关学科发展动向的重要信息源。及时获取会议文献,尽早阅读会议论文,有助于扩大视野,启发研究思路,熟悉知名学者和重要研究机构。对大多数学科而言,除科技期刊外,会议文献是获取信息的主要来源。

会议文献按照不同的标准可分为以下几类。

(一)按规模划分

有国际性会议文献,地区性会议文献,全国性会议文献,学会、协会会议文献。

(二)按会议进程划分

有会前文献、会间文献(如开幕词、讨论记录、会议决议、论文摘要)、会后文献(如会议论文集、会议录)。

二、会议文献检索

(一)网络会议文献检索

1.通过公共搜索引擎直接输入检索词检索

利用搜索引擎定位会议信息，需熟悉几个关于会议的常用术语：Conference（会议）、Congress（代表大会）、Convention（大会）、Symposium（专业讨论会）、Colloquium（学术讨论会）、Seminar（研究讨论会）、Workshop（专题讨论会）等。可在搜索引擎的检索题文框中直接输入以上表示会议的词汇进行查询。例如，通过 Google 检索有关"青少年和宗教研究会议"的检索步骤：进入 http://www.Google.com→在检索提问框中输入"Conference on Youth and Interfaith"，得到 23 万多条会议信息，其中有一条信息就是将在 2009 年 10 月 24～25 日在尼日利亚乔斯举办的"2009 国际青年和宗教交流会议"，继续点击可查看会议日程、主办方、等级注册表、气候等信息，如图 10-1 所示。

图 10-1　Google 搜索结果显示页面

2.通过网络检索工具的分类目录进行会议信息检索

某些网络搜索引擎在各学科类目下专门设有会议类目，如 Google、Yahoo、搜狐、新浪等。如通过 Google 的分类来检索医学会议信息，其路径为：http://www.google.com→Directory→Health→Medicine→Education→Medical Conference，即可见到 100 个即将或已经召开的医学会议的网页链接，从中可以获得的信息大致包括：会议概况、主办者、会议论文要求、会议日程、住宿信息、旅游信息、会议注册登记表等。

(二)会议文献数据库检索

1.国外会议论文检索

(1)《科技会议录索引》

《科技会议记录索引》（Index to Scientific and Technical Proceedings, ISTP）是一种综合性的科技会议文献检索刊物，由美国科学情报研究所（Institute for Scientific Information, ISI）编辑出版，1978 年创刊，月刊。该索引是世界著名的四大检索工具之一，专门收录国际科技学术会议论文。自 1990 年以来每年收录近 10 000 个国际科技学术会议，年增加220 000 多条记录。涵盖学科领域包括：农业与环境科学、生物化学与分子生物学、生物技术、医学、工程技术、计算机科学、化学及物理学。它是查找科技会议文献的权威工具，也是衡量科研人员或团体学术成果的重要统计工具之一。

《科技会议录索引》月刊本由正文部分（会议录目录 Content for Proceeding）和索引部分组成。正文部分报道以图书或期刊形式出版的会议录，按会议录登记号顺序排列；索引部分包括 7 种索引，每期按照刊载的前后顺序依次为：类目索引、会议录目录（正文）、著者／编者索引、会议主持者索引、会议地点索引、轮排主题索引、团体著者索引。

《科技会议录索引》还有相应的光盘数据库，全称为 Index to Scientific and Technical Proceedings。包括以下内容。

1）《世界会议》（World Meetings）：美国麦克米仑出版公司（Macmillan Publishing Co, Inc）编辑出版，季刊。按其报道的地区与内容分为 4 个分册。

2）《世界会议：美国与加拿大》（World Meetings: United States and Canada）：1963 年创刊。

3）《世界会议：美国与加拿大以外》（World Meetings: Outside United States and Canada）：1968 年创刊。

4）《世界会议：社会与行为科学，人类服务与管理》（World Meetings：Social & Behavioral Sciences, Human Services & Management）：1971 年创刊。

5）《世界会议：医学》（World Meetings：Medicine），1978 年创刊。

检索时主要利用各种索引途径，通过索引中的会议登记号转查正文以获取所需内容。

6）《会议论文索引》（Conference Papers Index, CPI）：美国剑桥科学文摘社出版，月刊。

《科技会议录索引》报道世界各国有关生命科学、医学、化学、物理、地球科学、工程技术等方面的专业会议论文。年报道量约 10 万篇，其信息主要来源于有关会议预报，因而刊出的论文题目与会议上宣读的可能有部分不一致。该刊当期设有主题索引与作者索引，年度累积索引增加了会期索引和会议名称索引。《科技会议录索引》是检索最新国外会议论文的主要工具之一。

（2）《会议论文索引》

《会议论文索引》（Conference Papers Index, CPI）1973 年由美国数据快报公司创刊，原名为《近期会议预报》（Current Programs），1978 年改为现名，月刊。1981 年改由美国剑桥科学文摘社（Cambridge Scientific Abstracts Co., CSA）编辑出版。从 1987 年起改为双月刊。本索引每年报道约 72 000 篇会议论文，及时提供有关科学、技术和医学方面的最新研究进展信息，是目前检索会议文献最常用的检索工具之一。

《会议论文索引》现刊本包括分类类目表（Citation Section）、会议地址表（Conference Location）、正文和索引几部分。

2.国内会议论文检索

（1）《中国学术会议文献通报》

《中国学术会议文献通报》由中国科技信息研究所、中国农业大学主办，科技文献出版社出版。1982年创刊,原名为《国内学术会议文献通报》,季刊,1984年起改为双月刊,1986年起又改为月刊,1987年改为现名。每期以题录、简介或文摘形式报道该所收藏的国内学术会议论文。它是报道我国各类专业学术会议论文的一种检索刊物,内容涉及数理科学和化学、医药卫生、农业科学、工业技术、交通运输、航天航空、环境科学及管理科学。会议文献来自全国重点学会举办的各种专业会议。正文按《中图法》(第2版)分类编排。1990年起,将期末主题索引改为年度主题索引,在每年度的最后一期中报道。《中国学术会议文献通报》可通过分类和主题途径进行检索。

目前,《中国学术会议文献通报》已建成数据库,可通过中国科技信息研究所的联机系统进行检索。《中国学术会议文献通报》每年第一、二期后还附有该年度各学会学术会议预报。

(2)中国重要会议论文全文数据库

中国重要会议论文全文数据库(http//www.cnki.net)由清华大学、中国学术期刊(光盘版)电子杂志社、清华同方知网(北京)技术有限公司等单位研制。收录1999年以来国内召开的国际性和全国性学术会议的会议论文,其中包含各论文集的完整资料,包括正式出版物和非正式出版物。该数据库按论文的知识分类,也可按会议归属的行业或专业分编。内容包括:理科、工程学科、农林、医药卫生、电子技术、信息科学、文学、历史、哲学、经济、政治、法律、教育、社会科学等。

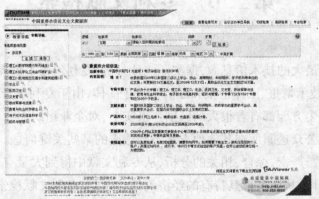

图10-2　中国重要会议论文全文数据库主页

(3)中国学术会议论文数据库

中国学术会议论文数据库(http://www.wanfangdata.com.cn)由万方数据股份有限公司研制,收录1985以来的全国性学术会议论文。每年涉及600余个重要的学术会议,每年增补论文15 000余篇。内容覆盖自然科学、工程技术、农林、医学等多个领域。

(4)中国医学学术会议论文数据库

中国医学学术会议论文数据库(China Medical Academic Conference,CMAC),由中国人民解放军医学图书馆数据库研究部研制。收集了1994年以来中华医学会所属专业学会、各地区分会以及编辑部等单位组织召开的全国性医学学术会议论文集中的文献题录和文摘,涉及的学科领域包括:基础医学、临床医学、预防医学、药学、医学生物学、中医学、医院管理及医学情报等各个方面。著录项目包括:会议名称、主办单位、会议日期、论文题名、全部作者、地址、关键词、摘要、参考文献数及文献类型等 16 项内容。载体为光盘,半年更新,是目前我国中文医学会议文献数据库收藏量最多的题录型数据库。

图 10-3　中国学术会议论文数据库主页

第二节　专利文献检索

专利是世界上最大的技术信息源,据实证统计分析,专利包含了世界科技信息的 90%~95%。专利文献集技术情报、法律情报和经济情报于一体,由于专利本身的特点,专利文献与其他文献相比在许多方面都有着很大的区别。事实上,对企业组织而言,专利是企业竞争者之间唯一不得不向公众透露而在其他地方都不会透露的某些关键信息。因此,竞争企业的情报分析者,通过细致、严密、综合、相关的分析,从专利文献中得到大量有用信息,使公众的专利资料为本企业所用,从而实现其特有的经济价值。因此,专利文献检索在科学研究与经营活动中所起的作用也越来越重要。

一、专利概述

(一)专利的含义

专利(Patent)一词来源于拉丁语 Litterae Patentes,从字面上讲,"专利"是指专有的利益和权利。英语 Patent 一词包括了"垄断"和"公开"两个方面的意思,与现代法律意义上的专利的基本特征是吻合的。在现实生活中,"专利"一词常常表达着不同意义。一般认为,专利包含以下有三种含义:一是指专利权;二是指受到专利权保护的发明创造;三是指记载专利技术内容的技术情报,即专利文献。专利法中所说的专利主要是指专利权,通常所说的专利也是对专利权的简称。

（二）专利权

1.专利权的定义

专利权（Patent Right）是一种专有权，指一项发明创造由申请人按照法律程序向国家有关主管部门提出申请并经审查合格后，由国家主管部门向申请人授予的在一定期限内对该发明创造享有的独占权或支配权。专利权是专利的核心，亦称独占权、垄断权，专利权人在法律保护下享有一定期限的制造、使用或销售专利产品的独占权，他人未经专利权人许可，不得享受这种权利，否则就是侵权，要受到法律追究。

2.专利权的特征

专利权具有独占的排他性。非专利权人要想使用他人的专利技术，必须依法征得专利权人的同意或许可。同时，专利权是一种知识产权，与有形财产权不同，它具有以下三个主要特征。

（1）独占性

也称专有性或排他性。独占性包含两层意义：一是指一发明创造只授予一项专利权；二是指专利权人对其发明创造在一定期限内享有独占性的权利，未经专利权人许可，他人不得以生产经营为目的实施该专利，否则就侵犯了专利权。

（2）地域性

专利权的地域性是指一个专利依照其本国专利法授予的专利权，仅在该国的地域内有效，对其他国家没有约束力，外国对该专利权也不承担保护的义务。

（3）时间性

专利权的时间性是指专利权的保护具有法定的期限，即专利权只在一定期限内有效，期限届满后专利权就不复存在，它所保护的发明创造就成为全社会的共同财富，任何人都可以自由利用。专利权的期限是由相关法律规定的，各个国家不尽相同。

3.专利权的授予

发明创造要取得专利权，必须满足实质条件和形式条件。实质条件是指申请专利的发明创造自身必须具备的属性要求；形式条件则是指申请专利的发明创造在申请文件和手续等程序方面的要求。此处所讲的授予专利权的条件，仅指授予专利权的实质条件。

除专利法明文规定不能授予专利权的发明创造以外，一项发明创造要被授予专利权，必须具备一定的实质条件，这就是专利的"三性"。

（1）新颖性

所谓新颖性，是指在申请日以前没有同样的发明或实用新型在国内外出版物上公开发表过、在国内公开使用过或以其他方式为公众所知，也没有同样的发明或实用新型由他人向国务院专利行政部门提出过申请并且记载在申请日以后公布的专利申请文件中。

（2）创造性

所谓创造性，是指同申请日以前已有的技术相比，该发明有突出的实质性特点和显著的进步,该实用新型有实质性特点和进步。

（3）实用性

所谓实用性,是指该发明或实用新型能够制造或使用,并且能够产生积极效果。

上述三个条件既相互独立,又相互联系,因此也常把它们统称为专利性（Patentability）。

4.专利权的终止和无效

专利权具有时效性,各国规定不一。我国专利法规定,发明专利权的期限为 20 年,实用新型专利权和外观设计专利权的期限均为 10 年,均自申请日期起算。规定期限届满,专利权就终止,此为专利权的正常终止。多数情况下,在专利权届满前,由于新技术的出现或该专利技术实施不佳等原因专利权人往往会采取措施使专利权提前终止。

专利权除了终止外,还有宣告无效。我国专利法规定,在专利局公告授予专利权之日起满 6 个月后,任何单位或个人认为该专利权的授予不符合专利法规定的,都可以请求专利复审委员会宣告该专利无效。专利复审委员会由国务院专利行政部门指定的技术专家和法律专家组成,主任委员由国务院专利行政部门负责人兼任。

5.专利的优先权

专利的优先权是由《保护工业产权巴黎公约》规定的一项优惠权利。它是指同一发明首先在一个缔约国正式提出申请后,在一定期限内再向其他缔约国申请专利时,申请人有权要求将第一次提出的申请日期作为后来提出的申请日期。公约规定,发明和实用新型专利为 1 年,外观设计专利为 6 个月。优先权的规定可以使申请人在向国外申请时不至于因为其他人在优先权期限内公开和利用该发明创造或提出相同的申请而丧失申请专利的权利。

我国于 1985 年加入了巴黎公约,因此我国专利申请人向其他缔约国提出专利申请时享有优先权。

（三）专利的分类

在国际上,专利通常指发明专利。但世界各国对专利类型的划分存在差异。我国专利法规定,除发明专利以外,还有实用新型专利和外观设计专利。

1.发明专利

《中华人民共和国专利法实施细则》规定:"专利法所称发明,是指对产品、方法或者其改进所提出的新的技术方案。"发明专利是我国三种专利类型中最主要的一种。我国专利法规定,发明专利权的期限为 20 年,自申请日起计算。

2.实用新型专利

《中华人民共和国专利法实施细则》规定:"专利法所称实用新型,是指对产品的形状、构造或者其结合所提出的适于实用的新的技术方案。"我国专利法规定,实用新型专利权的期限为 10 年,自申请日起计算。

3.外观设计专利

《中华人民共和国专利法实施细则》规定:"专利法所称外观设计,是指对产品的形状、图案、色彩或者其结合所作出的富有美感并适于工业上应用的新设计。"我国专利法规定,外观设计专利权的期限为10年,自申请日起计算。

在以上三类专利中,一般来说发明专利的技术含量较高,审查期限较长,授权较慢;而实用新型专利和外观设计专利只需进行形式审查,授权快,颇受申请人的青睐。但相对而言,其技术含量也比较低。

二、专利文献

(一)专利文献的概念

世界知识产权组织1988年编写的《知识产权教程》阐述了现代专利文献的概念:"专利文献是包含已经申请或被确认为发现、发明、实用新型和工业品外观设计的研究、设计、开发和试验成果的有关资料,以及保护发明人、专利所有人及工业品外观设计和实用新型注册证书持有人权利的有关资料的已出版或未出版的文件(或其摘要)的总称。"该教程还进一步指出:"专利文献按一般的理解主要是指各国专利局的正式出版物。"

广义的专利文献包括:专利申请说明书、专利说明书、专利公报、专利文摘、专利分类表、专利主题词表、专利法规及专利诉讼文件等;狭义的专利文献则专指专利申请说明书和专利说明书。

专利文献是专利制度的产物,反过来说又是专利制度的重要基础。专利文献是专利信息的载体,也是法律保护的依据,人们应予以重视。

(二)专利文献的特点

随着专利制度而产生的专利文献具有自己的显著特点,无论在内容和形式上都与其他类型的文献具有较大的区别,主要体现在以下几个方面。

1.文字精练,叙述严谨,著录规范,格式统一

专利说明书等专利文件是经法律程序审查批准具有法律性的文件,所以在文字上要求明确、精练,在权利要求部分必须严谨,应该做到既公开内容,又保护自身利益。各国出版的专利说明书基本都按国际统一的格式印刷,著录项目采用统一的识别代码,并标注统一的国际专利分类号。专利说明书的内容和写法有统一的格式,审查有统一的标准,文献的编排有统一的分类。

2.内容广泛,技术新颖,系统完整,实用详尽

专利文献包括所有的应用技术领域。经专利局批准公开的专利文献,在当时都具有新颖性,一般都超过同领域的技术水平。它系统地汇总积累了几乎所有人类发明创造的技术资料,从中可以了解某领域技术发展的来龙去脉和当前水平。专利权授予时要讲究实用性,还要求专利说明书叙述的内容能使同行业普通专业人员据以实施,所以专利文献比一般文献详尽、具体和实用。

3.出版迅速,报道及时,重复出版,语种多样

多数国家的专利局实行先申请、早期公开、延迟审查制,因此发明人在发明即将完成之

时应尽快去办理专利申请。一件专利的专利权,仅在该申请国家受到保护。为了取得更多国家的保护,不少发明译成多国语言在若干国家申请。

4.法律作用强,局限性大

专利文献是实施法律保护的文件,全面反映了一项技术的法律状态,但其保护期限和范围是有限度的。有大量的专利会因为技术更新快、发明人交不起专利年费等原因而提前失效,约有 2/3 的专利申请不能授予专利权。此外,专利保护范围一般限于授予专利权的国家和地域内,在不受保护的国家内可以无偿使用。

(三)专利文献的类型

根据其不同功能,现代专利文献可分为三大类型。

1.一次专利文献

一次专利文献是指详细描述发明创造具体内容及其专利保护范围的各种类型的专利说明书,包括申请说明书、公开说明书、专利说明书(公告说明书)、审定说明书等。一次专利文献是专利文献中最重要的部分。

2.二次专利文献

二次专利文献是指检索专利的工具,如刊载专利题录、文摘、索引的各种出版物,如专利公报、专利年度索引等。

3.三次专利文献

三次专利文献是指用来指导专利检索的工具,如《国际专利分类表》及其使用指南等。

(四)专利说明书

1.专利说明书的概念

专利说明书有广义和狭义两种概念。就广义而言,专利说明书是指各国工业产权局、专利局及国际(地区)性专利组织(简称各工业产权局)出版的各种类型专利说明书的统称,包括:授予发明专利、发明人证书、医药专利、植物专利、工业品外观设计专利、实用证书、实用新型专利、补充专利或补充发明人证书、补充保护证书、补充实用证书的授权说明书及其相应的申请说明书;就狭义而言,专利说明书是指授予专利权的专利说明书。

专利说明书的主要作用有二:一是清楚、完整地公开新的发明创造;二是请求或确定法律保护的范围,并确定法律保护的专利权的范围。在专利说明书中能够得到申请专利的全部技术信息和准确的专利权保护范围的法律信息。因此专利说明书不仅是记述每一项申请专利的发明创造的详细内容的技术文件,同时也是体现申请案的专利权种类及其法律状况的法律文件。

专利说明书是专利文献的主体,属于一次性专利文献。用户在检索专利文献时,最终目的就是这种全文出版的专利文件。

2.我国的专利说明书

根据我国专利法,发明专利自申请日起满 18 个月即行公布,出版发明专利申请公开说明书单行本，在实质审查合格并授予发明专利权后，由知识产权出版社出版发明专利说明书。对初步审查合格的实用新型专利申请和外观设计专利申请，在授予专利权后公告出版实用新型专利说明书，外观设计专利则仅在专利公报上进行公告。我国的专利说明书采用国际上通用的专利文献编排方式，即每一件说明书单行本依次由说明书扉页、权利要求书、说明书和附图所组成。

三、国际专利分类法

(一)专利分类法概述

专利信息的组织方法与工具中，专利分类法是最重要的一种。专利分类具有两大基本功能：一是便于专利局处理专利申请文件和管理专利文献，二是便于公众利用专利文献。随着专利文献的不断增多，许多国家都相继制定了各自的专利分类体系，如美国专利分类法、英国专利分类法、法国专利分类法等，甚至一些专利信息服务机构也编制了专用分类表，如德温特专利分类表、化学文摘专利分类索引等。其分类原则、分类体系和标识符号都各不相同，影响了专利文献的国际交流。随着专利制度在全世界的普及与专利事业国际化合作的日益发展，为了对专利文献进行科学的、系统的管理，国际专利分类法应运而生，成为各国专利文献统一分类的工具。

目前国际专利分类系统主要有两个：一个是针对发明专利的《国际专利分类表》，另一个是针对外观设计专利的《国际外观设计分类表》。目前，大多数国家采用《国际专利分类表》，只有英、美等少数国家仍采用自己的专利分类表，但在其专利文献上也都同时注有国际专利分类号。我国在1985年开始实行专利制度时就直接采用了全世界通用的国际专利分类法，对于实用新型专利也同样据此进行分类。本节将对《国际专利分类表》进行简要介绍。

(二)《国际专利分类表》

1.《国际专利分类表》简介

《国际专利分类表》(International Patent Classifica IPC)是根据1971年签订的《国际专利分类斯特拉斯堡协定》编制的，是目前唯一国际通用的专利文献分类和检索工具，为世界各国所必备。由于新技术的不断涌现，专利文献每年增长约150万件，目前约有5 000万件。《国际专利分类表》基本上每5年即修订一次，以适应新技术发展的需要。最新的第8版已于2006年1月1日起生效，其英文版和法文版全文可在世界知识产权组织的官方网站上查阅，网址为http://www.wipo.int/classifications/ipc/ipc8/。

在专利文献中，一般将"国际专利分类"简写成"Int. Cl."，加在所有根据该分类表进行分类的专利文献的分类号前面，并在右上角根据分类表的不同版本加上一个阿拉伯数字。例如，某专利文献是根据第8版分类的，则其分类号前应加上"Int. Cl.8"；如根据第1版分类的，其右上角不加数字。

2.IPC分类体系

IPC采用功能(发明的基本作用)和应用(发明的用途)相结合，以功能为主的分类原则，同时采用等级形式，将技术内容按部（Section）、分部（Subsection）、大类（Class）、小类（Subclass）、主组（Main group）、分组（Subgroup）分成 6 级，形成完整的分类体系。

（1）部

IPC 将整个科学技术领域分成 8 个部，分别用 A ~ H 中的一个大写英文字母表示，具体如下。

A 部：人类生活必需（Human Necessities）。

B 部：作业，运输（Performing Operations，Transporting）。

C 部：化学，冶金（Chemistry，Metallurgy）。

D 部：纺织，造纸（Textiles，Paper）。

E 部：固定建筑物（Fixed Constructions）。

F 部：机械工程，照明，加热，武器，爆破（Mechanical Engineering，Lighting，Heating，Weapons，Blasting）。

G 部：物理（Physics）。

H 部：电学（Electricity）。

（2）分部

分部只有标题，没有标示符号，如 A 部"人类生活必需"分为农业（Agriculture）、食品和烟草（Foodstuffs，Tobacco）、个人或家用物品（Personal or domestic articles）、保健和娱乐（Health，Amusement）四个分部。

（3）大类

每个部又分成许多大类，由部号加两位数字的大类号组成，后接类名，如"A63 运动，游戏，娱乐活动"。

（4）小类

每个大类又包括多个小类，小类用除 A、E、I、O、U、X 之外的大写英文字母表示，接在大类号后面，即为该小类的类号，后接小类名，如："A63B 体育锻炼、体操、游泳、爬山或击剑用的器械，球类，训练器械"。

（5）主组

每个小类又细分成许多主组，其标示号由其上一级的小类号加 1 至 3 位数字，后面再加"/00"，后接标题，如"A63B1/00 单杠"。

（6）分组

分组号码是在主组号码的基础上，将"/"后面的"00"用 2 位到 5 位数字代替，后接分组名，如"A63B1/04 杠的清洁"。

综上所述，一个完整的 IPC 分类号的形式为：部（1 个大写字母）大类（2 位数字）小类（1 个大写字母）主组（1 至 3 位数字）/ 分组（2 至 5 位数字）。例如，我国专利"多自由度肌力增进器"（申请号：200610138303.5）的 IPC 分类号为"A63B21/005"；专利"随机自动发牌机"（申请号:200610128747.0)的 IPC 分类号为"A61K9/20"。

四、专利文献检索

（一）概述

专利文献是专利制度的产物,和专利制度一样,也经历了一个漫长的发展过程,从最初的萌芽状态到被公开出版、广泛传播,最终成为占全世界每年各种图书期刊总出版量四分一的出版物。它在人类技术进步和社会经济发展的历程中,一直起着非常重要的作用,随着知识经济的崛起,人们更加充分地认识到了专利文献的重要价值。

1.专利文献检索的目的

（1）新颖性检索

主要用于确定已提出或准备提出专利申请的发明创造是否具有新颖性,即确定在某一日期前有关发明创造是否已被公开过。进行此方面检索主要为了避免重复劳动,所以在申请专利或进行重大科研立项以前必须检索相关专利文献。

（2）侵权检索

进行此方面检索主要是为了防止侵犯他人专利权,包括防止侵权检索和被动侵权检索。防止侵权检索是指在一项新技术或新产品投放市场之前,或准备采用一种新方法或新工艺之前需要进行的检索,其目的在于了解有关国家是否有相关内容的专利存在,防止侵犯他人专利权,避免专利纠纷。此类检索的对象为有效专利,检索的时间范围依各国专利保护期限而定,检索的国家根据将要从事工业生产活动所涉及的国家来确定。被动侵权检索是在当事人被别人指控侵犯专利权时进行的专利检索,是为了对对方的指控提出无效诉讼而寻找证据。

（3）法律状态检索

对专利法律状态的分析也是专利文献研究的重要内容之一。一项专利的法律信息是有多方面的信息构成的。我国专利的法律信息主要包括以下内容:申请人（专利权人）、申请日期、公开日期、授权日期、授权公告日期、专利费用的缴纳情况、滞纳金的缴纳情况、丧失专利权的恢复情况、著录项目变更情况、对该专利提出撤销和无效宣告的审理情况、同属专利申请授权情况、视为撤销和专利权终止的日期等。

专利法律状态检索可分为专利有效性检索和专利地域效力检索两类。专利有效性检索即查找专利是何时申请,何时获得专利权,何时失效,现在是否依然有效;专利地域效力检索就是查找一项或多项发明创造在哪些国家和地区申请了专利。对专利的法律信息要进行全面的分析研究,才能真正搞清楚该专利的法律状态。掌握准确的专利法律信息对于处理专利纠纷、开展专利技术贸易、签订技术转让合同等都有重要的意义。

（4）现有技术水平检索

这类检索主要用于从事研究与开发活动时,调查有关技术领域的专利文献,使选题的规划有可靠的依据,避免重复别人的工作。研究过程中遇到技术难题,也可通过阅读专利文献得到启发。这类检索一般只需要阅读专利说明书中的技术内容部分。

2.专利文献检索的作用及意义

1)评价专利申请获得授权的可能性,确定专利权法律状态,避免侵权,以利对策。

2)帮助专利代理人更好地起草专利文件,为引进国外先进工艺技术服务,解决专利纠纷。

3)了解国内外同行最新技术水平,获得世界最新研究技术情报,完善申请方案。

4)从专利文献中找到借鉴,对某个部门或学科的专业实力进行评价与预测,节省时间和金钱。

(二)专利文献检索工具

1.专利文献检索工具的类型

全世界每年新申请和批准的专利数量非常庞大,要迅速、准确地从中找到自己需要的专利信息,必须掌握一定的专利文献检索工具的使用方法。

按照专利文献检索工具的载体类型划分,专利文献检索工具可以分成印刷型、缩微型和计算机阅读型三种。

(1)印刷型

顾名思义,所谓印刷型专利文献检索工具,即是以纸张为载体的各种常用的手工检索工具,如我国自 1985 年 9 月开始出版的以纸张为载体的三种专利公报、发明专利申请公开说明书、发明专利说明书及实用新型专利说明书,并相继出版的专利年度索引等。印刷型检索工具存在一定的缺点,如占用大量空间、容易散失和损坏、检索较为复杂和困难、检索效率较低等。但这类专利文献检索工具在实际操作中仍然占有比较重要的地位。

(2)缩微型

所谓缩微型专利文献检索工具,是指摄制在缩微胶卷或胶片上、通过缩微阅读机检索和阅读的文献检索工具,如我国自 1987 年开始出版发行的以缩微胶片为载体的专利公报和专利说明书等。这类文献具有存储密度高、体积小、复制容易、可长期保存等优点。但不可肉眼直接阅读,使用时需借助特定的设备,一般较少使用。

(3)计算机阅读型

计算机阅读型专利文献检索工具包括联机检索、专利光盘数据库、网络专利数据库等几种形式。随着信息技术突飞猛进的发展和互联网应用的日益普及,网络专利数据库检索已经成为目前最主要的专利文献检索方式。网络专利文献检索具有开放性、可获取性强,内容全,更新速度快,检索简便,效率高,成本低等优点,是当今最常用的专利文献检索工具。

2.我国的专利检索工具书

(1)《中国专利公报》

创刊于 1985 年 9 月 10 日,中华人民共和国国家知识产权局通过知识产权出版社出版了《发明专利公报》、《实用新型专利公报》及《外观设计专利公报》三种专利公报。它们现在都改为周刊,是查找近期有关技术发明或有关企业在中国申请专利或取得专利权的重要检索期刊。可根据申请号、IPC 号、公开号、申请人等进行检索。

（2）《中国专利索引》

自 1986 年开始逐年出版，收集了《中国专利公报》上公布的所有中国专利信息条目。1993 年起改为每半年出版一次，1997 年开始改为每季度出版一次。每套由《国际专利分类号索引》、《申请人、专利权人索引》和《申请号、专利号索引》三部分组成。使用本索引中的任一种均可获得分类号、发明名称、专利号、申请号、卷、期号等信息，并可追踪查找专利公报、专利说明书，是至今提供中国专利检索的最大、最全、最方便的一种工具书。

（3）《中国药品专利》

以摘要或题录形式报道在中国申请的有关药品、医药包装等领域的发明专利和外观设计专利，宣传国家对药品专利的方针、政策，并介绍药品行政保护及医药专利实施的动态。本刊为双月刊，分发明专利、实用新型专利和专利信息三部分，每期刊后有索引，可根据申请公开号或授权公告号进行检索。

3.我国的专利检索数据库

目前，我国已有多家网站建立了中国专利数据库，提供在线查询专利信息的服务。下面介绍几种常用的、数据较全、查找较方便、提供免费检索的专利数据库。

（1）中华人民共和国国家知识产权局网

国家知识产权局的官方网站面向公众免费提供中国专利全文检索服务，收录了自 1985年 9 月 10 日以来公布的所有中国专利信息，包括发明、实用新型和外观设计三种专利的著录项目及摘要，并可浏览和下载各种说明书全文及外观设计图形。

在网络浏览器地址栏输入网址（http://www.sipo.gov.cn/sipo2008/zljs），即可打开国家知识产权局官方网站的专利检索界面，如图 10-4 所示。检索界面主要包括专利类型选择与各个检索要求输入框。专利类型选择包括"发明专利"、"实用新型专利"和"外观设计专利"3 个选项，检索前须先根据需要选取适当的专利类型。检索要求输入框共提供 16 个检索入口（数据库字段），可根据需要从不同途径进行检索。将鼠标移至任意一个检索输入框，会自动出现有关该字段检索方法的提示。更详细的检索方法参见数据库提供的"使用说明"。

各检索项都可直接输入关键词进行检索，也可以输入复杂的检索式。检索式允许进行布尔逻辑运算组合。逻辑运算关系包括逻辑"与"（用"and"或"*"表示）、逻辑"或"（用"or"或"+"表示）和逻辑"非"（用"not"或"−"表示）。检索式中如需键入英文字母（包括逻辑算符）时，大小写通用。该数据库各字段之间默认的是逻辑"与"的关系。例如，在名称项中键入"通风器"，同时在发明（设计）人项中键入"张三"，则表示要查询由张三发明或设计的与通风器有关的专利。

此外，本数据库大多数字段都可进行模糊检索，也就是常见的截词检索。可使用的模糊字符有两种：一种是字符"?"（半角问号），用于通配 1 个字符；另一种是字符"%"（半角百分号），用于通配 0 个或者任意多个字符。

图 10-4　国家知识产权局官方网站的专利检索界面

在相应的检索字段输入检索要求之后,点击"检索"按钮,即输出搜索结果,系统以简单列表的形式提供序号、申请号、专利名称三方面的信息。如果结果中符合要求的专利数目较多,将分页(每项 20 条)显示。点击某项专利的申请号或专利名称,即显示该项专利的详细信息(包括文摘),并提供申请公开说明书和审定授权说明书全文供用户在线阅读(需安装说明书浏览器),用户也可将说明书保存到计算机上或者直接打印。说明书全文为 TIF 格式。

该数据库另外提供专门的"IPC 分类检索"服务(http://search.sipo.gov.cn/sipo/zljs/ipc/ipc.jsp),检索页面的左侧列出 IPC 分类表,包括分类号及文字说明,用鼠标点击可逐级展开,找到所需检索的分类号,点击前面的"搜"图片按钮,即可开始检索。这一工具对于不熟悉国际专利分类表的用户提供了非常直观的专利分类检索途径。

(2)中国专利信息网

由国家知识产权局下属的专利检索咨询中心在 1998 年 5 月创建,于 2002 年 1 月改版,集专利检索、项目转让、发明园地、专家在线等功能于一体,可查询中国专利局自 1985 年以来的专利信息。但需要注册登录后方能检索全部专利文献,其中,免费会员只能查看专利说明书首页,一般会员或高级会员可浏览全部专利全文说明书(http://www.patent.com.cn)。它为用户提供简单检索、逻辑组配检索和菜单检索三种检索方式。

1)简单检索:设有一个关键词检索框,检索框下有"且"和"或"两个逻辑关系选项,检索时只需在检索框内输入关键词,关键词间用空格隔开,然后选择逻辑关系,即可进行检索,如图 10-5 所示。

2)逻辑组配检索:设有两个关键词检索框,可以分别输入多个关键词进行检索,支持"And"、"Or"、"And Not"功能。检索时用户只需选择检索字段的名称并在关键词检索框中输入关键词,如有时间限制可以在检索界面下方的时间范围对公告日期或申请日期进行设定,点击"检索"按钮即可实现检索。此检索也提供了"全部专利、发明专利、实用新型专利、外观设计"等各类专利的检索范围。

图 10-5　中国专利信息网简单检索界面

3）菜单检索界面：设有申请号、公告号、公开号、国际分类号、公开日、公告日、授权日、国家省市等 17 个检索入口。本界面支持多字段组配检索，且各字段间的逻辑组配关系为"And"。

（3）中国知识产权网

由国家知识产权局知识产权出版社主办，于 1999 年 6 月创建。收录了 1985 年 9 月以来在中国公开的全部专利信息，并按法定公开日实行信息每周更新。图 10-6 为中国知识产权网专利检索界面（http://www.cnipr.com），此数据库支持中英文检索，并提供了"发明专利"、"实用新型"、"外观设计"、"发明授权"、IPC 分类检索、法律状态检索、国外专利检索、中国中药专利数据库检索等检索途径，既可以进行单项检索，又可以进行基本检索和高级检索。但是此网站不提供专利说明书全文，只可免费浏览专利文摘。

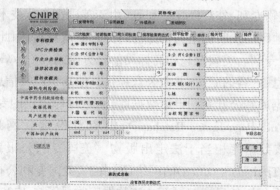

图 10-6　中国知识产权网专利检索界面

除了以上几家专利数据库外，还有一些数据库也提供中国专利检索服务，如中国香港知识产权署网上检索系统（http://ipsearch.ipd.gov.hk/index.html）、澳门特别行政区经济局网站（http://www.economia.gov.mo）、中国台湾地区专利公报资料库（http://twp.apipa.org.tw）分别提供了香港、澳门、台湾地区的专利检索服务。

4.国外专利检索工具书

(1)《化学文摘》

美国《化学文摘》从 1984 年第 94 卷起,美国化学会化学文摘服务处把专利号索引与专利对照索引合并为专利索引(PI),改以代号来表示专利国别,并增加了相关专利和同族专利。专利索引的编排是按专利国别代码字顺排列,同一国家之下再按专利号的大小顺序排列。若该专利为基本专利,其后给出 CA 文摘号;若该专利还有同族专利(等同专利或相关专利),也在其下一并列出;若非基本专利用"see"引见基本专利。CA 的专利索引有两个作用,即查阅已知专利号的专利文章和查同一专利族中的其他专利。

(2)《生物学文摘/报告、评论、会议》(BA/RRM)

创刊于 1965 年,1980 年(18 卷)改为现名。1982~1993 年为半月刊,每年 2 卷,每卷 12 期,每卷有卷累积索引。1994 年改为月刊,每年 1 卷,还出版半年度累积索引和年度卷累积索引。它以题录或文摘的形式对 BA 未收录的科研报告、研究通讯、综述、评论、会议文献、学位论文、专利等进行报道,是对 BA 的有力补充。每期 BA/RRM 分正文和索引两部分,专利、报告和其他参考文献在正文的第三个标题 Literature Reviews,Reports,Patents and Other Reference 下进行报道。

(3)英国德温特出版公司的专利检索工具

英国德温特出版公司是一家私营出版机构,其印刷型专利检索工具有两大系统:分国版和分类版。其中分国版为分国专利文献系统,而分类版则为世界专利索引系统。

5.国外专利数据库

(1)美国专利和商标局网站专利数据库

由美国专利与商标局创建,收录了自 1976 年 1 月 1 日至今的美国专利全文,包括发明专利、法定发明登记、植物专利、外观设计专利等。由于美国在全球技术和经济市场处于领先地位,世界其他国家和地区的发明创造通常都会到美国申请专利,因此美国专利基本上可以覆盖世界上大部分重要专利。美国专利和商标局的官方网站(http://www.uspto.gov)承担着向公众公开专利、商标信息、内容的职责,并向公众提供其他知识产权信息及服务。该数据库包括两部分:授权专利数据库和公开专利申请数据库。该数据库提供的专利全文及图像数据库(Patent Full-Text and Full-Page Image Database) 供免费检索 (网址为:http://www.uspto.gov/patft/index.html)。该数据库相当于法定出版物《美国专利公报》(Official Gazette of the United States Patent and Trademark Office)的网络版,由于《美国专利公报》法定每周星期四出版,该数据库也相应地在每周的星期四更新。该数据库收录了自 1790 年以来的全部美国专利,包括发明专利说明书(U.S Utility Patent Specification)、防卫性公告(Defensive Publication)、法定发明登记 (Statutory Invention Registration,SIR)、再公告专利说明书 (Reissued Patent Specification)、植物专利说明书(Plant Patent Specification)、外观设计专利(Design Patent)等类型。所有专利都可以免费获取专利说明书全文的文本或扫描图像。

美国专利商标局网站提供的专利数据库包括两个部分,如图 10-7 所示。第一部分,授权专利数据库(Issued Patents,PatFT)。该数据库提供了自 1790 年以来美国授权的所有专利文献,对1976 年以前的专利,该数据库的数据只有全文图像页,检索入口只有专利号和美国专利分类号。对 1976 年以后的专利,除了全文图像页外,还包括专利题录、文摘、说明书全文本数据(包括说明书、权利要求书、检索报告)。第二部分,公开专利申请数据库(Published Applications, AppFT)。该数据库自 2001 年 3 月 15 日开始提供服务,数据库中的内容包括美国专利申请的题录、文摘、公开的美国专利申请说明书的全文。

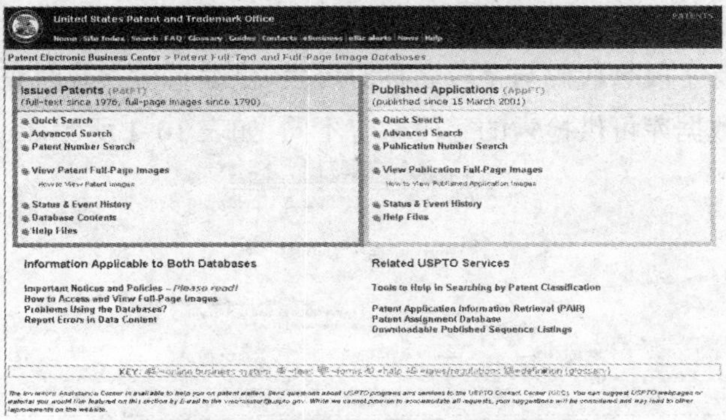

图 10-7　USPTO 专利数据库界面

授权专利数据库和公开专利申请数据库的使用方法相同,这里以授权专利数据库为例,简单介绍美国专利数据库的检索方法。

1)快速检索(Quick Search):快速检索可满足在可选的年限范围内对所有字段或任意一个字段进行单一条件检索或两个条件进行布尔逻辑组配检索,检索界面一目了然,如图 10-8 所示。可选逻辑算符有"AND"、"OR"、"AND NOT"。

图 10-8　美国专利数据库快速检索界面

进行快速检索时,有以下几点需要注意:①在"Term1"和"Term2"输入框中只能输入检索词,不能输入带有逻辑算符的检索式;②输入短语时,短语需放在半角引号中;③可以使用右截词符,即在检索词(包括人名等)词尾使用截词符"$";④输入人名时,姓和名之间用短横线"-"连接,姓在前,名在后,如需检索一个叫"Julie Newmar"的人名时,应输入"newmar-julie";⑤输入框中的输入字母不区分大小写;⑥一些使用频率过高和没有检索意义的禁用词(Stopwords),在某些字段的检索中无效,这些词在系统帮助中有一个表格详细列出。

2)高级检索(Advanced Search):高级检索是在"Query"输入框中直接输入嵌套式的、多条件的带布尔逻辑算符的检索式进行检索,如图10-9所示。"Query"输入框中可输入检索词、短语(短语需用半角双引号)、各字段名加检索词、逻辑运算式等,也可以通过逻辑算符将上述几种检索标识进行多重组配检索。字段检索的输入格式是:字段名代码/检索词,如"TTL/GENE"表示检索专利名称中含有"GENE"一词的专利;"TTL/(DNA and SEQUENCE)"则表示查询专利名称中同时含有"DNA"和"SEQUENCE"两个词的专利;"IC/BEIJING"表示检索发明人所在城市为北京的专利,等等。在"Query"输入框右侧有几个检索式范例,可作参考。检索页面下方有字段名代码与字段名称对照表,供编辑检索式时查找,但授权专利数据库和公开专利申请数据库可供检索的字段略有不同,如表10-1所示。

图10-9 美国专利数据库高级检索界面

表 10-1 USPTO 专利数据库字段名代码与字段名称对照表

Field Code (字段代码)	Field Name (字段名称)	FieldCode (字段代码)	Field Name (字段名称)
PN	Patent Number(专利号)	IN	Inventor Name(发明人)
ISD	Issue Date(授权日期)	IC	Inventor City(发明人所在城市)
TTL	Title(专利名称)	IS	Inventor State(发明人所在州)
ABST	Abstract(专利文摘)	ICN	Inventor Country(发明人国籍)
ACLM	Claim(s)(权利要求)	LREP	Attorney or Agent(律师或代理人)
SPEC	Description/Specification(专利说明书全文)	AN	Assignee Name(专利权人)
CCL	Current US Classification(美国专利分类号)	AC	Assignee City(专利权人所在城市)
ICL	International Classification(国际专利分类号)	AS	Assignee State(专利权人所在州)
APN	Application Serial Number(申请号)	ACN	Assignee Country(专利权人国籍)
APD	Application Date(申请日期)	EXP	Primary Examiner(主要审查员)
PARN	Parent Case Information(母案申请信息)	EXA	Assistant Examiner(助理审查员)
RLAP	Related US App. Data(与美国申请有关的数据)	REF	Referenced By(参考文献)
REIS	Reissue Data(再公告数据)	FREF	ForeignReferences(外国参考文献)
PRIR	Foreign Priority(国外优先权)	OREF	Other References(其他参考文献)
PCT	PCT Information(PCT 信息)	GOVT	Government Interest(政府利益)
APT	Application Type(申请类型)	DN	Document Number(文献号)
PD	Publication Date(公开日期)	KD	Pre-Grant Publication Document Kind Code(授权前公开文件类型代码)

3）专利号检索(Patent Number Search)：专利号检索使用较简单，只需在检索框输入待查的专利号，点击"Search"即可。若需要查找多个专利，可将多个专利号同时输入，不同专利号间以空格隔开。

（2）欧洲专利数据库

由欧洲专利局（EPO）和欧洲专利组织各成员国及欧盟委员会在1998年夏季共同商议并开办的一项新服务。从1998年开始EPO的esp@cenet（欧洲专利局专利信息网）开始向全球互联网用户提供免费的专利服务，其服务的具体内容包括：近2年内欧洲专利组织成员国出版的专利，美国、日本等50多个国家自1970年起的专利文献，以及世界知识产权组织（WIPO）PCT专利文献。由于中国在1996年5月与欧盟正式签署知识产权合作计划，esp@cenet也收录了部分中国专利的文摘与著录信息。

欧洲专利数据库的检索界面设在欧洲专利局专利信息网上，该数据库只对US、EP、WO专利提供全文免费浏览，其他语种仅收录专利扉页内容。专利说明书以图形方式存储，文件格式为PDF，需下载"Adobe Reader"方可浏览。欧洲专利信息网检索界面如图10-10所示，该数据库提供快速检索、高级检索、号码（申请号、公开号等）检索、分类检索等。用户先选择数据库（EP-esp@cenet、Worldwide或WIPO-esp@cenet），系统默认数据库为Worldwide，然后输入关键词，点击"Search"就显示专利名称、申请人、IPC号等信息。点击专利名称即出现如图10-11所示的界面，点击"Bibliographic data"显示专利的基本信息，点击"Description"显示专利说明书全文，点击"Claims"显示权项内容。

图10-10　欧洲专利信息网检索界面

图10-11　欧洲专利信息网的检索结果

(3)其他国外网络专利数据库

可以用来检索国外专利文献的网站和数据库还有很多。一般情况下,如果要检索某个国家的专利文献,可以通过该国主管专利事务的政府机构的官方网站获取相关信息,而且通常都是免费的。也有一些商业机构提供专利信息检索服务,但通常要收费,如德温特创新索引、Delphion知识产权网等。表 10-2 列出了一些国外重要的免费专利数据库及其网址,供读者参考。

表 10-2　其他国外免费网上专利数据库

机构或专利数据库名称	网址
加拿大知识产权局专利数据库	http://patents1.ic.gc.ca/intro-e.html
日本的工业产权数字图书馆	http://www.ipdl.inpit.go.jp/homepg_e.ipdl
俄罗斯联邦工业产权协会	http://www.fips.ru/ensite
澳大利亚专利检索	http://www.ipaustralia.gov.au/patents/search_index.shtml
Questel-Orbit: QPAT	http://www.qpat.com/jsp/login.jsp
欧洲专利数据库网络 esp@cenet	http://www.espacenet.com/access/index.en.htm
欧洲专利局(EPO)	http://ep.espacenet.com
世界知识产权组织 PCT 国际专利	http://www.wipo.int/ipdl/en
德国专利商标局(GPTO)德国专利信息系统(DEPATIS)	http://www.depatisnet.de
英国知识产权局	http://www.ipo.gov.uk/patent/p-find/p-find-number.htm 或 http://gb.espacenet.com
瑞士联邦知识产权局网上专利检索	https://client.ip-search.ch/?c=login&a=client&l=1

第三节　学位论文检索

一、学位论文概述

学位论文是高等院校和科研院所的本科生、研究生为获得学位所撰写的学术性较强的研究论文,是在学习和研究中参考大量文献、进行科学研究的基础上完成的。它具有科学性、学术性、逻辑性、规范性等特点,主要包括学士学位论文、硕士学位论文、博士学位论文。

传统的检索学位论文的方法是采用手工查阅印刷型检索工具书,随着互联网技术的发展,目前学位论文主要是通过互联网上的专题数据库或高等院校、科研院所自建的学位论文数据库进行检索。

二、学位论文检索

(一)国内学位论文数据库

1.中国学位论文数据库

中国学位论文数据库(CDDB)由万方数据有限公司研制通过万方数据资源系统提供服务,主要包括中国学位论文文摘数据库和中国学位论文全文数据库。中国学位论文文摘数据库的资源由国家法定学位论文收藏机构——中国科技信息研究所提供,万方数据加工建库,收录了自1977年以来我国各学科领域的博士、硕士研究生论文。中国学位论文全文数据库精选相关单位近几年来的博硕论文,涵盖自然科学、数理化、天文、地球、生物、医药、卫生、工业技术、航空、环境、社会科学、人文地理等各学科领域。

进入万方数据资源系统主页(http://www.wanfangdata.com.cn)→点击"学位论文"子库,即可进入数据库简单检索界面,如图10-12所示。

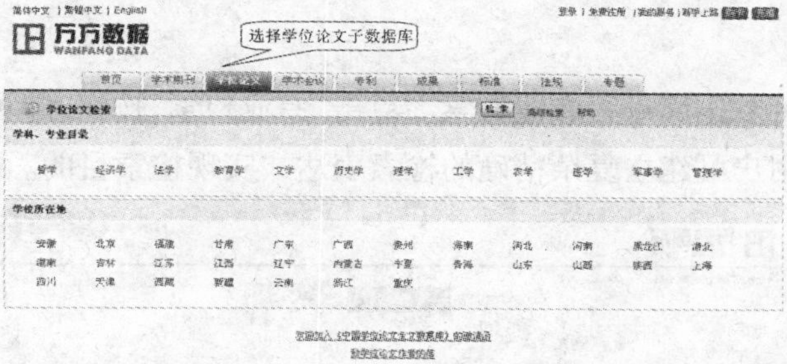

图 10-12 万方数据库简单检索界面

(1)简单检索

在检索词输入框输入检索词,点击"检索"按钮即可。

(2)高级检索

CDDB还为用户提供了高级检索,点击"高级检索"按钮,即可进入高级检索对话框,如图10-13所示。

图 10-13 万方数据库高级检索界面

高级检索的限定条件主要包括选择学位论文的标题、作者、导师、关键词、摘要、学校、专业、发布日期、有无全文论文类型、排序、每页显示等。多个检索限定条件可使检索结果更加准确。

（3）经典检索

经典检索的限定条件主要包括选择标题、作者、导师、学校、专业、中图分类、关键词、摘要等内容，各检索词之间的关系为逻辑"与"，如图 10-14 所示。

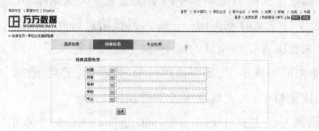

图 10-14　万方数据库经典检索界面

（4）专业检索

用户可对选定的数据库进行专业检索。点击"专业检索"按钮，即可进入专业检索界面，如图 10-15 所示。用户可建立复杂精确的检索表达式实现检索目的。

图 10-15　万方数据库专业检索界面

命令检索所使用的算符号主要有逻辑组配符、截断符、位置算符和字段相邻算符。

1）逻辑组配符：用"*"（与），"+"（或），"^"（非）来表示。

2）截断符：用"$"来表示，可以右截断检索词。例如，在作者字段中输入"张$"，则表示要检索姓张的所有作者。

3）位置算符：用"."来表示，限定两个单检索词相邻。注意："."的前后都要加空格。例如，检索"医"与"药"相邻，则为"医.药"。检索"手术"与"护理"之间隔一个字，则为"手术..护理"。

4）字段相邻算符：用"（G）"来表示，限定两个检索词在同一字段内（即使是可重复字段也当作一个字段来处理）。例如，检索"中医（G）理论"，这就要求命中集合中的记录某一字段内既含有检索词"中医"，又含有检索词"理论"。

在组合检索式时，应遵守如下规则：①除了相邻算符"$"和"."能重复出现外（这两个算符不能混合出现），两个逻辑算符不能彼此相邻；②括号必须成对出现，即开括号的数目必须等于闭括号的数目,且每个开括号都有相匹配的闭括号。

此外,该数据库的学位论文检索还可以直接检索全文,检索方法和步骤与全文数据库检索相似,参见全文数据库检索一章。

2.中国优秀硕博士学位论文全文数据库

中国优秀硕博士学位论文全文数据库（China Selected Doctoral Dissertations & Master's Full—Test Databases,CDMD）是中国知识基础设施工程(CNKI)的系列内容之一,是国家新闻出版总署批准创办的第一家以全文数据库形式编辑出版我国优秀博士、硕士学位论文的连续电子出版物期刊,是目前国内相关资源最完备、高质量、连续动态更新的中国博士、硕士学位论文全文数据库,收录了全国 330 多家博硕士培养单位的优秀博硕士学位论文,从 1999 年至 2006 年底,累积博硕士学位论文全文文献近 35 万多篇。所收学位论文按学科可划分为理工 A、理工 B、理工 C、农业、医药卫生、文史哲、政治军事与法律、教育与社会科学综合、电子技术与信息科学、经济与管理十大专辑、126 个专题文献数据库。

（1）分类检索

中国优秀硕博士学位论文全文数据库以"专题数据库"的形式将各学科、各门类的知识分为 126 个专题,分类检索就是通过导航逐步缩小检索范围,最后检索出某一知识单元中的文献。导航的层次为:专辑→专题→一级子栏目→二级子栏目→三级子栏目。在要选择的范围前点选"√",逐级点击"检索"按钮即可。

（2）初级检索

登陆中国博士学位论文全文数据库或中国优秀硕士学位论文全文数据库(http://www.cdmd.cnki.net),系统默认为初级检索界面(如图 10-16 所示)→确定检索范围、检索年限和结果排序方式→利用"检索选项"下拉菜单,选择检索入口。

CDMD 提供的检索入口包括:主题、中文题目、关键词、摘要、作者、作者单位、导师、全文、论文级别、学科专业名称、学位授予单位、论文提交日期、英文关键词、英文题名、英文摘要等。在检索输入框中输入检索词,点击"检索"按钮,即可进行检索。

图 10-16　CDMD 初级检索界面

（3）高级检索

点击数据库检索界面上方的"高级检索"，即可进入高级检索界面，如图 10-17 所示。

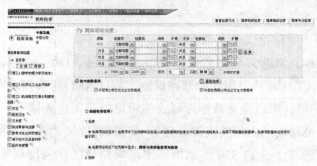

图 10-17　CDMD 高级检索界面

选择检索的年限、结果排序和匹配的方式→在检索框中输入一个或多个检索词，并在选项菜单中确定与该词相应的检索字段→确定各检索词的逻辑关系，选择下拉菜单中提供的"并且"、"或者"、"不包含"等逻辑运算及同句、同段等关系。学位授予单位代码、中图分类号、学位年度、论文提交日期、网络出版投稿时间等不支持双词间上述关系的检索项→点击"检索"按钮，即可进行检索。

另外，点击检索输入框前面的"＋"就增加一检索行；点击"－"就减少一检索行。与 CFGD 一样，CDMD 的学位论文检索也可以进行词频控制。

2.CALIS 高校学位论文数据库

CALIS 高校学位论文数据库收录了包括北京大学、清华大学等全国著名大学在内的 83 个 CALIS 成员馆的硕士、博士学位论文，到目前为止收录加工数据 70 000 条，内容涵盖自然学科、社会学科、医学等各个学科领域。该数据库提供简单检索和复杂检索两种检索方式，用户可以分别从学位论文篇名、论文作者、导师、作者专业、作者单位、中文摘要、英文摘要、分类号、主题和全部字段等不同角度进行检索，还可使用逻辑运算等进行组配检索。该数据库采用 IP 控制使用权限，参建单位的用户可以通过 CERNET 访问。高校学位论文数据库只能检索到学位论文的题录或文摘信息，如果用户需要获取全文信息，可向国家法定的学位论文收藏单位或论文作者所在高校图书馆联系索取。

另外，国内一些高校也有自建的学位论文数据库，这类学位论文数据库都默认 IP 登录，如果用户的 IP 在许可范围内，则可以直接登录实现检索。以清华大学学位论文服务系统（http://thesis.lib.tsinghua.edu.cn:8001/xwlw/index.jsp）为例，该数据库收录了清华大学 1980 年以来的所有公开的学位论文文摘索引和 2003 年以来的论文全文，几乎每月都有论文全文更新。

（二）国外学位论文数据库

PQDD（ProQuest Digital Dissertations）是美国 UMI 公司出版的博士、硕士论文数据库，是 DAO（Dissertation Abstracts Ondisc）的网络版。该数据库是世界著名的学位论文数据库，也是世界上最大和最广泛的西文学位论文数据库。它收录了从 1861 年至今欧美 1 000 余所大学

160 万博士、硕士论文的摘要及索引,内容覆盖文、理、工、农、医等领域,是学术研究中十分重要的参考信息源。每年约增加 4.5 万篇博士和 1.2 万篇硕士论文摘要,每周更新数据。使用该数据库可免费检索最近两年的学位论文文摘数据库（包括 22 万多篇题录和文摘）,1997 年以来的部分论文不但能看到文摘索引信息,还可以看到前 24 页的论文原文（PDF 格式和 TIFF 格式）,要获得全文需要付费订购。该数据库提供了基本检索（Search-basic）和高级检索（Search-advanced）两种检索方式。

从 2002 年开始,为满足国内对博士论文全文的广泛需求,国内许多高等院校、学术研究单位及公共图书馆订购了 PQDD 博士论文全文数据库,实现了学位论文的网络共享。目前,ProQuest 学位论文全文中国集团在高校已建立了上海交通大学图书馆、中国科技信息所、CALIS 全国文理中心（北京大学图书馆）等几个镜像站,通过 IP 认证的用户可下载全文。

第四节　标准文献检索

一、标准概述

(一)标准的概念

标准化对提高劳动生产率、扩大技术交流和贸易交流等方面发挥了重要作用。在中国加入 WTO 的背景下,标准化这一技术壁垒确保了公平竞争规则,消除了一些人为的政策壁垒。《中华人民共和国标准化法》自 1989 年 4 月 1 日起施行。

我国国家标准 GB3935-1-83 中对"标准"所作的定义是:"标准是对重复性事物和概念所做的统一规定,它以科学、技术和实践经验的综合成果为基础,经有关方面协商一致,由主管机构批准,以特定形式发布,作为共同遵守的准则和依据。标准不仅是从事生产、建设工作的共同依据,而且是国际贸易合作,商品质量检验的依据。"

(二)标准的类型

按标准的适用范围划分:国际标准、区域标准、国家标准、专业标准、企业标准。

按标准的性质划分:基本标准、产品标准、方法标准、组织管理标准。

按标准的成熟度划分:强制标准、推荐标准。

(三)国内标准的编号

我国国家标准及行业标准的代号一律用两个汉语拼音大写字母表示,编号由标准代号(顺序号)批准年代组合而成。

国家标准用"GB"表示,国家推荐的标准用"GB/T"表示,如"GB6820-92"、"GB/T13752-92"。

行业标准用该行业主管部门名称的汉语拼音字母表示,机械行业标准用"JB"表示;化工行业标准用"HG"表示;轻工行业标准用"QB"表示。例如,"QB1007-90"是指轻工行业 1990

年颁布的第 1007 项标准。

企业标准代号以"Q"为代表,在"Q"前冠以省市自治区的简称汉字。例如,京"Q/JB1–89"是北京机械工业局 1989 年颁布的企业标准。

(四)国际标准的编号

国际标准化组织(ISO)负责制定和批准除电工与电子技术领域以外的各种技术标准。ISO 标准号的构成成分为"ISO+ 顺序号 + 年代号(制定或修订年份)",如"ISO3347:1976"即表示1976 年颁布的有关木材剪应力测定的标准。

二、标准文献

(一)标准文献的概况

目前,世界已有的技术标准达 75 万件以上,与标准有关的各类文献也有数十万件。制定标准数量较多的国家有美国(10 万多件)、德国(约 3.5 万件)、英国(BS 标准 9 000 个)、日本(JIS 标准 8 000 多个),另外,法国和前苏联制定的标准也较多。

通常所说的国际标准主要是指 ISO(国际标准组织) 和 IEC(国际电工委员会),同时,还包括国际标准组织认可的其他 27 个国际组织制定的标准论题(如 ITU 国际电信联盟)。我国于 1978 年重新加入 ISO,于 1957 年加入 IEC

我国的标准分为国家标准、地方标准、行业标准和企业标准四个等级。到 2000 年底,我国已批准发布了国家标准近 1.7 万个、备案行业标准 2.2 万个、地方标准 7500 个、备案企业标准 3.5 万个。

(二)标准文献及其作用

广义的标准文献包括一切与标准化工作有关的文献,如标准目录、标准汇编、标准年鉴、标准的分类法、标准单行本等。标准文献是标准化工作的成果,也是进一步推动科研、生产标准化进程的动力,标准文献有助于了解各国的经济政策、生产水平、资源情况和标准化水平。

(三)标准文献的特点

标准文献与一般科技文献的不同,有如下几点。

1)发表的方式不同:它由各级主管标准化工作的权威机构主持、制定、颁布,通常以单行本形式发行,一项标准一册(年度形成目录与汇编)。

2)分类体系不同:标准一般采用专门的技术分类体系。

3)性质不同:标准是一种具有法律性质或约束力的文献,有生效、未生效、试行、失败等状态之分,未生效和失效过时的标准没有任何参考价值。

三、标准文献检索

(一)标准文献检索工具书

1.《中国国家标准分类汇编》

由中国标准出版社编辑出版。收集了全部现行国家标准,按专业类别分卷。1993 年开始陆续出版。按《中国标准文献分类法》分类,其一级类设定为卷(有些一级类合并出版),二级类按类号编成若干分册,二级类号下按标准号排列。

2.《中国标准化年鉴》

原由国家标准局编,现为中国国家技术监督局编,中国标准出版社出版,1985年创刊,当年收集了截至1984年9月底的全部国家标准,以后每年一册。年鉴的内容分两部分:第一部分论述该年度我国标准化工作各方面进展和统计资料;第二部分介绍上一年度新批准发布的国家标准,正文按专业分类编排,并附有标准号索引。

(二)网络资源中的标准文献数据库

1.万方数据库——中外标准

中外标准库包括由国家技术监督局等单位提供的中国国家标准、行业标准、国际标准、欧洲及美、英、德、日等国家的标准共12个数据库。其中,中国标准收录了自1964年以来发布的全部国家标准和行业标准,涉及机械、冶金、电子、化工、石油、轻工、纺织、矿业、土木、建筑、建材、农业、交通、环保等行业。内容包括英文标题、中英文主题词、专业分类等,并含中国台湾地区标准。

该数据库还收录了国际标准包括国际标准化组织(ISO)发布的所有标准,以及国际电工委员会制定的国际电工标准。各国标准主要是英、美、德、法、日等国发布的标准及欧洲标准。

此数据库提供了9个检索字段,分别为:全部字段、标准编号、标准名称、发布单位、起草单位、发布日期、实施日期、中国标准分类号、国际标准分类号等。用户可根据需要将这9个字段进行逻辑组配检索,如图10-18所示。

图10-18　万方中外标准数据库主界面

2.中国标准科技信息咨询网

机械科学院主办,主要介绍国内外最新标准化动态,提供标准信息和标准化咨询服务,并对达标产品和获证企业进行宣传。共设标准目录,标准书市、标准咨询、工作动态,标委会、获证企业、达标产品等栏目。

3.中国标准服务网

中国标准化研究院、标准馆主办,设有中文版和英文版,是世界标准服务网在中国的网站,包括中国国家标准、国际标准、发达国家的标准数据库等。可提供标准查询、标准服务、标准出版物、标准化与质量论坛、WTO/TBT中国技术法规、地方标准等标准服务。中国国家标准数据库直接从国家质量技术监督局标准化司获取，国外标准数据从国外标准组织获取，信息完整、权威。该网站利用与国外信息机构的友好关系，及时得到从国外标准的更新数据，信息更新及时。

在数据库检索系统中，可以进行高级检索，也可以进行字段检索。数据库提供多项检索字段，如标准号、标题主题词、标准分类号、采用关系等。可以使用"AND"、"OR"、"XOR"逻辑算符，如图10-19所示。

图10-19　中国标准服务网高级检索界面

4.其他标准检索网站

(1)通信标准与质量信息网

通标网由中国通信标准化协会主办，主要职责是贯彻国家和信息产业部标准化的方针、政策，推动通信标准的贯彻与实施；广泛搜集国内外通信标准信息，为企业提供通信标准信息服务；为企业培训标准化人才；帮助企业开展企业标准化工作，对企业标准化工作提供咨询服务；组织开展国内外通信新技术研讨。

(2)标准信息服务网

标准信息服务网是专门提供国内外标准信息在线查询和标准文本订购服务的网站，拥有超过110个国内外标准组织发布的国内外标准的题录和文本，查询系统述支持中英文双语查询功能。

第五节　科技报告检索

一、概述

科技报告是报道(记录)科研成果或进展情况的一种文献类型，它注重详细记录科研进展的全过程。大多数科技报告都与政府的研究活动、国防及尖端科学技术领域有关，其撰写者或提出者主要是政府部门、军队系统的科研机构和一部分由军队、政府部门与之签订合同或给予津贴的私人企业、大学等,即所谓"合同户"或资助机构。科技报告所报道的内容一般必须经过有关主管部门的审查与鉴定,因此具有较好的成熟性、可靠性和新颖性,是一种重要的学术信息资源。

科技报告具有内容技术性强、出版量大、报道迅速详尽、以单篇形式出版、篇幅不限且每篇报告都有按一定编号系统给予的编号等特点。但有些报告因涉及尖端技术或国防问题等,一般控制发行。

科技报告按报告内容的性质可分为报告书、札记、论文、备忘录、通报;按科研活动的阶段可分为研究进展过程中的报告和研究完成阶段的科技报告;按密级可分为保密报告、解密报告、非密限制发行报告、非密公开发行报告。

科技报告是继图书、期刊、档案等类型文献之后出现的一种文献,它是人类科技发展和信息文化发展的产物,在人类的知识信息传播和利用中起着越来越重要的作用,世界各国在科技文献信息交流中都将它列于首位。我国的国防科学技术的发展已经历了几十年的历程,并取得了举世瞩目的成就,但建立系统、完善的科技报告法规制度以及相应的管理体制,还是近些年的事情。

二、科技报告检索

(一)中国科技报告及其检索工具

我们国家规定,凡是有科研成果的单位,都要按照规定程序上报、登记。国家科委根据调查情况发表科技成果公报和出版《科学技术研究成果报告》(分为内部、秘密、绝密三个级别)。

《科学技术研究成果公报》由国家科委科学技术研究成果管理办公室编辑,科学技术文献出版社出版,双月刊,并有年度分类索引,是检索中国科技报告的主要检索工具。因为相应的数据库已投入使用,1999年停止印刷版。

(二)美国政府四大报告及其检索工具

美国政府四大报告指的是 PB、AD、NASA 和 DOE。

1.PB(U.S.Department of Commerec Office of Publication Board,PB)

最初 PB 主要报道军事科学,目前的报道范围侧重于土建、城市规划、环境污染等方面,电子技术、航空、原子能等方面的资料较少。PB 报告均为公开资料,无密级。

2.AD(ASTIA Documents,AD)

原是由美国军事技术情报处(Armed Sevices Technical Information Agency,ASTIA)收集出版,主要来源于美国陆海空三军的科研单位、公司、企事业、大专院校、外国研究机构及国际组织等 1 万多个单位,内容不仅包括军事方面,也广泛涉及许多民用技术领域。分机密、秘密、非密限制发行、非密公开发行四种密级。

3.NASA（National Aeronautics and Space Administration, NASA）

NASA 报告是美国国家航空与宇航局收集、整理报道和提供使用的一种公开科技报告，侧重航空、空间科学技术领域，同时广泛涉及许多基础科学，年报道量约为 6 000 件。

4.DOE（Department of Energr, DOE）

DOE 报告名称来源于美国能源部的缩写，其文献主要来自能源部所属的技术中心、实验室、管理处及信息中心。内容主要包括原子能及其开发应用，但也涉及其他各门学科。

本章关键术语：

特种文献；专利；科技报告；会议文献；学位论文；标准文献

本章思考题：

一、填空题

1.我国专利法规定，发明专利权的期限为（　）年。

2.专利权的特点有（　）。

3.一般来说，（　）技术含量高，审查期限长，授权慢。

4.《保护工业产权巴黎公约》规定，（　）的优先权期限为 6 个月。

5.专利的核心是（　）。

二、实例解析

1.Wii 是日本任天堂公司推出的家用游戏主机，深受游戏爱好者的青睐，请运用网络工具收集有关"Wii"专利的相关信息。

2. 请检索以下中国专利的说明书全文。

（1）治疗乙型肝炎病毒的中药制剂及其制备方法。

（2）屋顶自动通风器。

（3）风扇扇叶动平衡的检测装置及方法。

3. 请利用美国专利商标局网站检索有关流感疫苗的美国专利共有多少件，任选一件找出其专利说明书全文。

4. 利用万方学位论文数据库检索以下内容。

（1）针灸治疗鼻炎的相关论文。

（2）IBM 咨询的中国业务的营销策略。

5. 利用中国优秀硕博士学位论文全文数据库检索以下内容。

（1）房地产广告中媒体策略的学位论文。

（2）物流系统转运的相关论文。

6. 利用 PQDD 数据库检索 Yale University 博士学位论文。

第十一章　信息检索效果评价

【内容提要】

本章将系统介绍造成信息检索过程不确定性及结果非相关性的原因，并着重探讨评价检索效果的两个主要指标——查全率和查准率，同时对其他评价指标及提高检索效果的措施进行具体阐述。本章的学习重点为信息检索结果的相关性与信息检索的效果评价指标。

第一节　信息检索的过程不确定性与结果相关性

一、信息检索过程的不确定性

信息检索过程是一个复杂的过程，从表象上看，信息检索过程是信息检索提问式与信息集合标识之间的匹配运算，但实际的机理问题却要复杂得多，它不仅涉及以用户认知结构为基础的信息需求唤醒、提问表达与转换、检索标识的形成和检索结构的相关性与适用性判断，而且还涉及对检出信息的理解与吸收利用。信息检索过程是系列过程组成的综合体系，其各个阶段和环节都可能产生不确定性。信息检索的不确定性是指由于忽略次要因素、相关性不确切或不完全、知识不成熟、证据本身可能错误，或是仅注重对物的研究而对信息传递主体与信息接收客体的关注不够等原因而产生的检索过程的模糊认识。信息检索过程中不确定性的产生机制已经成为信息检索研究中的重要课题。

信息检索的不确定性是由于人们对信息和信息检索过程认识的类属不清、状态不明造成的，用户与文献作者之间知识结构的差距是导致信息检索失败的主要原因。因而作为情报系统来说，必须能够响应用户带有一定缺陷的知识结构，反映和支持用户在信息需求表达中所利用的领域知识和语言知识。

有关信息检索的不确定性研究是将检索过程建立在一种理想化的假设之上，即从需求唤醒到提出问题再到情报吸收、利用的一系列检索过程能在用户与系统的交互作用中顺利进行。我们有必要对信息检索过程进行再分析,以确定检索过程中不确定性的产生机制及相关的影响因素,以期对检索策略设计和检索系统构建有进一步的指导意义。

完整的信息检索过程包括四个基本环节:提问形成、标识形成、检索匹配、利用与吸收。在这四个环节中都会产生不确定性。

第一,提问形成的不确定性。用户在社会实践活动中总会遇到各种问题,要顺利解决这些问题必须获得相关信息的支持,当这种需求足够大时就会产生信息需求动机,进而外化为相关的信息行为。而表达信息需求或进行信息提问就是其中的基础环节,这一过程本质上是因决策信息需求导致的知识结构异常描述。当周围环境无法解决这种不确定性的时候,用户会将自己认识到的知识异常转换为某种可交流的结构,从信息集合中检出可能适于解决这种异常的信息。在这一过程中,用户能否意识到自己的知识缺陷或信息需求,并将这些需求有效地表达出来,受到多方面因素的影响,主要包括四个方面:用户知识结构能否准确定义信息需求结构(包括学科主题及其数量、类型的规定性);决策问题的紧迫性与重要程度;用户决策的模型是完全理性决策还是有限度理性决策;能否找到满足需求的外在资源,如提供信息服务的各种信息机构。可以说,需求表达的准确与否是整个检索过程的基础。但是需求表达过程本身对用户来说,是对不知晓或完全不知晓问题的描述,是不可能非常准确的,因而提问形成的不确定性是必然存在的。

第二,标识形成的不确定性。标识形成包括两方面的内容:一是传递者的标识形成;二是用户提问的标识形成。用户标识的形成在提问过程中会得到解决,在此仅讨论前者。一个信息的潜在生成者(信源)决定传播他的某些知识或信息时,需要对自己的知识进行重组,并对某些特殊主题进行分割,以构成通过信息欲传递的概念结构;同时,根据自己对潜在接收对象的理解,将这些概念转换成可传播形式,形成接收者可获取的信息。信源对自己待传递信息的编码,既受制于他对所表达事物的认识程度,同时也受用户本身素质和可用公共知识结构(可简单地理解为各种词表系统)的影响。显然,信源对所要表达的主题认识越清晰,对公共知识结构越熟悉,自身知识结构越完整,其所表达的信息就越完整、准确和简明,也有利于信息接收者对信息的理解与吸收、利用。

编码后的语言,再通过一定的媒介,在一定环境中传递给信息接收者,传递过程中可能会产生损耗、掺杂、变形等情况。另外,当传递渠道对其进行必要的组织并赋予一定标识时,标识的形成也受到两方面因素的影响:一是组织者的知识结构;二是组织者对公共知识结构的熟悉程度。只有当组织者具有和信源相同或相似的知识结构,并且对公共知识结构的表现形态较为熟悉的情况下,形成的标识才可能真正代表信源所表达与编码的信息。

显然,在上述过程中,无论是信源本身,还是传递渠道,都不可能在各个方面达到完全契合的程度,因而标识形成的不确定性,即标识与要表达的思想和内容的不一致也就在所难免了。

第三,检索匹配的不确定性。当用户表达出相应信息需求时,就会在一定条件下转换为相应的查寻行为。无论用户选用哪种检索方式，首先他都应该对检索提问进行形式化处理，即形成检索标识和检索表达式。无论是检索标识的形成还是检索表达式的形成，都既受用户自身知识结构的影响，同时也受公共知识结构的影响。

检索实施过程中，信息集合中哪些信息能被检出，除受选择的检索标识影响外，还与检索系统所使用的数学模型密切相关。不论是布尔逻辑检索模型、向量空间模型，还是概率检索模型或模糊集合模型，本身都具有自身难以克服的缺陷。而且，相关性与适用性判断，尤其是语用相关判断，很大程度上取决于问题解决的目标状态、用户本身的偏好和知识结构，并且和用户所处的环境密切相关。而这些内容在很多情况下都难以准确定义，因而其不确定性也是不可避免的。

第四，信息吸收利用的不确定性。当用户从信息集合中以某种确认的标准检索出相关信息后，用户通过解释信息，发现本质性概念结构，并与自己的知识异常状态进行匹配，继而判断异常状态是否得到消除，以决定是中断检索还是在新的异常状态下继续进行信息检索。当信息接收者（用户）获取信源的信息后，他会根据自己的知识结构理解信源及相关的信息，尽可能完整、准确并清晰地恢复传递者的原意。显然，对传递的内容越熟悉，对传递的语境体会越深，对传递者所传递内容的理解也就越完整。

在这一过程中，用户对信息的解释显然受制于自身的知识结构，而这种知识结构是由用户及其所属社会、学校的经验、教育所决定的。如果用户与信息传递者在概念结构或知识结构上相似性较多，其对信息的理解与应用可能是基于语义层次；如果两者间相距较大，其对信息的理解与应用可能就只是基于语言层次，这显然会妨碍信息的价值体现。任何信息的含义都是信息接收者将之与自己知识结构整合的结果。自然或人工的任何形态的信息的处理与理解都离不开认知主体的内存认知模型和所处的环境表象。

从上面的分析中我们可以看到，在信息检索过程中，无论是信息及其标识的形成过程、提问表达的形成过程、匹配运算过程，还是用户对信息的吸收利用过程，都存在着大量的不确定性。这种不确定性，本质上是由信息检索是一个延时的信息交流过程，或者说延时的通信过程所引起的。正是基于这样的延时特性，我们在处理整个信息检索过程时一方面应该确保现时的各种信息标识得到充分的展示；另一方面也应该保存在历史过程中形成的信息标识，再以某种方便用户使用的方式表达出来，这对于清除用户信息检索过程的不确定性具有非常重要的意义。

检索过程的不确定性正是信息检索的魅力所在。检索系统的任务就是协调信息传递者、系统设计者、标引人员与情报工作者、信息用户的认知结构，共同满足用户当前的信息需求。一个理想的信息检索系统，是在用户基于其知识结构进行信息检索的过程中给予适当的辅助和支持，实现四种知识结构的和谐匹配。要提高检索效率，关键是要重视提高人们在检索过程中的认知结构和认知能力，重视对用户情报需求的了解与把握，以实现双方在认知层面而非物理层面的交互，这应该是检索系统设计与构建中最关键也最难把握的因素，也是信息检索研究在今后要解决的重大理论与技术问题。

二、信息检索结果的相关性

相关性是表示检索系统中检出的信息与用户需求一致性程度的指标。信息检索的目的就是最终找出用户所需要的信息。检出相关信息，抑制不相关信息是所有信息系统追求的目标。相关性问题涉及检索系统的信息源收集范围、标引检索语言、标引深度、索引机制、匹配算法和用户主观因素等各个方面，贯穿信息检索过程的始终，是信息检索实践和理论研究要解决的核心问题，有必要对它作进一步的了解。

对于具有一定的系统规模、收录范围和系统语言的特定检索系统，影响其检索结果相关性的因素主要有以下三个。

1）用户信息需求的表达。

用户识别到的信息需求与实际真正的信息需求会存在一定的差距，而用户表达出的信息需求即构造的查询表达式又与上述二者存在区别。

2）相关度判断的算法。

即计算机检索系统中计算要检出的信息与查询表达式的相关程度的算法，它决定着检索结果的排列顺序，是用户进行主观判断的前提和基础。

3）用户的主观判断。

在手工检索中这是相关性判断的唯一方式，在计算机检索中这是继自动计算相关程度之后相关性判断的第二个环节。检索结果的相关性归根到底是要由用户进行评判的。用户在判断时的知识状态及检索课题所处的不同时间段等因素往往影响着判断结果。因此，相关性的判断是复杂、模糊的，相关性的定义也只是个相对概念。

下面从手工检索与计算机检索两个方面，分别介绍检索结果与用户需求的相关性判断的特点和在这两种环境中提高检索相关性的方法。检索可由用户委托专门机构代理检索，也可由用户自行检索，即代检与自检。而随着信息易获得性的提高，用户越来越倾向于自检，因此下文中的"用户"皆指选择自检方式的最终用户。

（一）手工检索中的相关性

手工检索中的相关性判断主要是由用户的智能来完成，除受用户的知识结构、项目研究进度等因素的影响外，还受到用户心理、认知行为、认知能力的影响。检索进行到不同的程度，项目研究处于不同的阶段都会使用户的知识状态处于变化之中。不同的知识状态下，用户会对同一信息作出不同的判断，进而决定取舍。随着项目研究进展的深入，用户对所检索的课题的了解也愈加深入，其相关性判断也就越加准确。

要提高手工检索的相关性，用户首先要仔细、全面地分析检索课题所涉及的概念及其所属学科属性，同时结合项目研究进展阶段的因素决定检索需求的侧重点，如书目、文摘、索引、年鉴、百科全书等；每一检索工具的学科领域，收录范围及检索途径，尤其是检索工具的特定检索语言。有了对上面两点的把握，用户才可能准确表达自己的信息需求，选择合适的检索工具，充分使用与检索工具一致的检索语言，从而提高检索相关性。另外，用户在检索过程中，如在浏览初步检索结果时，要注意发现更为合适的提问标识或是被遗漏的检索词，随时对检索的目标、范围和深度等进行灵活的调整，即随时根据反馈情况调整检索策略，以使检索结果更准确、切题、全面。再则，因为手工检索工具的文献标引深度较低，文献的检索点较少，因此应特别关注检索的全面性。

（二）计算机检索中的相关性

随着互联网技术的发展，网络检索以其极低的费用、海量的信息、迅速的存取及对多媒体功能的支持，对联机检索、光盘检索造成了强大的冲击，很快改变了计算机检索的发展格局，逐渐成为主要的检索方式。而计算机检索相关性问题的研究和应用也主要以网络检索为平台。

计算机检索时，首先要由用户向计算机信息检索系统提交查询表达式，系统经过查询匹配后把检索结果输出给用户，再由用户进行判断是否满足自己的信息需求。可见计算机检索的相关性判断有两个环节：一是系统相关性判断，即系统自动对相关度进行计算，并输出检索结果；一是用户相关性判断，即用户在选择系统、拟定检索表达式及在系统命中的结果中进行取舍时所作出的主观判断。

1.系统相关性

系统相关性指的是文档标识与用户提问之间的相符程度，其量化指标为相关度。检索系统的输出结果一般按照相关度从大到小排列。相关度的算法因系统而异，是决定系统检索性能优劣的主要因素。各检索系统评判结果是否相关及相关程度的方法虽有不同，但归纳起来目前主要有以下几种方法。

（1）词频方法

根据关键词在文中出现的频率来判定文档的相关性。认为关键词出现的次数越多，该文档与查询的相关程度就越高。有的检索系统还考虑关键词出现次数与文档总词数之比，以平衡文档长短对相关性的影响。还有的专家考虑到这样的经验：一个词表达内容的有用性程度，随该词在特定文档中出现频率的增长而提高，随含有该词文档数量的增长而下降，从而提出逆文献频率来确定相关度的计算方法。

（2）位置方法

根据关键词在文中的位置来判定文档的相关性程度。例如，检出文档中含有的检索词出现在题名字段的，比出现在其他（如 URL 和正文）字段的相关性更大；若标引词出现在文章前几段或段首等位置时，其相关性也会加大。

（3）引用率方法

突出代表是网络搜索引擎 Goole，考虑检出网页的被链接程度，这种方法发源于引文索引原理。如果有大量网页链接到此网页或者有一些重要的网页链接到此网页，则该网页的重要性就会增加，即更相关。

（4）大众单击率方法

突出代表是搜索引擎 Direct Hit，认为多数人访问的网站就是最重要的网站。这种追踪单击率，由网络大众集体确认网站重要性的方法具有一定的客观性和公正性。在实际使用中会产生令人满意的效果，而网站的重要性则意味着某一方面内容的丰富和准确。

（5）分类或聚类方法

检索系统采用分类或聚类技术，自动把查询结果归入到不同的类别中。例如，Yahoo 的输出结果分别列于所从属的各级分类目录下；Northern Light 独创的定制搜索文件夹（Custom Search Folders）技术把与检索提问机械匹配的结果自动组织成不同的类别，用户通过浏览类别，可判断选择真正与自己的检索需求相关的检索结果。这种类目列表是多层、动态的，用户一层层地筛选下去，逐步明确原本模糊的需求表达，最终得到与其检索需求最为相关的检索结果。

上述各种相关性的判断方法都有其不足。词频方法、位置方法与分类或聚类方法都基于关键词的严格机械匹配技术，即由计算机对提问标识与文档标识字面是否相符进行比较，判断文档是否命中，这与手工检索中人的智能判断相比，可以说是极其"弱智"的。其局限性具体表现如下：①文档的标引停留在字符形式上，不能像人一样根据上下文判断词的真实含义，所以文档标识不一定能代表文档内容的真实含义。高频率的关键词也不一定意味着该文档的相关度高，这在很大程度上导致了检索工具对检索结果的相关性等级排列的无效。②不能区分同形异义词，导致检索结果中包含了很多关键词一致但主题相去甚远的文档。③不能联想到关键词的同义词、近义词、相关词，导致主题概念相同或相似或相关的文档不能完全被检索出来。

引用率方法的局限在于一个网站的被链接数量还与它的商业推广有密切联系，因此利用此法判断相关度也并非无懈可击。

大众单击率方法也存在这种局限。

为了提高系统相关性，各检索系统纷纷试验和采用各种新技术，模仿人的智能对相关性的判断，使计算机检索的命中结果更切合用户需求或使用户作出相关性判断时更加容易。目前各搜索引擎采用的主要方法有：改进中文切词技术，如 Baidu 搜索引擎的人名中文切词专利技术；利用动态分类来满足用户多元化的信息需求，如 Northern Light 的人工预设目录结合自动归类技术；利用综合搜索同时提供与用户所输入关键词相关的多种信息，也有助于解决和改善用户信息需求多元化的问题，如 Goole 提供的字典、分类目录、新闻、股票、电话、地图搜索等不同内容；利用内容类聚过滤重复信息；人工制订部分搜索结果，对热门关键词的搜索结果进行人工干预。

2.用户相关性

用户相关性是一个灵活、相对的概念，它表示的不是检索出的文档与用户检索表达式之间的一致性，它衡量的是文档与用户需求的一致性。当用户不知道某些相关信息的存在或对检索课题不甚了解从而不能形成完整的信息需求表达时，某些与用户的信息需求相符的文档却可能与检索提问不符。反之，检出的文档与检索提问相符却不一定能满足用户的需求。系统相关不一定意味着用户相关。用户相关性由用户本人来判断，它具有强烈的即时性和明显的个性化特征：用户对于文献相关与否的判断会因条件、时间的不同而有所变化，还会因用户知识背景、知识结构、兴趣爱好不同而有所不同。

信息用户面对现代技术环境为用户获取信息所创造的广阔空间，为提高检索的相关性，所应做的是调整自己的知识结构和提高对各计算机检索系统的熟悉程度，选择和使用合适的检索系统或网络检索工具。首先，各网络检索工具的收录范围、数据库的规模和标引方式、所采用的算法、检索式的组织和处理等各不相同，对检索结果的相关性有很大影响，这些信息可以在提供该网络检索工具的主页上单击 About us、FAQ(Frequently Asked Question)等项目获得。其次，用户在构造查询表达式时，要考虑到某一词义检索词的各种词形、近义词、相关词及词间关系。检索过程中可先用关键词试检，然后浏览试检命中的结果，尤其是标引词字段和系统提供的相关提示，从中发现符合需要的新的检索词，通过多次试检，不断完善查询表达式，以得到最理想的检索结果。最后，由于各检索系统的特点不同，提供的检索结果也有出入，为获得更全面的相关信息，用户可利用多个检索系统或者先使用多元搜索引擎进行查询。

第二节 信息检索效果

一、信息检索效果问题的起源

信息检索系统的性能可以从两个方面来评价：一是检索效率，二是检索效果。检索效率通常是指检索过程中系统的时间、空间及其他资源(人力、物力、财力等)的耗用相对于检索结果的比值及用户在检索过程中耗费的精力和其他的代价；检索效果指的是用户对检索结果的满意程度，是指检索结果是否趋向检索目标、是否符合信息提问，以及达到(或背离)检索目标的程度。效果相应于英文中的"Effectiveness"，该词又可译为"有效性"，并且这里的"有效"是相对于用户对情报的最终使用而言的。在实际工作中，检索效果通常用查全率和查准率这两个指标来衡量。

检索效果问题不仅对于手工检索系统，对于计算机信息检索系统也是普遍存在的。从某种意义上看，目前计算机信息检索系统中的检索效果问题更为严重一些。人们常常发现，尽管非常精心地构造了检索策略，但检索结果却仍然很不理想。计算机技术的迅速发展，可以不断提高计算机的处理速度，增大存储器的存储容量，从而使检索效率不断提高，但却无助于检索效果的改善。检索效果已经成为计算机信息检索系统亟待解决的主要问题之一。为了解决检索效果问题,我们首先要明确这个问题的起源。

在信息交流的正式过程中,信息是通过文献进行传递的。科学家们用以撰写文献的是自然语言(当然,还包括各门学科的专业语言),用自然语言撰写的文献,内容庞杂,形式多样,不便于处理。在信源和信息用户之间起中介作用的信息工作机构,其任务是系统地收集文献和有针对性地向用户提供信息。为了实现有效地收集和提供,信息机构必须对文献信息进行加工整理。在对文献信息加工整理的过程中,信息工作者创制了一种人工语言——情报检索语言。文献进入检索系统之后,便完全转成情报检索语言写成的文献描述体,文献描述体反映了原文献主要的内部特征和外部特征,但在形式上又较原文献简洁、规范得多。同时,用户的信息提问在进入检索系统后,也被转换成用情报检索语言写成的问题描述体。检索是通过文献描述体和问题描述体之间的匹配比较而实现的。情报学家福格特曾用图像十分形像地说明了该问题,如图 11-1 所示。

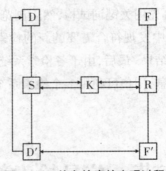

图 11-1　信息检索的实现过程

图 11-1 的意义如下:一方面,信息工作人员在拿到原始文献 D 后,首先根据文献 D 的主题 S 和情报检索语言 K(福格特称 K 为分类资料,但它实际上是一种参照系统,即作为人工符号系统的情报检索语言),将其转换成替代文献 D′;另一方面,在检索过程 R 中,也根据情报检索语言 K,将用户的原始问题 F 转换成替代问题 F′。检索是通过替代文献 D′ 与替代问题 F′ 之间的匹配实现的。确定了命中的替代文献之后,再根据替代文献与原始文献的一一对应关系,找到相应的原始文献,提交给用户。

这里的替代文献和替代问题就是我们前面所说的文献描述体和问题描述体。有四种常用的替代文献,即文摘、目录款目、标引词集合、文献号。

这四种替代文献是按照其反映原始文献的详略程度而划分的。其中文摘最详细;文献号最简略;替代文献作为原始文献的替代品,在文献检索系统中被作为存储和检索的直接对象。

在图 11-1 中可以看出,用户的信息提问本来是应该和原始文献直接发生关系的,但在现有的文献信息检索系统中,这二者之间并不直接相互作用。文献与问题的相关性的判断是通过替代文献与替代问题的相关性判断间接得到的。检索效果问题便起源于检索系统的这个内在矛盾：由于从原始文献到替代文献的转换过程和从原始问题到替代问题的转换过程都是将主题概念从一种符号体系向另一种符号体系的转换过程，在这种转换过程中不可避免地要丢失一部分信息（这个现象是情报交流语言障碍中的一种表现形式），所以，替代文献与替代问题的形式相关并不等于原始文献与原始用户提出的问题相关。

以主题检索系统为例。在主题检索系统中，替代文献是一组标引词，替代问题则是由若干提问词构成的检索式。在由文献转换为标引词（标引）和由问题转换为检索式（构造检索策略）的过程中，都存在着很大的误差，如图 11-2 所示。

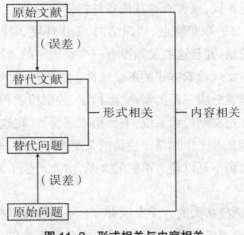

图 11-2　形式相关与内容相关

首先，看标引。标引工作把一篇文献转换成代表该文献主题的若干个主题词，在标引人员的精心工作下，这若干个主题词对于原文献来讲不能说是词不达意的。但是，如果认为这若干个词语全面、准确、客观地反映了原文献的全部内容（或基本内容、主要内容），那也是不对的。一篇文献有其丰富生动的内容，很难（或不可能）把它概括成若干个抽象的概念，也很难（或不可能）找到几个恰如其分地表达这些概念的语词。再者，原文献中的若干个主题往往有着复杂生动的联系和各自不同的重要程度，被转换成若干个标引词后，这些联系和重要程度通常不能被反映出来或不能很好地反映出来。还有，对文献的标引质量还受多种因素的影响，如标引人员对该文献主题学科的了解程度、对该课题的熟悉情况、对文献的熟悉情况、对语言（尤其是专业语言和外语）的掌握能力、对词表的了解，以及标引人员本身的知识水平、标引时的工作条件、词表的质量，甚至包括标引人员在工作时的情绪等。情报检索语言毕竟只是一种人工语言，它的词汇和语法都比原始文献所使用的自然语言要简单得多，因此表达概念，尤其是复杂概念的能力是有限的，加之两种符号体系转换时不可避免地会造成一些信息的损失，所以，标引结果（若干个标引词）只是在一定程度上反映了原文献，而不是全部、准确地反映了原文献。

其次，信息需求的表达与标引工作类似。信息的需求，对于信息用户来说，是有其丰富的内涵和外延的，但检索工作却只能通过检索式（由若干个检索词及其相互关系构成）来进行。

检索式对信息需求的反映也只是在一定程度上的反映。

最后,在文献与文献用户之间的关系上也存在着问题。文献的作者是为整个社会(或社会的一部分)而撰写文献的,他未必考虑特定用户的特定需求。标引工作同样如此。因此,文献与文献用户之间存在着错综复杂的关系。某一篇特定文献可能为多个用户所需要,某一特定用户也可能需要多篇文献。即使是对同一个用户需要的一篇文献来说,这种"需要"和该篇文献所提供的材料之间的关系也是非常复杂的。该用户可能需要该篇文献所需要的许多内容(或全部内容),也可能只需要该篇文献的很少内容(或极少内容);用户的需要点可能与文献的论述重点相同,也可能不同,或者有着其他各种各样的关系。该用户对该篇文献的需要程度与用户和文献作者各自的职业特点、知识结构、工作环境、时间、地点,以及研究问题的角度、深度和广度等都有关系,并且这些关系没有一个是固定的。这其实已经引出了检索效果问题的另一个重要起源:文献检索方式的不合理性。

人们通常认为,信息检索分成三种类型:文献检索、数据检索和事实检索。但是,一段时期以来,信息检索系统主要是文献检索系统(书目检索系统)。在这样的检索系统中,系统的收集、加工和向用户提供信息等工作都是以整篇的文献为单位的,而用户真正需要的其实是以知识单元为单位的信息,而不是以篇为单位的文献,由此产生了大量不能完全克服的检索效果问题。

解决检索效果问题的途径从大的方面来说有二:一是在文献检索系统中提高标引工作和检索策略构造工作的质量,尽量减少它们对原始文献和原始信息需求反映上的误差。同时,在检索时,通过反馈,不断调整检索策略,使检索结果逐步逼近检索目标。二是建立事实检索系统。事实检索系统是解决检索效果问题的最根本的办法,其建立的是一个知识库,而不是文献库。知识库中存储了最基本的知识单元及知识单元之间的联系,因此,它能应付用户多方面的提问,并且不会把冗余的信息和用户不需要的信息提供给用户。同时,事实检索系统一般都建有自然语言接口,允许文献以自然语言的形式进入系统,也允许用户以自然语言提问,避免了由自然语言向情报检索语言的转换,因而避免了由此带来的各种误差。

由于建立事实检索系统的难度较大,所以从目前的情况来看,建立大规模的、通用的事实检索系统还是不现实的。因此,上述两条途径的工作都应抓紧进行:一方面,尽快发展事实检索系统的理论和技术,在可能的情况下,先建立一些专用的、规模较小的系统(专家系统);另一方面,继续致力于标引理论和方法的研究,致力于检索理论(包括反馈检索理论)的研究,致力于情报检索语言的研究,尽快改善现有系统的检索效果问题。

二、信息检索的效果评价

检索效果指的是利用检索系统(或工具)开展检索服务的有效性,它直接反映着检索系统的性能,影响系统在信息市场上的竞争力和用户的利益。任何检索系统都有存储和检索两个功能。就存储而言,保证某一学科或专业领域信息收集全面并不十分困难;而对于检索来说,从系统中输出全部相关信息,排除所有无关信息则比较难以实现。通常情况下,在查找信息时,不可避免地会带出一些无关信息,而漏掉一部分相关信息。在网络检索系统中,这种情况尤为突出。其主要原因是系统相关性匹配算法的机械性、用户提问的模糊性及其与信息需求的偏差等。

(一)检索效率指标

目前采用最为普遍的检索效果量化评价指标主要有:查全率(Recall Factor)、查准率(Pertinence Factor)、漏检率(Omission Factor)、误检率(Noise Factor)。通常使用 2×2 表格对这4 个指标进行描述,如表 11-1 所示。

表 11-1　检索效果评价指标

系统＼用户	相关文献	非相关文献	总　计
被检出文献	a(命中)	b(噪声)	$a+b$
未检出文献	c(漏检)	d(合理拒绝)	$c+d$
合　计	$a+c$	$b+d$	$a+b+c+d$

其中查全率是对所需信息被检出程度的量度,用来表示信息系统能满足用户需求的完备程度;查准率是衡量信息系统拒绝非相关信息的能力的量度;查全率的误差即是漏检率;查准率的误差即是误检率。其数学表达式分别如下。

查全率(R)= 被检出相关文献数 / 系统中的相关文献 ×100%

$$=(a/a+c)×100\%$$

漏检率(O)= 未检出相关文献数 / 系统中的相关文献 ×100%

$$=(c/a+c)×100\%$$

查准率(P)= 被检出相关文献数 / 被检出文献总数 ×100%

$$=(a/a+b)×100\%$$

误检率(N)= 被检出不相关文献数 / 被检出文献总数 ×100%

$$=(b/a+b)×100\%$$

例如,利用某个检索系统检索某一课题时。假设在该系统文献库中共有该课题的相关文献200 篇,总共检出 80 篇,经审查确定与该课题相关的有 40 篇,那么该系统对该课题的查全率为 20%,查准率为 50%。

克莱夫登通过克兰菲尔德实验证明,在同一个信息检索中,当查全率和查准率达到一定的阈值,即查全率为 60%~70%、查准率为 40%~50%后,二者呈互逆关系,即查全率与查准率在某种程度上成反比例关系,一方的提高往往导致另一方的降低,偏重哪一方都是不妥当的。在检索实践中,需要根据课题的具体要求,合理调节查全率和查准率,找到最优平衡点,保证适度的查准率和查全率。因此,在检索过程中,可以从以下几点考虑。

1)作为检索者,要确定自己是对查全率更关心,还是对查准率更感兴趣。据此选择不同的检索策略。

2)了解检索系统和数据库的特点和规模。对专业性强、规模小的数据库,要注意提高查全率;对数据量较大的系统,如网络搜索引擎,由于其结果输出量比较大,保证查准率则显得更为重要。

(二)调整查全率和查准率的方法

提高查全率,即进行扩检,可以按照如下方法调整检索提问式。

1)选全同义词并以"or"的方式与原词连接后加入到检索式中。

2)降低检索词的专指度,从词表或检出文献中选择一些上位词或相关词。

3)采用分类号进行检索。

4)删除某个不甚重要的概念组面,减少"and"运算。

5)取消某些过严的限制符,如字段限制符等。

6)调整位置算符。

若要提高查准率,即进行缩检,可按如下方法调整检索提问式。

1)提高检索词的专指度,增加或换用下位词和专指性较强的自由词。

2)增加概念组面,用"and"连接一些进一步限定主题概念的相关检索项。

3)限制检索词出现的可检字段,如限定在篇名字段和主题字段中进行检索等。

4)利用文献的外表特征限制,如文献类型、出版年代、语种、作者等。

5)用逻辑非"not"来排除一些无关的检索项。

6)调整位置算符。

(三)其他评价指标

1)用户负担:即检索工具的用户友好性及用户在使用该工具时的方便和易用程度。

2)新颖率:从检索系统中检索出来的对用户而言含有新颖信息的文献数量与文档中总相关文献数之比。

3)覆盖率:在某一特定时间里,从某一检索系统中检索到的涉及特定主题领域的所有文献数与该主题领域相关的实有文献总数之比。

4)检索结果的满意度:包括检索结果相关命中数、重复链接数、死链接等。

5)响应时间:即完成一个检索要求所用的时间。

6)相关性排序:即将输出结果根据与检索词的相关度进行排序。

7)输出数量选择:即限定或改变输出量。

8)输出方式:标题的有无、类目位置、网页文本大小等。

9)检索界面:用户界面的易用性情况,包括是否含有检索说明文档、是否有帮助文件、是否有查询举例等。

本章关键术语:

检索过程不确定性;检索结果相关性;检索效果评价指标;查全率;查准率

本章思考题:

1.如何理解查全率和查准率的关系?

2.假定在某个数据库中检索到了 100 篇文献,查准率和查全率分别为 40%和 60%,那么全部相关文献有多少篇?

3.你认为除了查全率和查准率之外,哪些检索效果评价指标比较重要? 为什么?

第十二章　信息检索与学术论文写作

【内容提要】

本章属于信息检索基础上的信息整理和利用环节,学术论文写作其实就是信息阅读、研究、利用和表述的过程。学术论文是表现科学研究成果的重要形式,其写作方法与规范是大学生所应具备的基本知识和技能,也是对所学学科知识进行实践的过程。通过本章学习,学生应掌握学术论文、毕业论文、学年论文的不同特征,以及写作论文的基本要求、选题、文献信息检索、写作过程、写作方法等,为撰写毕业论文打下良好的基础。

第一节　信息资料阅读与整理方法

利用多种检索技术从不同的途径查询各种文献资源类型,从而获得大量相关文献,是一项非常繁重的工作,但也只是信息工作的一部分,甚至可以说仅是一个开端而已。大量的文献信息资源杂乱地堆放在一起,信息本身是死的,是无法实现自身价值的。信息资源检索的最终目的是利用,只有通过利用才能最终发挥其功用。每一位信息检索者或多或少都是出于某种特定的目来查询资料的,他们或是为了了解、学习某领域知识;或是为了科学研究的需要;或是为了掌握市场最新动态……所以,对他们来说,检索全面且相关度高的信息是非常重要的;同时,如何利用这些信息,如何通过这些信息为自己的需求服务也显得非常重要。

对广大科研工作者来说,信息工作显得尤为重要。信息资源的检索和利用,直接决定科研的成败与否。任何科学研究的开展,都必须建立在对研究历史、研究现状、研究方法及已取得的研究成果足够了解、分析和判断的基础上,并借鉴已有成果、吸取前人教训,才能更好地定位自己的研究情况。美国科学家基金委员会曾对此进行过统计,一位科研人员完成一项科研活动所用的时间中,查阅文献资料就占用了 50.9%,而用于实验研究的时间又占了

32.1％,用于编写报告的时间仅占9.3％,计划和思考的时间占7.7％[①]。而对于人文社会科学研究而言,查阅文献资料所用的时间应该会占更大的比重。

　　学术论文是科学研究的一种重要表现形式,它不同于文学体裁的文章,而必须以丰富、客观、真实的材料为基础。信息检索的优劣也就直接关系到学术论文写作的好坏。所以,要想写出一篇优秀的学术论文,掌握各种信息资源类型及检索技术、检索途径是必需的,只有拥有全面的相关信息,才能为学术论文打下坚实的基础。可以说,信息检索是学术论文写作的必经阶段和必要条件。此外,对所检信息的阅读、分析、判断、整理等环节也同样重要,只有经过这些环节,才能充分了解和利用信息资源,而基于此基础上的材料准备工作,也才能称之为写作前的准备工作。

　　检索出的信息资料对论文写作有无价值,有多大价值,其本身的真实可靠程度,相互间有无重叠、交叉等,都需要作进一步的分析、比较、鉴别和筛选工作。信息资料阅读的必要性,是不言而喻的,它也是信息资料整理的前提和基础。信息资料阅读和信息资料整理并非是分开的两个割裂阶段,而是融合贯穿于一体,共同贯穿于论文的始终。

一、信息资料阅读

　　无论是选题的最初设想阶段,还是信息的大范围检索阶段,还是信息整理阶段,论文写作阶段等任何一个阶段,信息资料的阅读都是时刻在进行的。在选题的最初设想阶段,需要阅读一些重点文章以判断该选题是否有深入研究的必要及研究现状和研究成果;在信息检索阶段,需要短时间内阅读大量的信息资源,以判断该信息是否与选题相关;在信息整理阶段,要对所检信息资源进行细致地阅读,以对信息的参考价值作出合理判断,并进行分门别类的整理;在具体的写作阶段,更要不断地阅读相关资料……可以说,学术论文的写作过程,亦是相关信息资源的阅读过程。

　　阅读的重要性是不言而喻的,但对于整个阅读过程而言,如何开展阅读,如何进行有效地阅读则是需要阅读者深入思考的问题。这就要求阅读者认真思考这样三个问题:读什么、读多少、怎样读。

(一)读什么

　　读什么也就是要把握好阅读的范围,选择那些与选题相关的、真实新颖的、多方面和多角度的资料来读。

(二)读多少

　　读多少主要是要考虑阅读材料的量是否得当,要以必要和充分为依据。不能太少,否则无法保证占有资料的全面性,即无法全面了解选题领域;不能太多,太多也同样会有问题,太多的资料会成为负担和累赘,尤其是一些无用或价值很小的资料,不但没有阅读的必要,还会混淆其他有用信息。一般认为,阅读篇幅是论文篇幅的30倍左右,其中关系密切的资料应

---

① 陈坚,金恩辉.教学科学情报与文献检索.长春:吉林教育出版社,1988.

在 10 倍左右。当然,这只是一般情况下的大概数量,最终具体的数目还要看所选资料的水平,一个属于填补空白型的选题,与其密切相关的资料自然会少一些,要求作者自创性的内容也就要多一些;而那些热点或是大众化的选题,资料也会相对多一些。

(三)怎样读

怎样读主要是强调阅读的方法。在阅读资料的过程中,要针对不同资料类型及不同的阶段来选择不同的阅读方法,常用的阅读方法主要有泛读、选读和精读三种。

1.泛读

对文献资料的快速浏览,以便对文献内容有一个大体的了解和认识,大概分出哪些文献是与选题相关的,哪些是无关的;哪些是主要的,哪些是次要的;哪些是关键性的,哪些是一般性的。这种方法在学术论文写作的前期使用频率较高。比如在检索到大量资料以后,往往首先要选择泛读的方法,对所有资料进行大体的了解,从而对所有可能相关的资料有一个概括性的认识;此外,还要在泛读的基础上,对相关的价值作出判断,分析出主要资料、次要资料、无关资料;文字资料、数字资料、事实资料等,并对其进行标注,为接下来的选读和精读打好基础。

2.选读

对文献资料有选择地阅读,如对摘要的阅读、对主要文献的阅读、对一篇文献中重要段落的阅读等。在检索信息阶段,往往采用的多是选读法,主要是对文献标题的阅读及对文献摘要等检索性内容的阅读,以确证在有限的时间内掌握大量的信息情况。对主要文献及文献中重要段落,也要有选择地阅读,而不是"眉毛胡子一把抓",不分重点,随意来读。

3.精读

对重要资料的认真细致阅读,以便充分理解其观点,准确把握其内容,并从中发现对选题具有启发性、辅助性、验证性的资料,尤其要重点掌握那些重要的数据和结论。对于泛读过程中标注的主要文献、关键性文献,尤其是文献最有价值的部分,要仔细、认真地研读。此外,在阅读的过程中,还可以随读随记,把认为有用的信息、结论和收获记录下来,以帮助记忆,引发思路和见解。

虽然三种阅读方法的侧重点和具体结果都有不同,但在整个阅读过程中,在学术论文的写作过程中并非各自独立,而是相互补充、交叉使用,共同作用于资料阅读的全过程。无论何种阅读方法,都要注意对有用信息的捕捉和思考。要善于从大量繁杂的信息中发现与选题相关的信息;要善于从一般信息中捕捉重要信息;要善于从资料中发现有价值的点滴;要善于从其他学科中发现可移植或嫁接到本学科的知识;要善于捕捉自己思维中随时迸发出的思想火花,并对此进行深入思考。阅读的过程是每个环节都必不可少、随时随地可以进行的必需环节;同时又是一个隐性的环节。阅读的多少和时间长短等问题不会直接反映在最终的学术论文中,阅读过程中的思考和论证等工作更不会直接体现在学术论文中,但有一点是可以肯定的,那就是阅读的多少、思考和论证的程度,都对最终的论文成果有着必然的联系和影响。

二、信息资料整理

信息资料阅读是一个长期贯穿整个写作过程的环节，是一项重要工作；不过，检索到大量信息后，紧接着最重要的工作，就是信息资料的整理。

信息资料整理有广义和狭义之分。广义的信息资料整理是指对信息资料的所有加工处理，信息资料的标引、著录、检索、阅读等都属其范畴。下文所谈及的信息资料整理是其狭义范畴，即信息检索之后，对所拥有信息资源的一系列科学整理，主要是内容方面的整理。当我们把众多检索到的信息资料汇集在一起时，再加上一些现实生活中获取的直接资料，往往会让人感觉杂乱无章，面对零散的、繁杂的资料觉得无从下手。这就要求我们在阅读的基础上，对资料就其来源、发表时间、学术水平、相关度等方面进行分析、鉴别和判断，保留具有参考价值的资料，滤掉那些自身水平不高、参考意义不大的资料。

（一）信息资料的分析与筛选

信息检索获得大量信息资料后，在之后的整理过程中，首先要做的就是信息资料的分析工作。常见的分析方法有定性分析和定量分析。定性分析是从学术论文的选题和各论点出发，有目的、有重点地对资料进行认真研读和去粗取精、去伪存真的消化吸收，解释和说明资料内容，以把握其核心和内在规律性的分析方法。定性分析不但要从资料的内容入手，分析其论点、论据和逻辑论证结构，还要从资料的外在因素入手来分析其产生的背景、可靠程度、社会影响力、影响因子等。定量分析是以具体的量化指标来分析信息资料，从而对信息资料进行验证和评价。可以利用实验数据、百分数、加权分析等各种量化指标对所获取资料进行有效的分析和处理。

定性分析可以更好地对资料的特性作出判断，有利于指导定量分析的方向；定量分析的结果则可以更好地佐证或反驳定性分析的判断。两种方法相互结合，可以既全面又有针对性地对信息资料进行分析。

在信息检索时，我们往往会更多地希望能够检"全"，不要遗漏信息，从而保证我们研究的可靠性和前瞻性。这也势必会带来一定的冗余信息，造成鱼目混杂的现象，这就要求我们对检索来的信息资料首先进行筛选，选出重要的、有代表性的信息资料。那么，什么样的资料是重要的、有代表性的呢？这就要有一个筛选的标准，对于此，我们建议可以从三个方面来判断：信息的可靠、信息的价值、信息的适用。

1.信息的可靠

所谓信息的可靠，主要是对其真实性和准确性而言的，可从内容和外在因素来判断。从内容角度来判断，首先要看资料本身的论据、实验数据是否足够支撑其观点结论；其次还要判断内容的阐述是否清楚，结论是否具有一定的深度和广度，是否具有可复制性，论证推理过程是否合理严谨，实验数据是否精准可靠，等等。通常情况下，立论科学、论据充分、数据精确、阐述完整、技术成熟的资料，可靠性较大，参考价值也相对比较大。

此外,文献的作者、出版单位、来源、类型,以及被引用、被评论等外在因素也可以用来判断文献的可靠性和价值大小。著名学者撰写、著名出版单位出版,得到业界一直认可和好评,多次被引用的文献,往往是相对可靠的。从被引用的情况来说,一般被别的文章多次引用,尤其是被一些业界权威引用的资料,可信度通常较高。通常情况下,资料的被引次数和资料的可信度成正比。从评论的情况来说,新理论、新技术提出后,社会上很快就会出现相关的评论,通常情况下,被社会评论和大众舆论认可的理论和技术,可信度相对较高。已然被社会生活、社会实践所验证的资料,可信度应该是更高的。总之,可以结合各方面因素从多个角度对资料的可靠性和准确性进行判断。

2.信息的价值

信息的价值很难用一个标准或简单的方法轻易评定,它涉及多个方面,而且具有很大的相对性。例如,在这个方面,此信息具有一定的价值;在另一个方面,却不具有任何可参考价值。对于这个选题或选题的一点而言,此信息具有较大的参考价值;对于另一选题或选题的另一点,就不具有这样的价值。对于这个信息需求者而言,此信息资料具有很大的价值;对于其他信息需求者,却未必如此。

众所周知,之前从来没有人研究过,或者从来没有研究成果问世,或者从没被人披露、报道过的信息,往往比较新颖,创新性比较强,相对应的价值也会比较高。但是,衡量信息的价值,不能简单地只从时间上作判断,更主要的还是要从信息的内容来衡量。新理论、新技术这样的创新性信息的价值固然要相对大一些,但这样的信息毕竟是少数。这就要求我们在衡量信息价值的时候,不能一味地追求"重大突破"、"填补空白"这样的创新价值极高的信息资料,而是关注原有基础上的新观点、新论据、新方法等在某一点上的创新价值。这样才能掌握更多、更有价值的相关信息。

3.信息的适用

所谓适用是信息资料对用户的适合程度和范围。信息的适用性,在很大程度上是随机的,它受到用户的科研状况、信息素质、经济能力、地理环境等多方面因素的制约和影响。

就用户的科研状况而言,先要考虑用户需要解决什么问题,与此相关的信息才更加适用。另外,还要看用户的信息素质。此外,还要考虑信息的适用范围与效果,主要看信息资料是否只适用于某一方面,还是适用于多个方面;是否只是适用于特定的条件很小的范围,还是能够适用于大的环境范围;是否只适用于较高水平,还是适用于一般水平;等等。这些都关系到信息资料对于选题、学术论文是否适用。

(二)信息资料的标注与归并

从信息来源、发表时间、影响因子、内容的可靠性、创新价值大小、实际需求的适用等各个方面对信息资料进行分析、筛选,剔除实际意义不高和参考价值不大的部分,选出与论题相关度高、创新参考价值高、实际水平较高的信息资料,同时还要有针对性地对这些资料进行标注和归并。

将与论题有关的资料标注出来,随见随记,随记随议,尤其是一些外文资料,看到相关信息就要进行标记,并在资料旁边进行注明,注明论点、论据、论证以及有何价值、可用于何处等。将资料中与论题相关的观点和图表数据提取出来,对相同的观点进行合并,相近的观点进行归纳,相关的图表数据进行比较、汇总、分析,并进行标记和编排序号,以备下一步使用时随时提取。

在列出提纲以后,要有针对性地对信息资料进行归并,将不同的资料分别放在各分论题下面,以学术论文的提纲为基础,组建起一个资料网,每条资料都在相应的网格上,从而搭建起整篇论文的大体框架。

(三)信息资料对论题的修正和深化

最初论文的选题往往是在我们尚未获取充分资料之前,受某一文献资料启发或某一客观现象的触发而产生的,而当我们经过一番努力,获取了大量有效的资料并相互参照、分析、筛选之后,很可能会从这些材料中得到始料不及的新发现,从而给我们带来意外的收获,促使我们对原来的选题作进一步的修正或深化。

第二节　学术论文概述

学术论文是信息收集、整理、分析、研究后的成果之一。一直以来,对于何谓学术论文,众多学者从不同角度给出了不同的界定和概括。《科学技术报告、学位论文和学术论文的编写格式》对学术论文作了具体的定义:"学术论文是某一学术课题在实验性、理论性或观测性上具有新的科学研究成果或创新见解和知识的科学记录;或是某种已知原理应用于实际中取得新进展的科学总结,用以提供学术会议上宣读、交流或讨论;或在学术刊物上发表;或作其他用途的书面文件。"

还有人认为:"凡是以科学、技术为内容,运用概念、判断、证明和反驳等逻辑思维手段,进行分析、阐明自然科学的原理、定律和科学技术研究中的各种问题及成果的文章,都属于学术论文的范畴。"

一、学术论文的特点

(一)学术性

学术性,又称理论性。它是学术论文的基本特性,是学术论文区别于文学体裁文章,尤其是一般性议论文的根本区别。学术论文强调学术性,强调科学研究的学术意义,故不能以思想性或政治性来代替学术性;一般性议论文具有较强的思想性、政治性,往往用来发表评论、抒发感想、表达意图,至于所思、所想、所意是否具有学术价值、研究意义,则不在其考虑之内。所以初学学术论文写作的人要特别注意区分学术问题与思想问题、政治问题。在论证结构上,学术论文强调要运用逻辑思维进行严密的分析和论证;而一般性议论文更多地是有感而发,虽也有论证,但多不求系统性和专门性。学术论文是在专业领域内对某些专业问题进行长期关注、研究和论证,着重探讨事物的内在联系和客观规律,要求作者具有一定的专业素养和专业深度,反映了作者对所论述问题的认识水平和专业水平。掌握两者的特征后,应该不难区分学术论文写作与一般性议论文的差别,以及写作过程中应该注意的问题。

就学术论文的学术性而言,学术论文本身就是一种重要的科研成果的表现形式,它以学术问题为论题,把学术成果作为描述对象,以学术见解为内容核心,具有系统性和鲜明的专业色彩。无论是取材于某一具体产品,还是某一抽象的理论,还是某一具体实验,最终都要对研究过程中的资料或发现进行加工、提炼、浓缩,从而提升为理论性的叙述。所以,学术论文更加侧重理论的辩证,但这并非学术论文,只是理论论著,只是"纸上谈兵";相反,学术论文强调必须立足于社会实践需求,从内容到形式都要服从实践性要求。其所论述的理论和技术成果,都必须在实践中经过反复探索、研究。可以说,实践是学术论文的源泉和最终归宿,实践本身也正是科学研究的学术价值所在。所以,学术性是学术论文的基本特性,一篇缺乏学术性的文章,也就不能称之为学术论文。

(二)创造性

创造性是衡量学术论文价值的根本标准。创造性大,论文价值高;反之,论文价值就低。这里所谓的创造性是指学术论文中阐述世人尚未谈过的新理论、新方法、新技术或创造性的模仿。一篇没有创见的文章,可能具有一定的社会经济价值,但它对科学技术发展不起作用,也无法提供新的科技领域内容,不能称之为学术论文。学术论文是记录创造性成果的知识载体,是传递新生的科学信息。

科学研究的最大价值在于不断发现新现象、探索新问题、提出新见解、取得新进展,创造性既是科学研究,也是学术论文的生命线。有创造性的学术论文可以表现为选择课题的新,也可以表现为研究方法的新,还可以表现为论证资料的新,还可以表现为研究角度的新……新选题、新见解的提出,是学术论文创新性的最佳体现。全新课题的提出固然令人期待、令人关注,老课题出新意也同样是创新。虽然观点上已不是第一次提出,但能用新的材料或新的方法进行更深层次的阐述和论证,也是很好的创新,也具有一定的创造性。

具体而言,创造性一般有四种情况:第一种是"创立新说",即在自己研究的课题范围内,发现前人未曾发现的问题,经过研究探索,提出新的看法、观点;第二种是"否定旧说",即在论文中针对前人旧说,发现问题,勇于剖析,指出谬误,提出己见,在"否定旧说"中创新;第三种是"旧说新证",即针对某个领域的传统观点,择其一角度,对它进行分析、证明,既丰富了传统观点的内涵,也蕴涵着自己的创见;第四种是"发展新说",即自己研究的课题,在充分吸收前人成果基础上,发现新的材料,从新的角度进行探索,以新的成果发展前人的观点①。

---

① 高小和. 学术论文写作. 南京:南京大学出版社,2006:73-74.

（三）科学性

具体的科学性具有以下多重含义。

1.内容的客观性

学术论文的内容必须是客观存在的事实，即要求内容科学真实、成熟、可行，而且可重复。

2.表达的全面性

学术论文的科学内容，需用语言、文字或图片等方式表达，并且力求表达简洁、明确及全面。

3.结构的逻辑性

学术论文结构所显现的科学内容必须符合逻辑推理、论证反驳等思维规律，具有较强的逻辑性。

4.格式的标准化

学术论文的写作格式已逐渐趋于标准化，因此在撰写时必须严格遵守其规则。

（四）可读性

可读性，也就是指学术论文要通俗易懂，行文表述简洁严谨。学术论文的内容虽强调学术性、专业性，但其表述还是要力求平易通顺，切忌生涩难懂，否则将会大大削弱学术论文的社会效果。一篇好的学术论文，不仅要使本专业的读者读懂，还要能够让专业外的读者在读后也有一定的了解，这样深入浅出的学术论文才更有利于科学研究的普及和发展。

二、学术论文的分类

依据不同的标准，学术论文的归类也不尽相同。从内容性质的角度，学术论文可以分为文科论文和理工科论文；从选题属性的角度，学术论文可以分为基础理论研究论文和应用研究论文；从写作方法、表述特点角度，学术论文可以分为评论型、述评型、论述型；从写作目的角度来分，学术论文可以分为在学术刊物上发表的学术论文或学术会议上交流的一般性论文，以及毕业论文和学位论文等规范性论文。对于如此众多的类型，本文不再一一赘言，只对大学生和研究生普遍关注的学位论文略作介绍。

学位论文是申请者为了取得一定的学位而提交的学术论文，分为学士论文、硕士论文、博士论文。

1.学士论文

学士论文是合格的本科毕业生撰写的论文，它反映了作者掌握的大学阶段所学专业基础知识及其综合运用所学知识进行研究的能力。一般学士论文选题不宜过大，要符合作者的实际学识水平，而不要盲目地求大；更不能过于陈旧，要有一定的创新点。

2.硕士论文

硕士论文是攻读硕士学位研究生所撰写的论文，一般要求对所研究的领域有独到的见解，还要有一定的深度和广度，具有较大的研究价值。

3.博士论文

博士论文是攻读博士学位研究生所撰写的论文,一般要求对本学科有独创性的见解,具有较高的学术价值,论文成果对学科的发展有重要的推动作用。

无论是学士论文,还是硕士论文、博士论文,都与一般论文有所不同,它不仅对字数、水平作出了明确的规定,还要求公开,接受专家的审查。学位论文不但是对作者上学期间学习科研情况的审核,还是一笔丰厚的科研成果。所以,学位论文作为学术论文的一种,不仅具有学术论文共性的东西,还具有自身的写作特点。

学位论文的编写要求一直是大家较为关注的问题,也是学生在完成自己的学位论文过程中经常出问题的地方。《学位论文编写规则》(见附录1)对学位论文的编写作出了明确的规定。

第三节　学术论文写作与投稿

一、学术论文写作

(一)学术论文写作程序

1.选题

(1)三个原则

好的课题要符合价值性、创新性和适宜性三个原则。

1)价值性原则。

价值性原则,也就是选题要有意义。课题的意义,不仅包括学术意义,还包括社会意义。课题的学术性和价值性,是整篇论文具有学术性和价值性的前提;选择具有学术价值的选题,是确保学术论文具有学术意义的必然要求。这就要求选题时,要考虑课题在学科体系中的地位和对学科发展的作用,要选择那些居于学科前沿或者学科研究热点的课题,从而使整篇学术论文具有学术价值。此外,课题的价值还体现在社会意义,即要求科研具有社会效益,选择社会生活实际需要的课题。无论是重大的理论问题,还是解决某一方面的具体问题,最终都直接或间接地为社会发展服务,所以,课题的价值还体现在具有一定的社会价值。

2)创新性原则。

为了使自己的选题有创新性,我们最好选择前人没有研究过的课题,填补学科领域中的空白。但这对于一个初涉学术研究、初学学术论文写作的人来说,几乎是不可能的。那么,要选取具有创新意义的课题,就更应从以下两方面来着眼考虑。

①选题角度要新。在一个学科领域中,甚至一个研究课题上,肯定会有许多科研工作者从不同的角度和层面进行研究,并各有收获。同样的研究对象,别人已经取得不少研究成果,

但这并不代表没有研究空间,我们可以选取异于他人的新的角度去审视、去研究。

②研究方法要新。要选一个没人研究过的课题是比较困难的,但是,同一个问题,我们可以选择不同的研究方法,这样得出的认识和结论同样也会有所差异。研究方法的新,同样能使我们的选题具有新意,使论文具有创新价值。

3)适宜性原则。

适宜性原则,就是从研究者的主客观条件综合考虑而对选题提出的要求。概括地说,就是要求选择那些自己有能力、有条件完成的课题,而不盲目地求大、求新,一定要兼顾自己的主客观条件。

(2)四方面课题

如何寻找好的课题呢? 有四方面的课题可供选择。

1)选择亟待解决的课题。

社会的发展过程,就是一个不断发现问题、解决问题的过程。在每一个学科领域里,都存在着一些老问题或被人忽视或未能解决;另外,不断有一些新问题涌现;还有一些亟待解决的问题,有的是与社会生活和科学文化事业密切相关的问题,有的是与人民生活、经济发展密切相关的问题,总之,都是需要被解决的问题。我们在选择课题时从这些大众和社会的实际需求出发,选择现实需要解决的课题,必然具有一定的意义。

2)选择创新、填补空白的课题。

有些课题,前人没有研究过或者虽有研究但有待扩展,尚属空白领域,那么选取这类课题研究,就肯定具有很高的学术价值。但这也并非意味着一味地强调在学术领域中寻求他人从未研究过或从未涉足的课题,因为这样的要求,对很多人来说毕竟太高了。所谓创新性课题,其创新性可大可小,大致开辟新领域、创立新学科,小到揭示、解决具体细小的问题,事无巨细,只要有意义,就可以成为学术论文或科学研究的选题。所以,只要努力发现,提出新的问题,无论大小,均可以成为不错的选题。

3)选择有争议的课题。

在学术领域,我国历来提倡"各抒己见"、"百家争鸣"。凡是围绕一个问题,众多研究者各抒己见、互相争论,其本身就证明该课题具有科学价值。而选择这样的课题进行研究,提出自己的新见解,参与"争鸣",本身就是抓住了领域内的热点问题,尤其对初学学术论文写作的人来说,更不失为一种好的选题。因为大家普遍关注的问题,往往都具有它可研究的价值,否则也不会有如此多的人来研究它;另外,众多学者均对其发表看法,发表论文,甚至著书成说,这样就保证了研究者可以获取更多的相关资料,对学术论文的资料准备提供了较充分的保障。

4)选择补充深化、质疑修正的课题。

科学研究总要受到时代等诸多因素的制约, 在当时的背景下没有对某一问题的研究取得圆满的结果,随着社会的前进,条件的变化,有必要对前人的研究作进一步的探讨和质疑,从而对其进行的补充和深化。另外,由于主客观条件的差异,对于同一课题,不同的研究者往往会有不同甚至截然相反的看法和观点,研究者可以对别人的观点提出质疑,发表看法,甚至对其进行匡正。

2.资料准备

选题确定以后,不要急着马上就开始写作,而是要进一步做好撰写前的准备工作,即为论文写作做好充分的资料准备工作。

3.撰写初稿

(1)拟定提纲

拟定论文提纲,是我们动笔写作学术论文时首先应做好的工作。因为学术论文不同于一般的短篇思想评论,只需打个腹稿即可动笔,它常常需要作者根据自己的研究所得,提炼出论文的标题及中心论点,然后大致勾勒出围绕中心论点而进行论证的不同层次的纲目,以及各个层次对资料的运用和编排。

(2)执笔写作

对于具体的提笔写作,并无统一的模式可循,每个人的写作习惯和写作方法都不尽相同。具体的写作方式往往因人而异、因篇而异,但是就承接论文提纲而来的写作而言,常见的方式有以下两种。

1)按照提纲的顺序依次写作:整篇文章遵循提纲的脉络依次完成,这样的写作方式可以保证整篇文章的顺畅和完整,但这要求作者要有清晰的思路,对资料、论题有比较强的驾驭能力。

2)各个击破的方式:即根据论文提纲的逻辑关系,把论文分成若干个相对独立的部分,从自己感觉准备最充分的部分开始动笔,一部分一部分地完成初稿。这种方式完成起来相对较容易,但是,有一点要特别注意,那就是在写完后,一定要通篇全读,通篇进行整合,以防止各自独立、不成体系的问题。

(3)修改定稿

学术论文的初稿写成以后,必须经过反复修改,才能最后定稿。论文修改的地方往往很多,大到整篇文章的主体,小到具体的某一个词、某一个标点符号,都需要反复斟酌和推敲。具体可从以下几个方面着手进行修改。

1)修改论题:对论文的选题、题目,甚至于各部分的小标题作进一步的审视和修改。

2)修改论据:根据中心论点和各分论点,对各部分资料进行增加、删除和调整,力求做到论点与资料的统一。

3)修改结构:从逻辑关系的角度重新审视论文的结构安排,以保证结构论证安排足以将论点阐释清楚。

4)修改语言:语言的修改不仅包括对字、词、句、标点符号的修改,还包括对整篇论文语言准确、精练程度的把握,对整篇行文通顺流畅程度的把握。

　　常用的修改方法有热加工法、冷处理法和"集体会诊"法。①热加工法。论文完成后，趁头脑中印象还比较深刻，对各种观点和资料都还比较熟悉，"趁热打铁"，马上对论文进行修改。②冷处理法。论文完成后不急于马上进行修改，而是先放一段时间，等把头脑中的固有想法和观点放下之后，再返回来，以读者的身份通读整篇论文，这时往往会发现之前不曾看到的问题。③"集体会诊"法。论文完成以后，请多人阅读论文，并对论文提出问题，发表各自的看法，从而共同对论文进行修改。在具体的操作过程中，可以两种或三种方法共同使用，互相补充，以达到对论文的最佳修改效果。

　　（二）各部分写作方法及规范

　　一般学术论文的编写格式包括四部分：前置部分、主体部分、附录部分（必要时）、结尾部分（必要时）。四个部分又分别包括不同的单元，每个单元也都有各自的写作特点和注意事项。

　　1. 前置部分

　　前置部分包括标题、作者署名、作者单位、摘要、关键词、中图分类号和文献标识码。

　　（1）标题

　　标题是论文的"眼睛"，要求以最简明、准确、醒目的词语概括、提示论文的主要内容，并对读者产生吸引力。标题是反映学术论文状况和水平的第一个重要信息，也是论文对应的二次文献中最主要的检索点。尤其是一些"索引"、"题录"等二次文献，大多只列举论文标题和出处。这也就对学术论文的标题提出了更高的要求。

　　学术论文的标题首先应能够准确表达论文论述的内容，恰当反映研究课题的范围和深度，紧扣论文内容，文题合缝，这也正是学术论文写作的基本准则。标题设置不宜过长，中文标题一般不超过 20 个字，要避免使用不规范的简缩语、代号和公式等。论文标题形式多样，可以明确点明题意，也可以点出研究的问题范围，也可以提出问题。同时还有单标题与双标题之分，单标题是常见的标题形式；双标题是一种变格，即在正标题之后再加一副标题，两者相辅相成，如"冲突与共谋——论中国电视剧的文化策略"等。此外，标题在反映内容的同时，还要醒目，能快速引起读者的关注和兴趣。

　　（2）作者署名

　　学术论文的标题之下，通常应标署作者姓名，这是文责自负和拥有知识产权的标志，也便于读者与作者保持联系。作者署名，可以是笔名，也可以是一个研究机构、课题小组的名称。如果是多个作者，各个姓名之间应用逗号隔开；如果作者不是同一个单位的人，还应在姓名的右上角加注不同的阿拉伯数字序号以区别开来，如王涛[1]，刘成胜[2]。

　　（3）作者单位

　　作者单位包括工作单位和学习单位，单位名称要写全称，不能随意简化。同时，还要标明单位所在的省、市名称及邮政编码，然后加圆括号，一并置于作者姓名的下方。

　　（4）摘要

摘要是对论文研究方法和研究成果的客观表述。它同标题一样,都是论文对应的二次文献中主要的检索点,所以摘要撰写的优劣,直接关系到论文的被检索和被利用情况。摘要一般不加注释,不作评论,字数控制在 300 字以内,对于公开发表的论文还应附摘要的英文翻译。摘要要求高度的凝练和概括,寥寥几百字之内要包括与论文等量的信息内容,可谓是"麻雀虽小,五脏俱全"。它不单要介绍研究的背景、目的,还要介绍研究的主要内容,采用何种研究方法,取得的研究成果,具有哪些意义和创新,甚至还可以包括研究的不足和局限等内容。总之,它要让读者即使不读全文也能从中获得论文的主题、研究对象、观点、价值及研究背景、目的、方法、任务等方面的信息。举例如下。

作为一项国家级的文化建设工程,全国文化信息资源共享工程具有十分鲜明的特点:信息资源丰富多彩、传递手段多种多样、反馈机制灵活便捷、信息服务公平及时。为了保证共享工程的可持续发展,论文从共享信息的来源、信息资源的版权、基层服务站点的建设、资源建设的标准和对共享工程的宣传等方面提出了一些建议。

(5)关键词

关键词也称主题词,是最具实质意义的检索语言。它是从论文中选取出来的,是最能体现论文内容特征、意义和价值的单词或术语。在关键词的选择上,应该把握两点:第一,关键词首先应该是具有实质意义的专指词。第二,关键词应是经过人工处理和规范的能反映论文内容的检索词。它既不是自然语言中的非控词汇,更不是句子,更不是没有任何实质意义的虚词或形容词、副词等词汇。

每篇论文的关键词一般以 3~6 个为好,写在"摘要"之下,词与词之间用分号";"隔开。举例如下。

关键词:搜索引擎;本体论;网页排序算法

(6)中国图书分类号

为了便于检索和编制索引,公开发表的学术论文都应标出中国图书分类号(简称中图分类号)。中图分类号的选用,应以《中图法》(第 4 版)为参照,如论文《论孔子思想》,其中图分类号为"B222.2"。不过,多数作者一般都不标出自己论文的分类号,因为这是一个专业性的东西,好多人都不是很清楚,这项工作一般都是由编辑来完成的。

(7)文献标识码

文献标识码用来标明论文所属性质。每一篇学术论文的内容都有其相应的文献价值,按其价值意义的差别可归属不同性质的文献类型,不同的文献类型用不同的英文字母来表示,这样就形成了文献标识码。

A——理论与应用研究学术论文,包括综合报告;

B——理论学习与社会实践总结(社科),实用性成果报告(科技);

C——业务指导与技术管理性文章,包括领导讲话、特约评论等;

D——动态性信息,包括通讯、报道、会议活动、专访等;

E——文件、资料,包括历史资料、统计资料、机构、人物、书刊、知识介绍等。

文献标识码这项工作一般也是由编辑来完成的

以上是学术论文前置部分的常见项目,在多数学术期刊上登载的论文,基本上都包括这些内容。

2. 主体部分

主体部分包括引言、正文、结论、致谢和参考文献等项目。

(1)引言

引言是论文的开头部分,又称前言、导言,属于整篇论文的引论部分。它写在论文之前,常包括以下内容:论文研究的背景、对象、目的,研究的方法,相关领域里前人的研究现状和现存的待研究空白点,研究的理论依据和实践基础,研究的预期目标及相关作用和意义等。

引言篇幅一般视论文的篇幅而定,可根据论文的需求作相应的调整。用于期刊发表的学术论文常常用小段文字来导引全文;但是如果是数万字以上的长篇论文,如各种学位论文、科研报告等,也可以把引言作为一章或一节独立存在。引言在写作时应注意它只是论文的导言,不是概括,更不是摘要,不要变成全文的浓缩,而只需将论文导入正式论述就可以了。所以,引言与摘要是截然不同的,不能将二者混为一谈,或将引言变为摘要的注释。举例如下。

全国文化信息资源共享工程(简称共享工程)是我国文化事业建设的重要组成部分,是通过对文化信息资源进行数字化加工、整合,并利用现代通信、传播技术,把优秀的文化信息资源直接传送到城乡基层群众身边的一项国家级文化重点建设工程[1]。这项工程的实施可以大大改善和丰富基层群众特别是经济欠发达地区群众的精神文化生活,在保障人民群众的基本文化权益、满足群众不同层次文化需求,缩小东西部之间、城乡之间文化发展的差距,建设社会主义新农村,构建和谐社会等方面将发挥积极作用。

可见,相对于上文中的摘要,将二者相比较,差异不言而喻。

(2)正文

正文是论文的核心部分,是整篇论文的主体,占论文的大部分篇幅。学术论文的正文部分要集中表述作者的研究成果,以及作者对问题的分析和对观点的论证等,所以又称"本论"。无论是文科论文,还是理工科论文,任何形式的论文的正文都应该是论述的核心,是重点内容和创新点的详细论述部分,而不应是一般性常识的罗列和堆砌;即使确实有必要涉及常识或别人的研究成果,也要严格限制,不要冲淡和模糊了论文自身的创见。

不同学科的学术论文,研究的选题、研究的方法、分析论证的过程、获得的结果、表达的方式等都有很大的差异,但是对于正文的整体结构安排和论证方法却是有一定规律可循的,尤其对于初学学术论文写作的人来说,可以依此而作。

1)依据事物固有顺序安排:比如事物发展的时间顺序、空间方位顺序、实验进行过程中必须遵循的操作顺序,以及对事物进行分析的"提出问题—分析问题—结果问题"的固有思维顺序等。

2)采用层级的关系顺序安排:具体的层级关系可以包括并列式、递进式、因果式、对比式等。

3)采用两种方法相结合的方法安排。

（3）结论

结论,是论文的结尾部分,对论文起着概括、总结、强调和提高的作用。有时,还要指出该课题研究中的不足,说明还有哪些方面值得继续探讨。结论在一篇论文中的地位不容忽视,它常常是读者在没有阅读全文前,想对论文观点及价值有大体了解时,连同"摘要"一并浏览的。因此,结论应写得简洁有力,既不画蛇添足,也不草率收篇。

（4）致谢

致谢不是学术论文主体部分不可缺少的,要视具体情况而定。一般来说,致谢是作者对曾经给予自己在论文研究和写作方面以帮助的组织或个人表达谢意的文字记述。因此,内容要真实,语气要诚恳,语言要恰当,文字要简短。

（5）参考文献

作者在论文写作过程中参考的学术著作、重要论文,通常采用"参考文献"的形式在文后标出。不一定每篇论文都有参考文献,它多见于学术著作和篇幅比较长的论文。列参考文献要精当,要有代表性,不可随便凑数。参考文献标示出论文写作的主要思想资源和资料来源,从另一个方面表现了作者研究的广度和深度。

参考文献标注的内容包括:主要责任者、文献题名、文献类型标识、出版地、出版者、出版日期、页码等。下面列出了几种常见类型的参考文献的注述方法。

1)专著、论文集、学位论文、研究报告。

依次顺序:主要责任者.文献题名[文献类型标识].出版地:出版者,出版年,起止页码.

例: 童庆炳.文体与文体的创造[M].昆明:云南人民出版社,1995,72-75.

2)期刊文章。

依次顺序:主要责任者.文献题名[J].刊名,年,卷(期):起止页码.

例: 王金秋,石椿.松江鲈鱼不同组织同工酶的研究[J].复旦学报(自然科学版),2001,(5):465-470.

3)论文集中的析出文献。

依次顺序:析出文献的主要责任者.析出文献题名[A].原文献主要责任者(任选).原文献题名[C].出版地:出版者.出版年,起止页码.

例: 李春青.蜀学语境中的诗学观念[A].童庆炳.文学理论学刊(第1辑)[C].北京:北京师范大学出版社.2000,50-90.

4)报纸文章。

依次顺序:主要责任者.文献题名[N].报纸名,出版日期(版次).

例: 张存浩.科学道德建设应借鉴国外经验[N].光明日报,2002-2-1(1).

5)专利。

依次顺序: [序号]专利所有者.专利题名[P].专利国别:专利号,出版日期.

例: 姜锡洲.一种温热外敷药制备方法[P].中国专利:881056073,1989-07-26.

6)电子文献。

依次顺序: [序号]主要责任者.电子文献题名[电子文献类型标识 / 载体类型标识].电子文献的出处或可获得的地址,发表或更新日期 / 引用日期(任选).

例: 王明亮. 关于中国学术期刊标准化数据库系统工程的进展[EB/OL].http://www.cajcd.cn/pub/wml.txt/980810-2.htmi,1998-08-16/1998-10-04.

3. 附录部分

详见附录 2《学术论文的基本格式》。

二、学术论文投稿

（一）学术论文投稿方式

投国际刊物,可参考 JCR(包括科技版和社科版),选择自己想要找的学科类目,按照影响因子排序,挑选合适的刊物。然后在《乌利希国际期刊指南》网站查找刊物的地址或网站信息,登陆刊物的网站,查找在线投稿信息。

投国内刊物,可参考《中文核心期刊要目总览》和《中国科技期刊引证报告》,从中选择自己想要找的学科类别,然后按照影响力,挑选合适的刊物。投稿地址信息可以参考工具书《中文核心期刊要目总览》,也可以登录"中国期刊网",查找刊物的投稿信息。

（二）学术论文投稿需考虑的因素

论文定稿后,就面临着如何选择投稿目标刊物的问题。选择原则是根据自己论文水平,在争取发表的同时, 获得最大的投稿价值。所谓投稿价值是指论文发表所产生的影响的总和。最高的投稿价值可概括为:论文能够以最快速度发表在能发表的最高级的刊物上,能最大限度地为需要的读者所检索到或看到,并能在最大的时空内交流传递。它是投稿追求的最高目标。了解科技论文投稿应考虑的一些因素,并利用目标刊物的征稿启事或作者须知,通过浏览目标刊物近期已发表论文的目录和内容等获得目标刊物的动态和变化情况, 有利于提高投稿命中率。

1. 论文水平自我评估,论文及期刊的分类

投稿前对论文的水平或价值(理论价值与实用价值)作出客观、正确的评估,是一个重要而困难的过程。评估的标准是论文的贡献或价值大小及写作水平的高低。作者可采用仔细阅读、与同行讨论、论文信息量评估等办法,其中的评估标准包括真实性、创造性、重要性、学术性、科学性和深难度。评估的重点在于论文是否有新观点、新材料和新方法。

对论文的理论价值进行评估是对作者在构造新的科学理论、利用最新理论研究过程和结果的评估,视其是否在理论研究上开辟了新领域、有突破或创见。

1)具有国际先进理论水平的论文:提出了新学说、新理论、新发现、新规律;对国际前沿

科研课题作出重要补充或发展;对发展科学具有普遍意义。

2)具有高或较高理论水平的论文:论文涉及或采用最新科学理论;有独立的科学推论;有抽象模型及逼近客体原型;构造了新的术语或概念;运用了新的研究方法。

3)一般先进理论水平的论文:在前人的基础上提出了新看法、增添了新内容、找到了新论证方法,其观点、方法虽不是创见,但解决了前人未能解决的问题。

对论文的实用价值进行评估是对作者在经济效益、技术效益和社会效益三方面的评估。

1)重大的经济效益:对国民经济发展、生产建设产生重大作用,可以全面推广,经济效益显著。

2)重大的技术效益:在应用技术上有创新或发明,促进了生产力的快速发展,显著提高了产品质量、劳动生产力或安全可靠性;降低成本,延长使用寿命,对国家当前生产技术可发挥重大作用等。

论文分类大致包括:理论论文、理论与技术论文、技术论文、综述、评论和简报快报等。不同类型的论文的投向取决于目标期刊的类型,如理论型(学术型)期刊、技术型期刊等。

2. 期刊报道的范围、读者对象

不同科技期刊有不同的宗旨和不同的论文收录报道范围,它决定了投稿论文的主题内容范围。科技期刊的收录范围和期刊的类型及级别基本决定了该刊的读者对象,也基本决定了稿件的写作风格与详简程度。某一篇科技论文除应适应该刊的读者群外,还应分清论文的发表将为一般读者感兴趣,或多数同行感兴趣,还是少数同行感兴趣。

3. 期刊的学术地位、学术影响和期刊等级

科技期刊的学术地位和学术影响表现在期刊所收录论文的水平、主编、编辑单位、专业人员心中的地位等方面。从图书情报界的角度看期刊的学术地位和学术影响则表现在期刊的影响因子的大小、是否被国内外检索工具收录、是否为学科核心期刊等方面。期刊的学术地位和学术影响与期刊的级别有密切关系。目前我国还没有一种从质量、学术、技术水平等方面为科技期刊定级的标准或规定。但以读者为对象,大体可把科技期刊分为高级、中级、初级三类。

(1)高级科技期刊

高级科技期刊在学术交流和情报信息上有重要作用,有助于学术研究的记载,如《中国科学》、《科学通报》、全国性行业外文刊、全国性行业学会和组织的学报、会报等。

(2)中级科技期刊

中级科技期刊的主要内容是介绍本学科新进展、新知识、新技术,为教学、科研和技术产业部门的技术实践提供新知识、新技术。这类行业性期刊主要是技术性期刊。

(3)初级科技期刊

初级科技期刊是以科普为目的,如《无线电》等。

此外,从发行角度看,科技期刊分公开发行、国内发行、内部发行三种。公开发行刊的论文

要注意采用世界通用的技术术语、格式,保证论文的正确性和可靠性。

4. 年出版周期

出版周期是指某刊的出版频率,一般分为年刊、半年刊、季刊、双月刊、月刊、半月刊、周刊和不定期刊。不定期刊、年刊和半年刊不投稿或少投稿为好。

5. 出版论文容量

期刊的论文容量是指某刊一年或一期能发表多少篇论文。如某种半月刊每期容量为 10 篇,则年容量为 240 篇。一般来说,应尽量选择出版周期短、容量大的期刊投稿。

6. 对作者是否有资格要求

有的科技期刊对作者有资格要求,如要求作者具有某国国籍、某研究机构或某协会会员等资格。作者应从作者须知等处了解某刊对作者是否有资格要求,不具有某刊作者资格要求的作者不要向其投稿,除非论文合作者有资格。

7. 语言文种

从科技文献交流体系看,汉语的使用范围、中文刊的发行范围及中文论文被世界性检索工具的收录比例等方面制约了中文论文的影响力。而且中国科技人员人均占有刊比例小,发稿不易。英语是一种科技交流的世界性语言,在国际影响大的英文刊物上发表自己的论文,能提高论文作者及其单位的学术地位。

8. 是否友好

如果投外文刊的话,就要考虑是否友好的问题。对我国不友好的国家和不友好的期刊,一般不主动向其投稿。判断方法之一是某期刊是否发表过或经常发表中国论文。具体方法可利用计算机检索中国论文被检索系统收录的期刊分布情况, 或统计某期刊收录中国论文的情况。如利用"CS=China " 和"CS=China and JN= 某期刊"的检索表达式可以分别检索出《工程索引》等检索系统中收录中国论文期刊分布和某期刊收录中国论文的篇数。发表中国论文期刊的主要出版国家是美国、英国、荷兰、德国、瑞士、法国、日本、新加坡和印度等。此外,是否有国际友人介绍,也是投稿时应考虑的因素,对此,可向有关行家咨询。

9. 版费

向国外一些学术刊物投稿被接受后,出版单位将向文稿作者征收出版费,这些费用被称为版费或出版费。之所以如此,是因为有的出版单位把版费作为科研费用的必要组成部分,视版费为作者所在单位对传播其研究成果的费用和对出版单位的资助。国内向国外支付版费方式大致分三种:其一是作者自理;其二是经作者所在单位同意,作者个人和单位各支付一部分;其三是全部由作者所在单位或其他学术机构支付。关于版费应注意以下几个问题:是否收费是投稿应考虑的重要因素之一;超出限定篇幅一般要收费;英国刊物和欧洲的一些学术刊物一般不收费;美国各学会、协会资助的学术刊物收费较普遍。

有些收费刊物,留有一定的不收费版面,在此发稿,一般要排队,其发表周期较长。有的收费刊物婉转说明不支付发表费者的稿件将被拖延出版,但实际上一般不受理。特别优秀稿件可能除外。

不同国家、不同刊物的收费标准不同。关于目标刊物是否收费和收费标准可在作者须知的"Page Charge，Publication Charge，Printing Cost"等条目查找得到。

10．当前组稿倾向与论文时效性

科技期刊有年度出版计划、主题选择、专题出版和在一段时间倾向某种内容的情况。要掌握目标刊物的这些情况，可向期刊出版社索取年度计划，或查阅该刊物的近期目录和内容。对具有倾向性和时效性较强的论文，应尽量投向出版周期短的半月刊、月刊和快报。

(三)学术论文投稿期刊的选择与评价

选择投稿目标期刊总的原则是：在力争尽快发表的前提下，综合考虑各种因素，获得较大的投稿价值。基于论文水平情况下，向外投稿应尽量选择：SCI、EI等检索系统收录的国外期刊；本学科的国外核心期刊；影响因子大的国外期刊。向国内投稿应尽量选择：中国信息研究所选用的统计源期刊；本学科的国内核心期刊等。要进行上述选择，可利用图书情报界对期刊的研究结果；利用计算机进行检索与统计；利用有关期刊评价与报道目录；利用期刊的作者须知等。

本章关键术语：

学术论文；论文写作；论文投稿；信息检索；信息阅读；信息整理

本章思考题：

1.在学习本专业的基础上，依据本章所讲选题的方法，选择自己感兴趣的一个选题。

2.针对自己的选题，检索相关的资料信息并对这些信息进行整理。

3.在阅读整理信息的基础上，着手写作，首先列出文章的提纲。

4.写作并修改后，完成一篇3 000字左右的学术论文。

附录 1 学位论文编写规则(GB/T7713.1—2006)

1.范围

本部分规定了学位论文的撰写格式和要求,以利于学位论文的撰写、收集、存储、加工、检索和利用。

本部分对学位论文的学术规范与质量保证具有一定的参考作用,不同学科的学位论文可参考本部分制定专业的学术规范。

本部分适用于印刷型、缩微型、电子版、网络版等形式的学位论文。同一学位论文的不同载体形式,其内容和格式应完全一致。

2.规范性引用文件

下列文件中的条款通过 GB/T 7713 的本部分的引用而成为本部分的条款。凡是注日期的引用文件,其随后所有的修改单(不包括勘误的内容)或修订版均不适用于本部分,然而,鼓励根据本部分达成协议的各方研究是否可使用这些文件的最新版本。凡是不注日期的引用文件,其最新版本均适用于本部分。

GB/T 788—1999 图书杂志开本及其幅面尺寸(neq ISO6716:1983)

GB/T 2260 中华人民共和国行政区划代码

GB 3100 国际单位制及其应用(GB 3100—1993,eqv ISO1000:1992)

GB 3101—1993 有关量、单位和符号的一般原则(eqv ISO31—0:1992)

GB 3102.1 空间和时间的量和单位(GB 3102.1—1993,eqv ISO31—1:1992)

GB 3102.2 周期及其有关现象的量和单位(GB 3102.2—1993,eqv ISO31—2:1992)

GB 3102.3 力学的量和单位(GB 3102.3—1993,eqv ISO31—3:1992)

GB 3102.4 热学的量和单位(GB 3102.4—1993,eqv ISO31—4:1992)

GB 3102.5 电学和磁学的量和单位(GB 3102.5—1993,eqv ISO31—5:1992)

GB 3102.6 光及有关电磁辐射的量和单位(GB 3102.6—1993,eqv ISO31—6:1992)

GB 3102.7 声学的量和单位(GB 3102.7—1993,eqv ISO31—7:1992)

GB 3102.8 物理化学和分子物理学的量和单位(GB 3102.8—1993,eqv ISO31—8:1992)

GB 3102.9 原子物理学和核物理学的量和单位(GB 3102.9—1993,eqv ISO31—9:1992)

GB 3102.10 核反应和电离辐射的量和单位(GB 3102.10—1993,eqv ISO31—10:1992)

GB 3102.11 物理科学和技术中使用的数学符号(GB 3102.11—1993,eqv ISO31—11:1992)

GB 3102.12 特征数(GB 3102.12—1993,eqv ISO31—12:1992)

GB 3102.13 固体物理学的量和单位(GB 3102.13—1993,eqv ISO31—13:1992)

GB／T 3469 文献类型与文献载体代码

GB／T 3793 检索期刊文献条目著录规则

GB／T 4880 语种名称代码

GB 6447 文摘编写规则

GB 6864 中华人民共和国学位代码

GB／T 7156—2003 文献保密等级代码与标识

GB／T 7408 数据元和交换格式 信息交换 日期和时间表示法（GB／T 7408—1994,eqv ISO8601:1988）

GB／T 7714—2005 文后参考文献著录规则(neq ISO690:1987,ISO690—2:1997)

GB／T 7713.1—2006

GB／T 12450—2001 图书书名页(eqv ISO1086:1991)

GB／T 13417—1992 科学技术期刊目次表(eqv ISO18:1981)

GB／T 13745 学科分类与代码

GB／T 11668—1989 图书和其他出版物的书脊规则(neq ISO6357:1985)

GB／T 15834—1995 标点符号用法

GB／T 15835—1995 出版物上数字用法的规定

GB／T 16159—1996 汉语拼音正词法基本规则

CY／T 35—2001 科技文献的章节编号方法

ISO15836:2003 信息与文献都柏林核心元数据元素集

3.术语和定义

下列术语和定义适用于本部分。

3.1 学位论文(Dissertation)

即作者提交的用于获得学位的文献。

（1）博士论文

表明作者在本门学科上掌握了坚实宽广的基础理论和系统深入的专门知识，在科学和专门技术上研发出了创造性的成果，并具有独立从事创新科学研究工作或独立承担专门技术开发工作的能力。

（2）硕士论文

表明作者在本门学科上掌握了坚实的基础理论和系统的专业知识，对所研究课题有新的见解，并具有从事科学研究工作或独立承担专门技术工作的能力。

（3）学士论文

表明较好地掌握了本门学科的基础理论、专门知识和基础技能，并具有从事科学研究工作或承担专门技术工作的初步能力。

3.2 封面（Cover）

即学位论文的外表面，对论文起装潢和保护作用，并提供相关的信息。

3.3 题名页（Title Page）

包含论文全部书目信息，单独成页。

3.4 摘要（Abstract）

即论文内容的简要陈述，是一篇具有独立性和完整性的短文，一般以第三人称语气写成，不加评论和补充的解释。

3.5 摘要页（Abstract Page）

即论文摘要及关键词、分类号等的总和，单独编页。

3.6 目次（Table of Contents）

即论文各章节的顺序列表，一般都附有相应的起始页码。

3.7 目次页（Content Page）

即论文中内容标题的集合，包括引言（前言）、章节或大标题的序号和名称、小结（结论或讨论）、参考文献、注释、索引等。

3.8 注释（Notes）

为论文中的字、词或短语作进一步说明的文字，一般分散著录在页下（脚注），或集中著录在文后（尾注），或分散著录在正文中。

3.9 文献类型（Document Type）

即文献的分类，学位论文的代码为"D"。

3.10 文献载体（Document Carrier）

即记录文字、图像、声音的不同材质，纸质载体的代码为"P"。

4.一般要求

1)学位论文的内容应完整、准确。

2)学位论文一般应采用国家正式公布实施的简化汉字。学位论文一般以中文或英文为主撰写。特殊情况时，应有详细的中、英文摘要，正题名必须包括中、英文。

3)学位论文应采用国家法定的计量单位。

4)学位论文中采用的术语、符号、代号在全文中必须统一，并符合规范化的要求。论文中使用的专业术语、缩略词应在首次出现时加以注释。外文专业术语、缩略词，应在首次出现的译文后用圆括号注明原词语全称。

5)学位论文的插图、照片应完整清晰。

6)学位论文应用 A4 标准纸（210mm×297mm），必须是打印件、印刷件或复印件。

5.组成部分

学位论文一般包括以下 5 个组成部分。

1）前置部分。

2）主体部分。

3）参考文献。

4）附录。

5）结尾部分。

5.1 前置部分

5.1.1 封面

学位论文可有封面。

学位论文封面应包括题名页的主要信息，如论文题名、论文作者等。其他信息可由学位授予机构自行规定。

5.1.2 封二（可选）

学位论文可有封二。

学位论文封二应包括学位论文使用声明、版权声明及作者和导师签名等，其内容应符合我国著作权相关法律法规的规定。

5.1.3 题名页

学位论文应有题名页。

题名页主要内容应包括以下信息。

（1）中图分类号

采用《中国图书馆分类法》（第4版）或《中国图书资料分类法》（第4版）标注。

示例：中图分类号 G250.7。

（2）学校代码

按照教育部批准的学校代码进行标注。

（3）UDC

按《国际十进分类法》（Universal Decimal Classificationg）进行标注。

注：可登陆 www.udcc.org.点击"outline"进行查询。

（4）密级

按 GB/T 7156—2003 标注。

（5）学位授予单位

指授予学位的机构，机构名称应采用规范全称。

（6）题名和副题名

题名以简明的词语恰当、准确地反映论文最重要的特定内容（一般不超过25字），应中英文对照。

题名通常由名词性短语构成，应尽量避免使用不常用缩略词、首字母缩写字、字符、代号和公式等。

如题名内容层次很多，难以简化时，可采用题名和副题名相结合的方法，其中副题名起补充、阐明题名的作用。

示例 1：斑马鱼和人的造血相关基因及表现遗传学调控基因——进化、表达谱和功能研究。

示例 2：阿片镇痛的调控机制研究：Delta 型阿片钛受体转运的调控机理及功能。

题名和副题名在整篇学位论文中的不同地方出现时，应保持一致。

（7）责任者

责任者包括研究生姓名，以及指导教师姓名、职称等。

如责任者姓名有必要附注汉语拼音时，应遵照 GB/T 16159—1996 著录。

（8）申请学位

包括申请的学位类别和级别。学位类别参照《中华人民共和国学位条例暂行实施办法》的规定标注，包括哲学、经济学、法学、教育学、文学、历史学、理学、工学、农学、军事学、管理学等门类；学位级别参照《中华人民共和国学位条例暂时实施办法》的规定标注，包括学士、硕士、博士。

（9）学科专业

参照国务院学位委员会颁布的《授予博士、硕士学位和培养研究生的学科、专业目录》进行标注。

（10）研究方向

指本科专业范畴下的三级学科。

（11）论文提交日期

指论文上交到授予学位机构的日期。

（12）培养单位

指培养学位申请人的机构，机构名称应采用规范全称。

5.1.4 英文题名页

英文题名页是题名页的延伸，必要时可单独成页。

5.1.5 勘误页

学位论文如有勘误页，应在题名页后另起页。

在勘误页顶部列如下信息：①题名；②副题名（如有）；③作者名。

5.1.6 致谢

置在摘要页前，对象包括：①国家科学基金，资助研究工作的奖学金基金，合同单位，资助或支持的企业、组织或个人；②协助完成研究工作和提供便利条件的组织或个人；③在研究工组中提出建议和提供帮助的人；④给予转载和引用权的资料、图片、文献、研究思想和设想的所有者；⑤其他应感谢的组织和个人。

5.1.7 摘要页

1)摘要应具有独立性和自含性，即能使读者不阅读论文的全文也能获得必要的信息。摘要的内容应包含与论文等同量的主要信息,供读者确定有无必要阅读全文,也可供二次文献采用。摘要一般应说明研究工作目的、方法、结果和结论等,重点是结果和结论。

2)中文摘要的字数一般为 300～600 字,外文摘要实词在 300 个左右,如遇特殊需要字数可以略多。

3)摘要中应尽量避免采用图、表、化学结构式、非公知公用的符号和术语。

4)每篇论文应选取 3～8 个关键词,用显著的字符另起一行,排在摘要的下方。关键词应体现论文特色,具有语义性,在论文中有明确的出处。并应尽量采用《汉语主题词表》或各专业主题词表提供的规范词。

5)为便于国际交流,应标注与中文对应的英文关键词。

5.1.8 序言或前言(如有)

学位论文的序言或前言,一般是作者对本篇论文基本特征的简介,如说明研究工作缘起、背景、主旨、目的、意义、编写体例,以及资助、支持、协作经过等。这些内容也可以在正文引言(绪论)中说明。

5.1.9 目次页

学位论文应有目次页,排在序言和前言之后,另起页。

5.1.10 图和附表清单(如有)

论文中如图表较多,可以分别列出清单置于目次页之后。图的清单应列出序号、图题和页码;表的清单应列出序号、表题和页码。

5.1.11 符号、标志、缩略词、首字母缩写、计量单位、术语等的注释表(如有)

符号、标志、缩略词、首字母缩写、计量单位、术语等的注释说明,如需汇集,可集中置于图表清单之后。

5.2 主体部分

5.2.1 一般要求

主体部分应从另页右页开始,每一章应另起页。

主体部分一般从引言(绪论)开始,以结论或讨论结束。引言(绪论)应包括论文的研究目的、流程和方法等。

论文研究领域的历史回顾、文献回溯、理论分析等内容,应独立成章,用完整的篇幅叙述。

主体部分由于涉及的学科、选题、研究方法、结果表达方式等有很大的差异,不能作统一的规定。但是,必须实事求是、客观真切、准备完备、合乎逻辑、层次分明、简练可读。

5.2.2 图

图包括曲线图、构造图、示意图、框图、流程图、记录图、地图、照片等。

图应具有"自明性"。

图应有编号。图的编号由"图"和从"1"开始的阿拉伯数字组成,图较多时,可分章编号。

图宜有图题,图题即图的名称,置于图的编号之后。图的编号和图题应置于图的下方。

照片图要求主题和主要显示部分的轮廓鲜明,便于制版。如用放大或缩小的复制品,必须清晰,反差适中。照片上应有表示目的物尺寸的标度。

5.2.3 表

表应具有"自明性"。

表应有编号。表的编号由"表"和从"1"开始的阿拉伯数字组成,表较多时,可分章编号。表宜有表题,表题即表的名称,置于表的编号之后。表的编号和表题应置于表的上方。

表的编排,一般是内容和测试项目由左至右横读,数据依序竖读。

表的编排建议采用国际通行的三线表。

如某个表需要转页接排,在随后的各页上应重复表的编号。编号后跟表题(可省略)和"(续)"置于表上方。

续表均应重复表头。

5.2.4 公式

论文中的公式应另行起,并缩格书写,与周围文字留出足够的空间以作区分。

如有两个以上的公式,应用从"1"开始的阿拉伯数字进行编号,并将编号置于括号内。公式的编号右端对齐,公式与编号之间可用"……"连接。公式较多时,可分章编号。

示例:

$$W_1 = u_{11} - u_{12}u_{21} \quad\quad\quad \cdots(5)$$

较长的公式需要转行时,应尽可能在"="处回行,或在"+"、"-""×"、"/"等记号处回行。公式中分数线的横线,其长度应等于或略大于分子和分母中较长的一方。

如正文中书写分数,应尽量将其高度降低为一行。如尽量将分数线书写为"/",将根号改为负指数。

示例:

将 $\frac{1}{2}$ 写成 1/2;将 $\sqrt{2}$ 写成 $2^{\frac{1}{2}}$

5.2.5 引文标注

论文中引用的文献的标注方法遵照 GB/T 7714—2005,可采用顺序编码制,也可采用著者-出版年制的标注形式,但全文必须统一。

示例 1:引用单篇文献的顺序编码制。

德国学者 N.克罗斯研究了瑞士巴塞尔市附近侏罗山中老第三纪断裂对第三系褶皱的控制[235]之后,他又描述了西里西亚第 3 条大型的近南北向构造带,并提出地槽是在不均一的块体的基底上发展的思想[236]。

示例 2:引用多篇文献的顺序编码制。

莫拉德对稳定区的节理格式的研究[255-256]。

示例 3:标注著者姓氏和出版年的著者—出版年制。

结构分析的子结构法最早是为解决飞机结构这类大型和复杂结构的有限元分析问题而发展起来的(Przemienicki,1968),而后,被用于共同作用分析(Haddadin,1971),并且已经取得快速发展。

示例 4:标注出版年的著者—出版年制。

Brodaway 等(1986)报道在人工饲料中添加蛋白酶抑制剂会抑制昆虫的生长和发育。Johnson 等(1993)报道蛋白酶抑制剂基因在烟草中表达,可有效减少昆虫的危害。

5.2.6 注释

当论文中的字、词或短语,需要进一步加以说明,而又没有具体的文献来源时,可用注释。注释一般在社会科学中用得较多。

应控制论文中的注释数量,不宜过多。

由于论文篇幅较长,建议采用文中编号加"脚注"的方式,最好不采用文中编号加"尾注"的方式。

示例 1:这是包含公民隐私权的最重要的国际人权法渊源。我国是该宣言的主要起草国之一,也是最早批准该宣言的国家[③],当然庄严地承诺了这条规定所包含的义务和责任。

…

中国为人权委员会的创始国。中国代表张彭春(P.C.Chang)出任第一届人权委员会主席,领导并参加了《世界人权宣言》的起草。

示例 2:这包括如下事实:"未经本人同意,监听、录制或转播私人性质的谈话或秘密谈话;未经本人同意,拍摄、录制或转播个人在私人场所的形象。"[①]

根据同条规定,上述行为可被处以 1 年监禁,并科以 30 万法郎的罚金。

5.2.7 结论

论文的结论是最终的、总体的结论,不是正文中各段小结的简单重复。结论应包括论文的核心观点,交代研究工作的局限,提出未来工作的意见或建议。结论应该准确、完整、明确、精练。

如果不能导出一定的结论,也可以没有结论而进行必要的讨论。

5.3 参考文献表

参考文献表是论文引用的有具体文字来源的文献集合,其著录项目和著录格式遵照 GB / T 7714—2005 的规定执行。

参考文献表应置于正文后,并另起页。

所有被引用文献均要列入参考文献表中。

正文中未被引用但被阅读或具有补充信息的文献可集中列入附录中,其标题为"书目"。

引文采用著作出版年制标注时,参考文献表应按著者字顺和出版年排序。

5.4　附录

附录作为主体部分的补充，并不是必需的。

下列内容可以作为附录编于论文后。

1)关系到整篇论文材料的完整，但编入正文又有损于编排的条理性和逻辑性的材料，包括比正文更为详尽的信息、研究方法和技术更深入的叙述，对了解正文内容有用的补充信息等。

2)由于篇幅过大或取材于复制品而不便于编入正文的材料。

3)不便于编入正文的罕见珍贵资料。

4)对一般读者并非必要阅读，但对本专业同行有参考价值的资料。

5)正文中未被引用但被阅读或具有补充信息的文献。

6)某些重要的原始数据、数学推导、结构图、统计表、计算机打印输出件等。

5.5　结尾部分(如有)

5.5.1　分类索引、关键词索引(如有)

可以编排分类索引、关键词索引等。

5.5.2　作者简历

包括作者的教育经历、工作经历、攻读学位期间发表的论文和完成的工作等。

示例：

姓名:程晓丹 性别:女 民族:汉 出生年月:1976-07-23 籍贯:江苏省东台市

1995-09—1999-07 清华大学计算机系学士;

1999-09—2004-06 清华大学攻读博士学位(直博)。

获奖情况:(略)。

参加项目:(略)。

攻读博士学位期间发表的学术论文:(略)。

5.5.3　其他

包括学位论文原创性声明等。

5.5.4 学位论文数据集

由反映学位论文主要特征的数据组成,共33项。

A1 关键词*,A2 密级*,A3 中图分类号*,A4 UDC,A5 论文资助;

B1 学位授予单位名称*,B2 学位授予单位代码*,B3 学位类别*,B4 学位级别*;

C1 论文题名*,C2 并列题名,C3 论文语种*;

D1 作者姓名*,D2 学号*;

E1 培养单位名称*,E2 培养单位代码*,E3 培养单位地址,E4 邮编;

F1 学科专业*,F2 研究方向*,F3 学制*,F4 学位授予年*,F5 论文提交日期*;

G1 导师姓名*,G2 职称*;

H1 评阅人;H2 答辩委员会主席*,H3 答辩委员会成员;

I1 电子版论文提交格式,I2 电子版论文出版(发布)者,I3 电子版论文出版(发布)地,I4 权限声明;

J1 论文总页数*。

注:有"*"者为必选项,共22项。

6.编排格式

6.1 封面

6.2 目次页

6.3 章、节

1)论文主体部分可根据需要划分为不同数量的章、节,章、节的划分建议参照CY／T 35—2001。

示例:

第一级	第二级	第二级
1	2.1	2.8.1
2	2.2	2.8.2
3	2.3	2.8.3
⋮	⋮	⋮
6	2.6	2.8.6
7	2.7	2.8.7
8	2.8	2.8.8

2)章、节编号全部顶格排,编号与标题之间空1个字的间隙。章的标题占2行。正文另起行,前空2个字起排,回行时顶格排。

6.4 页码

学位论文的页码、正文和后置部分用阿拉伯数字编连续码,前置部分用罗马数字单独编连续码(封面除外)。

6.5 参考文献表

6.6 附录

附录编号、附录标题各占1行,置于附录条文之上居中位置。

每一个附录通常应另起页,如果有多个较短的附录,也可接排。

6.7 版面

论文在打印和印刷时,要求纸张的四周留出足够的空白边缘,以便于装订、复印和读者批注。每一面的上方(天头)和左侧(订口)应分别留出25 mm以上的间隙,下方(地角)和右侧(切口)应分别留出20 mm以上的间隙。

6.8 书脊

为便于学位论文的管理,建议参照GB／T 11668—1989,在学位论文书脊中标注学位论文题名及学位授予单位名称。

附录 2　学术论文的基本格式

国家标准 GB7713—1987 对科学技术报告、学位论文和学术论文的基本格式有着明确的规定,详见科学技术报告、学位论文和学术论文的编写格式 (UDC001.81GB7713—1987)。

1.引言

1)制定本标准的目的是为了统一科学技术报告、学位论文和学术论文(以下简称报告、论文)的撰写和编辑的格式,便利信息系统的收集、存储、处理、加工、检索、利用、交流、传播。

2)本标准适用于报告、论文的编写格式,包括形式构成和题录著录,以及其撰写、编辑、印刷、出版等。

本标准所指报告、论文可以是手稿,包括手抄本和打字本及其复制品;也可以是印刷本,包括发表在期刊或会议录上的论文及其预印本、抽印本和变异本;作为书中一部分或独立成书的专著;缩微复制品和其他形式。

3)本标准全部或部分适用于其他科技文件,如年报、便览、备忘录等,也适用于技术档案。

2.定义

2.1 科学技术报告

科学技术报告是描述一项科学技术研究的结果或进展或一项技术研制试验和评价的结果;或是论述某项科学技术问题的现状和发展的文件。

科学技术报告是为了呈送科学技术工作主管机构或科学基金会等组织或主持研究的人等。科学技术报告中一般应该提供系统的或按工作进程的充分信息,可以包括正反两方面的结果和经验,以便有关人员和读者判断和评价,以及对报告中的结论和建议提出修正意见。

2.2 学位论文

学位论文是表明作者从事科学研究取得创造性的结果或有了新的见解,并以此为内容撰写而成、作为提出申请授予相应的学位时评审用的学术论文。

学士论文应能表明作者确已较好地掌握了本门学科的基础理论、专门知识和基本技能,并具有从事科学研究工作或担负专门技术工作的初步能力。

硕士论文应能表明作者确已在本门学科上掌握了坚实的基础理论和系统的专门知识,并对所研究课题有新的见解,有从事科学研究工作或独立担负专门技术工作的能力。

博士论文应能表明作者确已在本门学科上掌握了坚实宽广的基础理论和系统深入

的专门知识,并具有独立从事科学研究工作的能力,在科学或专门技术上做出了创造性的成果。

2.3 学术论文

学术论文是某一学术课题在实验性、理论性或观测性上具有新的科学研究成果或创新见解和知识的科学记录;或是某种已知原理应用于实际中取得新进展的科学总结,用以提供学术会议上宣读、交流或讨论;或在学术刊物上发表;或作其他用途的书面文件。

学术论文应提供新的科技信息,其内容应有所发现、有所发明、有所创造、有所前进,而不是重复、模仿、抄袭前人的工作。

3.编写要求

报告、论文的中文稿必须用白色稿纸单面缮写或打字,外文稿必须用打字。可以用不褪色的复制本。

报告、论文宜用 A4 标准大小(210mm×297mm)的白纸,应便于阅读、复制和拍摄缩微制品。

报告、论文在书写、打字或印刷时,要求纸的四周留出足够的空白边缘,以便装订、复制和读者批注。

每一面的上方(天头)和左侧(订口)应分别留出 25mm 以上的,下方(地脚)和右侧(切口)应分别留出 20mm 以上的间隙。

4.编写格式

4.1 报告、论文章、条、款、项的编号

参照国家标准 GB1.1《标准化工作导则 标准编写的基本规定》第 8 章"标准条文的编排"的有关规定,采用阿拉伯数字分级编号。

4.2 报告、论文的构成

示例:

前置部分
- 封面、封二(见5.1、5.2)
- 题名页(见5.3)
- 序或前言(见5.6)
- 摘要(见5.7)
- 关键词(见5.8)
- 目次页(见5.9)
- 插图和附表清单(见5.10)
- 符号、标起、缩略词、首字母缩写、单位、术语、名词等注释表(见5.11)

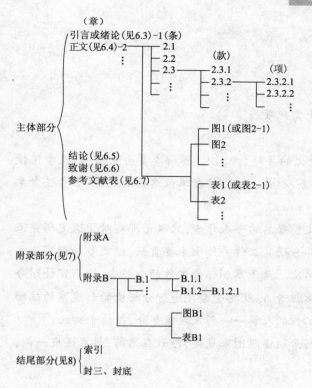

5.前置部分

5.1 封面

5.1.1 封面的概念

封面是报告、论文的外表面,提供应有的信息,并起保护作用。

封面不是必不可少的。学术论文如作为期刊、书或其他出版物的一部分,无需封面;如作为预印本、抽印本等单行本时,可以有封面。

5.1.2 封面的内容

(1)分类号

在左上角注明分类号,便于信息交换和处理。一般应注明《中国图书资料分类法》的类号,同时应尽可能注明《国际十进分类法 UDC》的类号。

(2)本单位编号

一般标注在右上角。学术论文无必要。

(3)密级

视报告、论文的内容,按国家规定的保密条例,在右上角注明密级。如系公开发行,不注密级。

(4)题名和副题名或分册题名

用大号字标注于明显地位。

（5）卷、分册、篇的序号和名称

如系全一册，无需此项。

（6）版本

如草案、初稿、修订版等。如系初版，无需此项。

（7）责任者姓名

责任者包括报告、论文的作者、学位论文的导师、评阅人、答辩委员会主席，以及学位授予单位等。必要时可注明个人责任者的职务、职称、学位、所在单位名称及地址；如责任者系单位、团体或小组，应写明全称和地址。

在封面和题名页上，或学术论文的正文前署名的个人作者，只限于那些对于选定研究课题和制订研究方案、直接参加全部或主要部分研究工作并作出主要贡献，以及参加撰写论文并能对内容负责的人，按其贡献大小排列名次。至于参加部分工作的合作者，按研究计划分工负责具体小项的工作者、某一项测试的承担者，以及接受委托进行分析检验和观察的辅助人员等，均不列入。这些人可以作为参加工作的人员一一列入致谢部分，或排于脚注。

如责任者姓名有必要附注汉语拼音时，必须遵照国家规定，即姓在名前，姓名连成一词，不加连字符，不缩写。

（8）申请学位级别

应按《中华人民共和国学位条例暂行实施办法》所规定的名称进行标注。

（9）专业名称

系指学位论文作者主修专业的名称。

（10）工作完成日期。

包括报告、论文提交日期，学位论文的答辩日期，学位的授予日期，出版部门收到日期（必要时）。

（11）出版项。

出版地及出版者名称，出版年、月、日（必要时）。

5.1.3 报告和论文的封面格式

5.2 封二

报告的封二可标注送发方式，包括免费赠送或价购，以及送发单位和个人；版权规定；其他应注明事项。

5.3 题名页

题名页是对报告、论文进行著录的依据。

学术论文无需题名页。

题名页置于封二和衬页之后，成为另页的右页。

报告、论文如分装两册以上，每一分册均应各有其题名页。在题名页上注明分册名称和序号。

题名页除 5.1 规定封面应有的内容并取得一致外,还应包括下列各项:单位名称和地址,在封面上未列出的责任者职务、职称、学位、单位名称和地址,参加部分工作的合作者姓名。

5.4 变异本

报告、论文有时为适应某种需要,除正式的全文正本以外,还要求有某种变异本,如节本、摘录本、为送请评审用的详细摘要本、为摘取所需内容的改写本等。

变异本的封面上必须标明"节本"、"摘录本"或"改写本"等字样,其余应注明项目,参见 5.1 的规定执行。

5.5 题名

题名是以最恰当、最简明的词语反映报告、论文中最重要的特定内容的逻辑组合。

题名所用每一词语必须考虑到有助于选定关键词和编制题录、索引等二次文献,可以提供检索的特定实用信息。

题名应该避免使用不常见的缩略词、首字母缩写字、字符、代号和公式等。

题名一般不宜超过 20 字。

报告、论文用于国际交流的,应有外文(多用英文)题名。外文题名一般不宜超过 10 个实词。

下列情况可以有副题名。

1)题名语意未尽,用副题名补充说明报告论文中的特定内容。

2)报告、论文分册出版,或是一系列工作分几篇报道,或是分阶段的研究结果,各用不同副题名区别其特定内容。

3)其他有必要用副题名作为引申或说明者。

题名在整本报告、论文中不同地方出现时,应完全相同,但眉题可以节略。

5.6 序或前言

序并非必要。报告、论文的序,一般是作者或他人对本篇基本特征的简介,如说明研究工作缘起、背景、主旨、目的、意义、编写体例,以及资助、支持、协作经过等;也可以评述和对相关问题研究阐发。这些内容也可以在正文引言中说明。

5.7 摘要

摘要是报告、论文的内容不加注释和评论的简短陈述。

报告、论文一般均应有摘要,为了国际交流,还应有外文(多用英文)摘要。

摘要应具有独立性和自含性,即不阅读报告、论文的全文,就能获得必要的信息。摘要中有数据、有结论,是一篇完整的短文,可以独立使用,可以引用,可以用于工艺推广。摘要的内容应包含与报告、论文同等量的主要信息,供读者确定有无必要阅读全文,也供文摘等二次文献采用。摘要一般应说明研究工作目的、实验方法、结果和最终结论等,而重点是结果和结论。

中文摘要一般不宜超过 300 字;外文摘要不宜超过 250 个实词。如有特殊需要,字数可以略多。

除了实在无变通办法可用以外，摘要中不用图、表、化学结构式、非公知公用的符号和术语。

报告、论文的摘要可以用另页置于题名页之后，学术论文的摘要一般置于题名和作者之后、正文之前。

学位论文为了评审，学术论文为了参加学术会议，可按要求写成变异本式的摘要，不受字数规定的限制。

5.8 关键词

关键词是为了文献标引工作从报告、论文中选取出来用以表示全文主题内容信息款目的单词或术语。

每篇报告、论文选取 3~8 个词作为关键词，以显著的字符另起一行，排在摘要的左下方。如有可能，尽量用《汉语主题词表》等词表提供的规范词。

为便于国际交流，应标注与中文对应的英文关键词。

5.9 目次页

长篇报告、论文可以有目次页，短文则无需目次页。

目次页由报告及论文的篇、章、条、款、项、附录、题录等的序号、名称和页码组成，另页排在序之后。

整套报告、论文分卷编制时，每一分卷均应有全部报告、论文内容的目次页。

5.10 插图和附表清单

报告、论文中如图表较多，可以分别列出清单置于目次页之后。

图的清单应有序号、图题和页码。表的清单应有序号、表题和页码。

5.11 符号、标志、缩略词、首字母缩写、计量单位、名词、术语等的注释表

符号、标志、缩略词、首字母缩写、计量单位、名词、术语等的注释说明汇集表，应置于图表清单之后。

6.主体部分

6.1 格式

主体部分的编写格式可由作者自定，但一般由引言(绪论)开始，以结论或讨论结束。

主体部分必须由另页右页开始，每一篇(或部分)必须另页起。如报告、论文印成书刊等出版物，则按书刊编排格式的规定。

全部报告、论文的每一章、条、款、项的格式和版面安排，要求划一，层次清楚。

6.2 序号

如报告、论文在一个总题下装为两卷(分册)以上，或分为两篇(部分)以上，各卷或篇应有序号。可以写成：第一卷、第二分册或第一篇、第二部分等。用外文撰写的报告、论文，其卷(分册)和篇(部分)的序号，用罗马数字编码。

报告、论文中的图、表、附注、参考文献、公式、算式等,一律用阿拉伯数字分别依序连续编排序号。序号可以就全篇报告、论文统一按出现先后顺序编码,对长篇报告、论文也可以分章依序编码。其标注形式应便于互相区别,可以分别为:图 1、图 2.1;表 2、表 3.2;附注(1);文献[4];式(5)、式(3.5)等。

报告、论文一律用阿拉伯数字连续编排页码。页码由书写、打字或印刷的首页开始,作为第 1 页,并为另页右页。封面、封二、封三和封底不编入页码。可以将题名页、序、目次页等前置部分单独编排页码。页码必须标注在每页的相同位置,便于识别。力求不出空白页,如有,仍应以右页作为单页页码。如在一个总题下装成两册以上,应连续编页码。如各册有其副题名,则可分别独立编页码。

报告、论文的附录依序用大写正体 A、B、C…编序号,如附录 A。

附录中的图、表、式、参考文献等另行编序号,与正文分开,也一律用阿拉伯数字编码,但在数码前冠以附录序码,如图 A1、表 B2、式(B3)、文献[A4]等。

6.3 引言(绪论)

引言(绪论)简要说明了研究工作的目的、范围、相关领域的前人工作和知识空白、理论基础和分析、研究设想、研究方法和实验设计、预期结果和意义等。引言应言简意赅,不要与摘要雷同,也不要成为摘要的注释。一般教科书中有的知识,在引言中不必赘述。

比较短的论文可以只用小段文字起引言的效用。

学位论文为了反映出作者确已掌握了坚实的基础理论和系统的专门知识,具有开阔的科学视野,对研究方案作了充分的论证,因此,有关历史回顾和前人工作的综合评述,以及理论分析等,可以单独成章,用足够的篇幅予以叙述。

6.4 正文

报告、论文的正文是核心部分,占主要篇幅,一般包括:调查对象、实验和观测方法、仪器设备、材料原料、实验和观测结果、计算方法和编程原理、数据资料、经过加工整理的图表、形成的论点和导出的结论等。

由于研究工作涉及的学科、选题、研究方法、工作进程、结果表达方式等有很大的差异,对正文内容不能作统一的规定。但是,总的来说,正文内容必须实事求是,客观真切,准确完备,合乎逻辑,层次分明,简练可读。

6.4.1 图

图包括曲线图、构造图、示意图、图解、框图、流程图、记录图、布置 图、地图、照片、图版等。

图应具有"自明性",即只看图、图题和图例,不阅读正文,就可理解图意。

图应编排序号(见 6.2)。

每一图应有简短确切的题名,连同序号置于图下。必要时,应将图上的符号、标记、代码,以及实验条件等,用最简练的文字,横排于图题下方,作为图例说明。

曲线图的纵横坐标必须标注"量、标准规定符号、单位"。此三者只有在不必要标明(如无量纲等)的情况下方可省略。坐标上标注的量的符号和缩略词必须与正文中的一致。

照片图要求主题和主要显示部分的轮廓鲜明,便于制版。如需使用放大、缩小的复制品,必须清晰,反差适中。照片上应该有表示目的物尺寸的标度。

6.4.2 图

表的编排,一般是内容和测试项目由左至右横读,数据依序竖排。表应有自明性。

表应编排序号(见 6.2)。

每一表应有简短确切的题名,连同序号置于表上。必要时,应将表中的符号、标记、代码,以及需要说明事项,以最简练的文字,横排于表题下,作为表注,也可以附注于表下。附注序号的编排,见 6.2。表内附注的序号宜用小号阿拉伯数字并加圆括号置于被标注对象的右上角,如×××n′,不宜用"★",以免与数学上共轭和物质转移的符号相混。

表的各栏均应标明"量或测试项目、标准规定符号、单位"。只有在无必要标注的情况下方可省略。表中的缩略词和符号必须与正文中的一致。

表内同一栏的数字必须上下对齐。表内不宜用"同上"、"同左"等词,一律填入具体数字或文字。表内空白,代表未测或无此项;"—"或"…"("–"可能与代表阴性反应的符号相混),代表未发现;"0",代表实测结果确为零。

如数据已绘成曲线图,可不再列表。

6.4.3 数学、物理和化学式

正文中的公式、算式或方程式等应编排序号(见 6.2),序号标注于该式所在行(当有续行时,应标注于最后一行)的最右边。

较长的式,另行居中横排。如式必须转行时,只能在"+"、"−"、"×"、"÷"、"<"、">"处转行。上下式尽可能在等号"="处对齐。

示例 1:

$$W(N_1) = H_{0,1} + \int_{\tau^{-1}}^{-\tau^{-1}+1} L_a^r e^{-2\pi i a N_1}\, da$$

$$= R(N_0) + \int_{\tau^{-1}}^{-\tau^{-1}+1} L_a^r e^{-2\pi i a N_1}\, da + O(P^{r-n-v}) \quad\cdots\cdots\cdots (1)$$

示例 2:

$$f(x,y) = f(0,0) + \frac{1}{1!}\left(x\frac{\partial}{\partial x} + y\frac{\partial}{\partial y}\right)f(0,0)$$

$$+ \frac{1}{2!}\left(x\frac{\partial}{\partial x} + y\frac{\partial}{\partial y}\right)^2 f(0,0) + \cdots$$

$$+ \frac{1}{n!}\left(x\frac{\partial}{\partial x} + y\frac{\partial}{\partial y}\right)^n f(0,0) + \quad\cdots\cdots\cdots\cdots (2)$$

示例 3：

$$-\frac{8\mu}{N_z}\frac{\partial}{\partial S}\ln Q = -\left[(1+\sum_1^4 z_v)-\frac{2\mu}{z}\right]\ln\frac{\theta_a(1-\theta_\beta)}{\theta_\beta(1-\theta_a)}$$

$$+\ln\frac{\lambda_a}{\lambda_\beta}-z_1\ln\frac{\varepsilon_1}{\xi_1}+\sum z_v\ln\frac{\varepsilon_v}{\xi_v}$$

$$=0 \quad\cdots\cdots\cdots\cdots\cdots\cdots\cdots\cdots\cdots\cdots\cdots\cdots (3)$$

小数点用"."表示。大于 999 的整数和多于三位数的小数，一律用半个阿拉伯数字符的小间隔分开，不用千位撇。对于纯小数应将"0"列于小数点之前。

示例：应该写成 94 652.023 567；0.314 325

不应写成 94,652.023,567；0.314,325

应注意区别各种字符，如拉丁文、希腊文、俄文、德文花、草体；罗马数字和阿拉伯数字；字符的正斜体、黑白体、大小写、上下角标（特别是多层次，如"三踏步"）、上下偏差等。

示例：

I，i，l，1；C，c；K，k；O，o，0；S，s，5；Z，z，2；B，β；W，w，ω。

6.4.4 计量单位

报告、论文必须采用 1984 年 2 月 27 日国务院发布的《中华人民共和国法定计量单位》，并遵照《中华人民共和国法定计量单位使用方法》执行。单位名称和符号的书写方式一律采用国际通用符号。

6.4.5 符号和缩略词

符号和缩略词应遵照国家标准的有关规定执行。如无标准可循，可采纳本学科或本专业的权威性机构或学术团体所公布的规定；也可以采用全国自然科学名词审定委员会编印的各学科词汇的用词。如不得不引用某些不是公知公用的、且不易为同行读者所理解的，或系作者自定的符号、记号、缩略词、首字母缩写字等时，均应在第一次出现时加以说明，给以明确的定义。

6.5 结论

报告、论文的结论是最终的、总体的结论，不是正文中各段小结的简单重复。结论应该准确、完整、明确、精练。

如果不可能导出应有的结论，也可以没有结论而进行必要的讨论。可以在结论或讨论中提出建议、研究设想、改进意见、尚待解决的问题等。

6.6 致谢

可以在正文后就下列方面致谢。

1）国家科学基金，资助研究工作的奖学金基金，合同单位，资助或支持的企业、组织或个人。

2)协助完成研究工作和提供便利条件的组织或个人。

3)在研究工作中提出建议和提供帮助的人。

4)给予转载和引用权的资料、图片、文献、研究思想和设想的所有者。

5)其他应感谢的组织或个人。

6.7 参考文献表

按照 GB7714—2005《文后参考文献著录规则》的规定执行。

7.附录

附录是作为报告、论文主体的补充项目,并不是必需的。

下列内容到可以作为附录编于报告、论文后,也可以另编成册。

1)关系到整篇报告、论文材料的完整,但编入正文又有损于编排的条理性和逻辑性的材料,包括比正文更为详尽的信息、研究方法和技术更深入的叙述,建议可以阅读的参考文献题录,对了解正文内容有用的补充信息等。

2)由于篇幅过大或取材于复制品而不便于编人正文的材料。

3)不便于编入正文的罕见珍贵资料。

4)对一般读者并非必要阅读,但对本专业同行有参考价值的资料。

5)某些重要的原始数据、数学推导、计算程序、框图、结构图、注释、统计表、计算机打印输出件等。

附录与正文连续编页码。每一附录的各种序号的编排见 4.2 和 6.2。

每一附录均另页排起。如报告、论文分装几册,凡属于某一册的附录均应置于各该册正文之后。

8.结尾部分(必要时)

为了将报告、论文迅速存储入电子计算机,可以提供有关的输入数据。

可以编排分类索引、著者索引、关键词索引等。

封三和封底(包括版权页)。

参考文献

[1]陈沛.搜商：人类的第三种能力[M].北京：清华大学出版社,2006.

[2]罗敏.现代信息检索与利用[M].重庆：西南师范大学出版社,2006.

[3]徐学锋.信息检索与利用[M].北京：煤炭工业出版社,2006.

[4]包文忠,封晓倩,于东君.文献信息检索概论及应用教程[M].北京：科学出版社,2007.

[5]钟云萍,高健婕.信息检索应用技术[M].北京：北京理工大学出版社,2006.

[6]刘振西,李润松,叶茜.实用信息技术概论[M].北京：清华大学出版社,2006.

[7]祁延莉,赵丹群.信息检索概论[M].北京：北京大学出版社,2006.

[8]李瞳.信息检索[M].南京：南京大学出版社,2006.

[9]符绍宏.信息检索[M].北京：高等教育出版社,2004.

[10]马文峰.人文社会科学信息检索[M].北京：北京图书馆出版社,2004.

[11]吴贤奇.现代文献信息检索[M].南京：东南大学出版社,2007.

[12]李朝云,傅正.现代信息检索与利用[M].合肥：安徽大学出版社,2006.

[13]李跃珍.信息检索与利用[M].杭州：浙江大学出版社,2006.

[14]杨桂荣,蔡福瑞,刘胜群.情报检索与计算机信息检索[M].武汉：华中科技大学出版社,2004.

[15]王新荣.文献信息检索与利用[M].上海：上海交通大学出版社,2005.

[16]张帆.信息存储与检索[M].北京：高等教育出版社,2007.

[17]冷福海,徐跃权,冯璐.信息组织概论[M].北京：科学出版社,2008.

[18]边肇祺,张学工.模式识别[M].北京：清华大学出版社,2000.

[19]王余光,徐雁.中国读书大辞典[M].南京：南京大学出版社,1999.

[20]彭克宏.社会科学大词典[M].北京：中国国际广播出版社,1989.

[21]冯禹,邢东风,徐兆仁.中华传统文化大观[M].北京：中国大百科全书出版社,1996.

[22]罗邦柱.古汉语知识辞典[M].武汉：武汉大学出版社,1988.

[23]刘乾先,董莲池,张玉春等.中华文明实录[M].哈尔滨:黑龙江人民出版社,2002.

[24]罗肇鸿,王怀宁.资本主义大辞典[M].北京:人民出版社,1995.

[25]汝信.社会科学新辞典[M].重庆:重庆出版社,1988.

[26]向洪,张文贤,李开兴.人口科学大辞典[M].成都:成都科技大学出版社,1994.

[27]马国泉,张品兴,高聚成.新时期新名词大辞典[M].北京:中国广播电视出版社,1992.

[28]刘建明.宣传舆论学大辞典[M].北京:经济日报出版社,1993.

[29]王春林.科技编辑大辞典[M].上海:第二军医大学出版社,2001.

[30]刘建明,张明根.应用写作大百科[M].北京:中央民族大学出版社.1994.

[31]李春生.中国老年百科全书·文化·教育·修养卷[M].银川:宁夏人民出版社,1994.

[32]张紫晨.中国中学教学百科全书·语文卷[M].沈阳:沈阳出版社,1991.

[33]谢谦.国学基本知识现代诠释词典[M].成都:四川人民出版社,1998.

[34]董绍克,阎俊杰.汉语知识词典[M].北京:警官教育出版社,1996.

[35]冯惠玲,王立清.信息检索教程[M].北京:中国人民大学出版社,2004.

[36]赵国璋,朱天俊,潘树广.社会科学文献检索[M].北京:北京大学出版社,2004.

[37]叶鹰.信息检索:理论与方法[M].北京:高等教育出版社,2004.

[38]李哲汇.数字化进程中的图书馆[M].北京:北京图书馆出版社,2007.

[39]高小和.学术论文写作[M].南京:南京大学出版社,2002.

[40]罗志尧,胡优新,张永红.文献信息检索与利用[M].北京:科学技术文献出版社,2003.

[41]张永忠.数字图书馆操作与实务[M].上海:复旦大学出版社,2005.

[42]D 罗德里格斯,H 罗德里格斯.怎样利用 Internet 写论文[M].沈阳:辽宁科学技术出版社,2004.

[43]赵小龙,刘士俊.信息资源检索与利用[M].北京:中国工商出版社,2003.

[44]周文荣.信息资源检索与利用[M].北京:化学工业出版社,2000.

[45]朱希祥,王一力.大学生论文写作指导——规范·方法·范例[M].上海:立信会计出版社,2007.

[46]柴雅凌.网络文献检索[M].天津:天津大学出版社,2004.

[47]王日芬.网络信息资源检索与利用[M].南京:东南大学出版社,2003.

[48]黄如花.网络信息的检索与利用[M].武汉:武汉大学出版社,2002.

[49]肖珑.数字信息资源的检索与利用[M].北京:北京大学出版社,2003.

[50]叶继元.信息检索导论[M].北京:电子工业出版社,2003.

[51]陈界,杨嘉,董建成,等.医学信息检索与利用[M].3 版.北京:中国科学技术出版社,2004.

[52]李谋信.信息资源检索[M].北京:机械工业出版社,2006.

[53]王怀诗.信息检索与利用教程[M].兰州:兰州大学出版社,2007.

[54]陈雅芝. 信息检索[M]. 北京：清华大学出版社，2006.

[55]刘英华. 信息资源检索与利用[M]. 北京：化学工业出版社，2007.

[56]George Watson.Writing A Thesis:A Guide to Long Essays and Dissertations[M].成都：四川大学出版社，2003.

[57]王中霞，刘春红，施燕斌.浅谈信息素质教育与大学生创新能力的培养[J].高校图书馆工作，2006(6).

[58]杨文祥. 论信息文明与信息时代人的素质——兼论信息、创新的哲学本质[J]. 河北大学学报（哲学社会科学版），2001(1).

[59]封旭红. 论研究生的信息素养教育[J].天津科技，2005(3).

[60]邓亚文.试论信息素质教育与创新型人才培养的关系[J].河南图书馆学刊，2007(6).

[61]孙关龙.百科全书从体例开始[J].编辑学刊.2002(5).

[62]胡人瑞.百科全书选条的几个问题[J].编辑之友.2001(4).

[63]张奇志.中国期刊全文数据库的检索方法与技巧[J].卫生职业教育，2006(14).

[64]马海群.网络环境下的国际专利分类法 IPC 变革与发展[J]. 现代图书情报技术，2002(6).

[65]王启云. 网络信息检索效果评价指标体系设计探讨[J]. 图书馆杂志，2006(11).

[66]金玉坚. 新型网络信息检索效果评价指标体系设计[J]. 现代情报，2005(4).

[67] GB/T 7713.1—2006.学位论文编写规则[S]. 北京：中国标准出版社，2007.